移动式喷灌水流运动特性及均匀度评价

朱德兰　吴普特　张　林　葛茂生等　著

U0200353

科　学　出　版　社

北　京

内 容 简 介

本书从农业生产中广泛应用的平移式喷灌机和卷盘式喷灌机入手，分别对其常用的下喷折射式喷头和喷枪的水流运动特性进行了详细研究，包括水量分布和打击动能强度分布等，用以指导喷头研发及喷灌机喷头选型和合理配置，提高喷灌质量和成效。本书共 7 章，分为两个部分。第一部分包括本书的第 2～第 5 章，主要是以平移式喷灌机常用的下喷折射式喷头为研究对象，重点分析了非旋转折射式喷头 Nelson D3000 和旋转折射式喷头 Nelson R3000 的水流运动特性，并在此基础上，研发了新型低压折射式喷头。第二部分包括本书的第 6、第 7 章，主要是以卷盘式喷灌机常用喷枪为研究对象，重点研究其水量分布和降水动能强度分布规律，从而为卷盘式喷灌机喷枪选型和配置提供参考依据。

本书可作为农业水土工程等专业研究生和高年级本科生的参考教材，也可供相关专业的科研、教学和工程技术人员参考。

图书在版编目 (CIP) 数据

移动式喷灌水流运动特性及均匀度评价 / 朱德兰等著 . —北京：科学出版社，2018.11
　　ISBN 978-7-03-059225-5

Ⅰ.①移… Ⅱ.①朱… Ⅲ.①喷灌机–水流动–研究 Ⅳ.TV131.2

中国版本图书馆 CIP 数据核字（2018）第 241530 号

责任编辑：李轶冰 / 责任校对：彭 涛
责任印制：张 伟 / 封面设计：无极书装

科 学 出 版 社 出版
北京东黄城根北街 16 号
邮政编码：100717
http://www.sciencep.com
北京建宏印刷有限公司 印刷
科学出版社发行 各地新华书店经销

＊

2018 年 11 月第 一 版　开本：720×1000 1/16
2018 年 11 月第一次印刷　印张：14 3/4
字数：300 000

定价：**158.00 元**
（如有印装质量问题，我社负责调换）

前　言

　　喷灌作为一种先进的节水灌溉技术，以其省工、省水、灌水均匀、提高作物产量及耕地利用率、保持水土、对地形适应性强、改善农田小气候等优点，被许多国家广泛使用。大力发展喷灌技术，不但可以保证国家供水安全、粮食安全和经济社会可持续发展，还能恢复和建设良好生态系统，并有利于调整农业产业结构，增加农民收入，促进农业机械化和农村水利现代化。据《2015中国水利发展报告》显示，截至2015年底，全国喷灌工程的总面积已达到0.47亿亩，约占我国节水灌溉面积的1/5。在"十三五"规划的强有力推动下，土地流转进程也在不断加快，喷灌将会形成以西北干旱半干旱地区带动、其他区域快速发展的局面。喷灌作为一种高效的节水灌溉方式，具有巨大发展前景。

　　移动式喷灌是常用的喷灌技术之一，尤以时针式喷灌机、平移式喷灌机和卷盘式喷灌机为常见。时针式喷灌机适宜于大型农场或规模化经营程度较高的农田，而平移式喷灌机和卷盘式喷灌机对我国以家庭联产承包责任制为主、经营规模小且地块分散不集中的小农户比较适用。喷头是喷灌机的核心部件，目前国内喷灌机应用的喷头多为国外进口，国内虽有个别公司进行仿制，但喷头性能及质量无法保证。国外公司出于商业目的，对喷头喷洒机理和性能严格保密，对喷灌机进行喷头配置时只提供最基本参数。同时，近年来为了缓解能源日益短缺的问题，许多国家致力于低压喷头研发，但低压喷头在喷洒过程中，喷洒水舌碎裂不充分，会以较大的水滴集中降落在土壤表面，造成能量集中打击到土壤表面，对土壤造成打击伤害，导致土壤表面结皮，降低土壤入渗性能，诱发地表径流的产生，进而降低灌溉水的利用系数。

　　因此，为了突破国外技术封锁，研发新型低压喷头，非常有必要针对移动式喷灌机常用的下喷折射式喷头和喷枪，进行专门的水流运动特性研究，包括水量分布、水滴直径和动能强度分布等，揭示喷头喷洒机理，用以指导喷头研发、喷灌机喷头选型和运行参数的合理确定，提高喷灌质量和成效。

　　本书共安排了7章内容，分为两个部分。第一部分包括本书的第2～第5章，主要是以平移式喷灌机常用的下喷折射式喷头为研究对象，测试喷头水量分布，利用视频雨滴谱仪观测喷洒水滴直径、速度和落地角度，分析喷洒水滴直径沿射程方向的变化趋势，探讨水滴速度和落地角度分别与水滴直径之间的变化关系，计算单个水滴动能、单位体积水滴动能和动能强度，探讨单个水滴动能与水滴直径关系、单位体积水滴动能及动能强度沿射程方向的变化规律；以移动式喷灌机为研究对象，在计算单喷头水量、水滴直径和动能强度分布的基础上，将单喷头水量及动能强度分布资料标准化，基于弹道轨迹理论分别建立移动式喷灌水量分布与动能强度分布数学模型，模拟不同喷头间距时喷灌机的水量及动能强度分布，计算水量和动能分布的均匀系数；针对常用下喷折射式喷头在低工作压力移动喷灌时水量分布不均匀等问题，重点研究了流道出射角、流道出口截面形状和流道个数等对水量分布和动能强度分布的影响，基于流道夹角优化方法，研发了一种适用于平移式喷灌机的新型低压折射式喷头。

第二部分包括本书的第6、第7章，主要是针对卷盘式喷灌机在实际运行中存在喷洒水量和能量分布不均，并导致灌水均匀度偏低和喷灌强度过大等问题，以卷盘式喷灌机常用的四种喷枪为对象，研究了喷枪固定喷洒条件下水量分布规律，包括流量、射程、喷灌强度、径向水量分布和喷洒均匀度等，分析了喷枪工作压力、辐射角、旋转周期和组合间距对卷盘式喷灌机移动喷洒水量分布与均匀度的影响，建立了卷盘式喷灌机移动喷洒水量分布数学模型，探讨了喷枪在固定和移动条件下喷洒降水动能强度分布规律，包括径向喷灌强度、水滴速度和动能强度分布等，同时构建了卷盘式喷灌机移动喷洒降水动能强度分布数学模型，进而厘清了机组配置与喷枪工作压力等运行参数对喷洒均匀度和打击强度的影响，确定了降低喷枪工作压力的依据，保证了在尽量降低机组能耗的同时灌溉质量不下降，从而为卷盘式喷灌机喷枪选型和运行参数的确定提供科学依据。

本书是在国家科技支撑计划项目（2011BAD29B02）和（2015BAD22B01-02）及水利部948项目（201436）的支持下完成的，在此表示感谢。

本书由西北农林科技大学朱德兰和吴普特主持组织撰写。各章执笔人如下：前言，西北农林科技大学张林；第1～第3章，朱德兰和长安大学巩兴晖；第4、第5章，朱德兰、郑州大学张以升、西安理工大学杨雯；第6、第7章，西北农林科技大学葛茂生和吴普特。研究生赵航、李丹、朱忠锐、张凯进行了本书的编辑和校对工作。该书涉及的实验装置全部由实验员朱金福制作。全书由朱德兰和张林统稿。

由于作者水平有限，书中难免有疏漏和不妥之处，敬请读者批评指正。

著　者

2018 年 7 月 10 日

目　　录

第1章 绪 论

1.1 研究目的及意义

喷灌是通过对灌溉水进行加压，通过喷头将有压水分散成细小水滴，像天然降水一样将灌溉水喷洒到田间实施灌溉的一种节水高效灌水技术。因喷灌具有节水、节肥、省工、对作物及地形地质适应性较强、调节空气温湿度等优点，在各个领域应用广泛，同时也是世界各国大力推广应用的灌溉技术。喷灌水资源利用率与地面灌溉相比，一般可节水 30% ~ 50%。据《2015 中国水利发展报告》显示，截至 2015 年底，全国喷灌工程的总面积已达到 0.47 亿亩①，约占我国节水灌溉面积的 1/5。另外，根据我国最新发展规划纲要，农村耕地集约化、规模化发展提上日程，土地流转速度加快，特别是我国地多人少的西北地区，所以，喷灌作为节水高效灌水技术将会形成以西北干旱半干旱地区带动、其他地区快速发展的格局。随着我国经济、社会、工业等领域的不断发展，喷灌作为最节水高效的灌水技术之一，将有更大的发展前景。

喷灌设备种类繁多，按喷灌系统可移动程度分为固定式喷灌系统、半固定式喷灌系统和移动式喷灌系统。我国农田的地形地貌差异性较大，三种常见的喷灌类型在国内都能见到，其中时针式喷灌机、平移式喷灌机和卷盘式喷灌机尤为常见。喷头是喷灌机的核心部件。时针式和平移式喷灌机广泛采用下喷折射式喷头，卷盘式喷灌机普遍采用喷枪。根据下喷折射式喷头的喷洒原理可分为非旋转折射式喷头和旋转折射式喷头。非旋转折射式喷头从喷嘴喷出的射流打击喷盘后，由喷盘上的流道形成大小不同的多股水流射向空中完成喷洒的过程中，喷盘在喷洒时保持固定，国内移动式喷灌机中应用的非旋转折射式喷头，以 Nelson D3000 型喷头最为常见，也最具有代表性。旋转折射式喷头喷盘上的流道受到喷嘴射流的作用，喷盘边旋转边喷洒，国内以 Nelson R3000 型喷头最为常见。目前国内喷灌机应用的下喷折射式喷头多为国外进口，国内虽有个别公司进行仿制，但喷头性能及质量无法保证。国外对于该喷头的喷洒机理和性能严格保密，对喷

---

① 1 亩 ≈ 666.67m²。

灌机进行喷头配置时只提供基本参数，同时国内对于这类喷头的研究较少。

因此，非常有必要针对时针式、平移式和卷盘式等移动式喷灌机常用的下喷折射式喷头与喷枪，进行专门的水流运动特性研究，包括水量分布、水滴直径和动能强度分布等，研发适用于移动式喷灌机的新型低压折射式喷头，以降低移动式喷灌机运行能耗、提高其灌溉质量，同时对喷头或喷枪在喷灌机中的合理配置也具有重要作用。

1.2　国内外研究现状

1.2.1　喷灌技术发展现状

喷灌设备最初应用于庭园花卉和草坪的灌溉，20 世纪30～40 年代，由于欧洲发达国家在金属冶炼、轧制和机械工业等方面技术的发展，喷灌设备制造技术和应用得到迅速发展，多采用薄壁金属管作地面移动输水管，代替原有的地埋式固定管道以减小投资，同时多采用缝隙式、折射式喷头浇灌作物。第二次世界大战结束以后，各国为了恢复经济发展，喷灌设备的研制得到进一步快速发展，原有的薄壁金属管地面移动式灌溉机，发展为摇臂式喷头及大型自走式喷灌机，特别是大型自走式喷灌机技术的发展，使喷灌技术向前迈进了一大步。50 年代开始，塑料工业飞速发展，传统的金属制品越来越多地被塑料制品所替代，在水资源短缺地区，为了在满足灌溉需要的前提下降低造价，以塑料为原材料的喷灌系统逐渐发展并推广、应用起来。到了 70 年代中期，澳大利亚、以色列等国在喷灌的基础上开始研制、开发滴灌和微喷灌系统，但是由于滴灌和微喷灌系统的灌水器存在堵塞现象，相比于喷灌，发展缓慢。90 年代之后，喷灌设备因其节水、省工、灌溉水量均匀、增产显著等特点，在各个国家得到广泛的应用（Meis et al.,1977；Bonetti，1981；Beckman，2004）。世界各国根据自己的国情选择不同的喷灌设备，美国西部的 17 个干旱州广泛使用大型自走式喷灌机，1990 年美国喷灌面积为 1082.2 万 hm²，占灌溉总面积的 43.8%，其中 64.3% 使用的是大型自走式喷灌机。法国、意大利、罗马尼亚等欧洲国家因考虑简便耐用、投资少、效益高等因素，使用最多的是薄壁金属移动管道喷灌和卷管式喷灌机，罗马尼亚 80% 以上的灌溉面积采用薄壁金属移动管道喷灌，德国 50% 以上的灌溉面积采用卷管式喷灌机喷灌。

2015 年全世界喷灌面积已达到 0.2 亿多公顷，美国喷灌面积占全部灌溉面积的 47%，以色列喷灌占全部灌溉面积的 30%，日本旱地灌溉几乎全部采用喷灌。

一些发达的工业国家如德国、英国、法国等，喷灌面积占全部灌溉面积的 90%
以上。而我国喷灌面积仅占有效灌溉面积的 3%，占节水灌溉面积的 10%，近些
年随着国家政策的支持，喷灌占比相比于过去虽然有很大的提高，但是与先进国
家相比仍存在很大差距（兰才有等，2005）。

我国农业灌溉有着悠久的历史，喷灌技术作为节水灌溉中的关键技术得到大
规模的发展。对于我国而言，喷灌开始于 20 世纪 50 年代初期，经过几起几落，
到 80 年代后期才开始稳定地发展，主要用于灌溉蔬菜、瓜果、茶园及国有农场
和规模化粮食生产基地。90 年代中期开始，喷灌技术发展速度加快，其经济效
益、社会效益、环境效益日益突出。仅节水总量一项，2001 年全国推广喷灌技
术节省水量为 82.7 亿 m^3，相当于新建 827 座 1000 万 m^3 中型水库的年供水量，
或相当于新建 11.81 万眼 7 万 m^3 机井的年供水量（中国水利年鉴编纂委员会，
2002）。

国产喷灌设备从无到有，目前已形成了一定的生产能力，对我国节水灌溉的
发展起到了重要的推动作用。喷灌技术在我国的发展大致经历了以下四个阶段
（苏德风和李世英，1997；殷春霞和许炳华，2003）：①科学研究和试验尝试阶
段。1954 年，我国在上海首次采用折射式喷头进行蔬菜喷灌，20 世纪 60 年代我
国又成功开发研制了涡轮涡杆式喷头，并试用于武汉等地的蔬菜喷灌。随后在湖
北、湖南、江西、福建、广东、四川、辽宁等省也先后试验将喷灌应用于经济作
物和大田作物，这一阶段一直持续到 70 年代。这一阶段的发展的明显特点是规
模小，设备品种少，但这一时期的试验研究对推动我国喷灌技术的发展起到了积
极的作用。②技术发展和设备研制的高潮阶段。这一阶段从 70 年代中期到 80 年
代中期，这十年时间是我国喷灌技术快速发展的阶段。1976 年中国科学院和水
利部将喷灌列为重点研究项目，两年后国家计划委员会将喷灌列为重点推广项
目，国务院也将喷灌列为全国 60 个重点推广项目之一。在项目运作期间，先后
引进了当时世界上几乎所有的喷灌机品种，其中包括大型电动圆形、平移、双悬
臂、移管式、绞盘式（软管牵引、钢丝绳牵引）、滚移式等喷灌机组。除了喷灌
设备，还引进了铝焊管、薄壁钢管、ZY 摇臂式喷头等生产线。这一时期通过对
国外先进喷灌技术的引进、消化、吸收，为我国研制开发具有自主知识产权的喷
灌设备打下了良好的基础，对我国喷灌技术和设备的发展起到了极大的推动作
用。③发展低潮期。这一阶段开始于 80 年代中期，主要原因在于十一届三中全
会以后，我国农业体制发生了根本变化，全面实行家庭联产承包责任制，原有的
喷灌工程与农业生产体制互相不适应，喷灌发展受到了巨大的冲击。一些地区采
用低水平生产线制造喷灌机和设备进行农业灌溉，导致已有的工程失效，喷灌机
具也不能正常运行，给喷灌技术发展造成较大的负面影响。喷灌技术发展的低潮

一直持续到 90 年代中期，这一时期国家的经费投入有较大幅度的减少。④第二次发展阶段。90 年代中期，全球面临缺水问题，我国更是面临着北方地下水位严重下降及水资源环境恶化的困境。在这一历史背景下，国家将发展节水灌溉作为一项基本国策，喷灌技术作为节水农业的部分被列入国家发展规划，从而进入了稳步发展的阶段。1996 年水利部将喷灌列为农业节水重要手段之一，确定"九五"期间要发展喷灌、滴灌面积 151 万 hm^2，"十五"期间要发展喷灌面积 152 万 hm^2，2010 年要发展喷灌面积 178 万 hm^2。

21 世纪以来，在中央和地方关于节水农业的一系列政策措施出台和不断加大投入的情况下，我国节水灌溉发展进入前所未有的快车道，产、学、研水平不断得到提升（袁寿其等，2015）。喷灌技术的发展迈入新的阶段，预示着我国喷灌技术的发展进入了第五个阶段：具有知识产权的自主产品研发阶段。现阶段，我国灌溉技术的集成、机械化与专业化生产经营程度的提高，促进了节水农业规模化、集约化和现代化，带动了节水产业迅速发展，企业数量激增。全国生产节水灌溉设备和材料的厂家已有 2000 多家，形成了年生产 200 多万公顷节水灌溉设备和材料的供应能力，在规模上基本能满足我国喷灌、微灌发展的需要。但是，自主研发能力较弱，在技术性能、产品质量、可靠性和稳定性等方面，与国际先进水平相比，还存在较大差距。部分灌溉设备生产企业已意识到这一问题的严重性，开始投入资金进行自主产品的研发，或与科研院所合作，或建立自己的科研团队（李国英，2014）。国内一些科研团队自主研发的喷灌设备达到了国际领先水平，如江苏大学在前人研究的基础上，对全射流喷头在结构上进行了重大改进，设计开发出了 PXH 型隙控式全射流喷头，并且提出了连续运转射流喷头、外取水射流喷头、三段式射流喷头和两次附壁射流喷头四种新型结构以及新工作原理的射流喷头，总结出重要结构参数对水力性能的影响规律，为理论指导下的生产实践打下了坚实的基础，在自主研发的道路上迈了一大步。

近些年随着能源、水资源日益短缺，国内外节水灌溉技术都在朝着低压灌溉、高效用水、降低能耗的方向发展。灌溉设备也要求能够针对不同的喷洒条件达到综合利用，且能够实现智能控制，达到设备可靠性强、生产率高的要求。对于喷灌技术而言，合理高效用水、低压喷洒、降低能耗、综合利用也是未来的发展方向。

1.2.2 喷头发展及应用现状

喷头是喷灌机中最重要的设备，喷头的水力性能很大程度上决定了喷灌机的喷洒性能，其结构形式和性能参数直接决定整机的系统设计、灌溉质量和运行管理等（金宏智，1999）。

　　喷灌机喷头最初的使用和发展历史是与喷灌机机组的诞生与改进同步的（Porter et al.，2010）。自喷灌机问世以来，国内外对其灌水组件的理论设计、性能试验和推广应用一直在进行，新产品也层出不穷。20 世纪 60 年代，低压喷灌技术还未得到普遍应用，这一阶段的喷灌机主要采用与人工拆移管道式喷灌系统相配套的中高压摇臂式旋转喷头，工作压力一般大于 350kPa。该类喷头蒸发飘移损失大，灌水均匀系数低，为了解决灌水均匀性差的问题，许多公司的喷头都需要在进水口加装一个孔口大小不一的节流元件，虽然在一定程度上解决了喷洒不均匀性的问题，但是能耗高，安装维护麻烦（Howell，2004）。70 年代中期，能源日趋短缺，为解决能源紧张的问题，低压喷灌技术逐渐兴起，出现了抗风低仰角喷头和工作压力较低的摇臂式喷头（工作压力在 170 ~ 280kPa），大大减少了蒸发飘移损失。80 年代，低压喷头逐渐成为中心支轴式喷灌机灌水组件的主流设备，美国尼尔森（Nelson）公司研制出了旋转式和旋抛式低压喷头等产品（工作压力在 150 ~ 300kPa），相对于非旋转式低压喷头，它们增大了喷头的射程，提高了机组的灌水均匀性，也减少了产生径流的可能。同时期，美国还出现了应用低能耗精准灌水器（low energy precision application，LEPA）作为中心支轴式喷灌机灌水器的灌溉模式。低能耗精准灌水器工作压力极低（工作压力在 40 ~ 70kPa），将有限的水以流淌的形式灌溉到作物垄沟内，实现局部灌溉，不存在喷头喷灌时的空中蒸发飘移，地表蒸发损失很少，灌溉水利用效率可达 95% ~ 98%。但对于中心支轴式喷灌机来说，使用低能耗精准灌水器需要开挖成圆形的垄沟，否则灌溉时可能出现灌水器和垄沟错位现象，造成灌水不均匀，且低压喷头在喷洒过程中，由于喷洒水舌碎裂不充分，会以较大的水滴集中降落在土壤表面，造成能量集中打击土壤表面，对土壤造成打击伤害，使土壤表面结皮，降低土壤入渗性能，诱发地表径流的产生，所以美国只有少数地区使用了这种低能耗精准灌水器。

　　20 世纪 90 年代至今，为了降低入机压力，提高对种植作物的适应性，国外中心支轴式喷灌机大部分都配置了低压或超低压喷头，该类喷头规格多，喷头结构新颖，比使用摇臂旋转式喷头平均节能 25% ~ 40%。我国喷灌机中以低压折射式喷头应用最为广泛。比较有代表性的产品有：尼尔森公司的 Nelson D3000 系列喷头。此类喷头产品不断更新，技术进步较快，价格便宜，且更加注重特殊功能和细节上的精益求精。为了满足各种地势地貌、土壤的高效灌溉需求，尼尔森公司的 Nelson D3000 系列喷头设计了不同灌水形式的喷盘，进而提升喷灌机机组的整体喷洒性能。

　　国内关于专门配套应用于喷灌机的灌水器组件真正的发展历史不过 30 年，

20 世纪 70 ~ 80 年代主要从奥地利、美国等国家引进，并在引进喷头的基础上进行改进（李英能，2001）。当时的全国摇臂式喷头联合设计组研制了 PY_1、PY_2 系列喷头及 ZY 系列喷头，同时研制了我国特有的全射流喷头系列。国产喷灌机早期使用较多的就是 PY_1、PY_2 系列金属摇臂式喷头和 ZY 系列喷头。"十五"期间，国产喷灌机机组的整体水平上了一个新台阶，喷灌机机组开始采用低压喷洒灌水技术，提水加压能耗降低 30% 以上，灌水均匀性明显提高，使与喷灌机配套的低压灌水组件得以广泛应用。但低压喷头、压力调节器和末端喷枪等关键灌水组件产品依赖进口，其中 Nelson D3000、Nelson R3000 系列低压折射式喷头在国内的中心支轴式喷灌机上使用较多。

目前，国内在中心支轴式喷灌机和平移式大型喷灌机灌水组件的选择上，低压折射式喷头已经基本取代了中高压摇臂式喷头和以 ZY 系列金属摇臂式喷头为代表的低压摇臂式喷头。国内一些厂家已经具备生产普通规格、低技术含量的低压折射式喷头的能力，如 PZ 系列喷头。但是国内高技术含量喷头的生产能力仍然不足，且关于低压折射式喷头水力性能的研究和结构形式的创新也比较少。随着移动式喷灌机的推广应用，国内灌水器的发展经历了从无到有的过程，但目前还停留在引进仿制的阶段。随着农业机械化的发展需求，喷灌机在我国得到了大力的推广应用，但与喷灌机相配套的低压喷头多数从国外公司引进，因此需要我国科研人员对低压喷头的喷洒机理、结构组件进行理论与实践相结合的研究，研发出具有自主知识产权的系列产品，满足喷灌机的需求。

1.2.3　喷灌机发展及应用现状

在农业灌溉生产实践中，人们为了降低劳动强度，从繁重的移动管道灌溉作业中解放出来，研发了机械化的喷灌设备。喷灌机最早出现在 20 世纪 20 年代，当时的美国人和俄国人相继研发出滚移式喷灌机组，尽管该机组具有自动化的优点，但仍需要人工操纵，属于半自动化喷灌设备，并且对地势、地貌和水源的要求较高，受机组高度的影响，不能应用于高秆作物灌溉作业中，造成其推广应用受到较大的限制。50 年代初，美国人发明了圆形喷灌机（又称中心支轴式喷灌机或指针式喷灌机）。早期以液压驱动和水力驱动为主，1965 年出现了电力驱动圆形喷灌机。此后，圆形喷灌机在全世界得到了广泛的应用，如今已在世界各大洲灌溉着数千万公顷的耕地、沙丘和草原，可称为世界农业灌溉史上的一次革命，曾被美国著名科技刊物《科学美国》称赞为"圆形喷灌机是自从拖拉机取代耕畜以来，意义最重大的农业机械发明"（金宏智，1998）。圆形喷灌机存在一个重大的弱点，即灌溉面积是圆形，与地块形状和传统农艺耕作方式不一致，方形地块中近 20% 的面积得不到有效灌溉，因而 70 年代又出现了平移式喷灌机，可实现矩形地块的灌溉。

圆形喷灌机和平移式喷灌机自动化程度高、灌溉质量好、单机控制面积大，尤其是圆形喷灌机对地形的适应性强，对水源的要求低，因而非常适宜人少地多地区的农业生产，在美国及许多欧洲国家迅速得到推广应用，国外生产圆形喷灌机和平移式喷灌机的厂商也较多，如美国的林赛（Lindsya）公司和维蒙特（Vamlnot）公司、奥地利的保尔（Bauer）公司、法国的伊尔（Irrifrance）公司等多家公司均进行喷灌机的生产。其中美国公司的综合实力最强，技术力量最雄厚，其产品规格多、功能强、整机综合技术性能最先进。为了争夺国外市场，几乎国外生产商都将目光瞄准国际市场，如欧洲厂商生产的产品绝大部分出口，在其国内的应用较少。上述生产厂商大都在我国设有代表处（办事处），有的甚至还在我国建立了生产基地，如维蒙特公司在上海、林赛公司在大连设有生产基地。但各公司只是将技术含量较低的产品在海外的生产基地或协作厂家中加工，在我国生产的喷灌机的核心技术仍旧需要从国外进口。

我国关于喷灌机的研究开始于 1976 年末，大致经历了四个阶段（金宏智，1999；何建强，2003）：①起步阶段。我国最早于 1977 年 6 月从美国维蒙特公司引进了 7 台电动、1 台水动圆形喷灌机，安装在河北省大曹庄农场。此后中国农业机械化科学研究院、吉林省农业机械研究所、广西水轮泵研究所、黑龙江省农业机械研究所等单位对样机进行仿制，于 1982 年试制成功我国第一台水动圆形喷灌机，并通过了国家机械电子工业部的鉴定。此后又相继研制出电动圆形喷灌机、电动平移式喷灌机和滚移式喷灌机。但由于缺乏大型喷灌机具的理论指导及制造技术，研制产品普遍存在机型杂、质量差、可靠性差、材料浪费大等问题。②引进和关键部件攻关阶段。我国第一代大型喷灌机的技术性能未过关，从 1979 年开始从美国引进大型喷灌机，并考察了美国维蒙特、林赛、雨鸟和尼尔森等著名灌溉公司。1981 年机械电子工业部委托中国农业机械化科学研究院、广西水轮泵研究所、鞍山市农业机械备件厂等单位承担了"大型喷灌机主要部件研究"课题，1983 年通过部级鉴定，其中析架结构、驱动装置和同步控制系统等部件的技术指标已接近美国当时同类产品水平，为我国大型喷灌机的研究奠定了技术基础。③完善提高、稳妥推广阶段。1987 年机械电子工业部将 DYP-415 型电动圆形喷灌机列为国家新产品计划，由中国农业机械化科学研究院和哈尔滨红旗机械厂共同承担；1988 年通过部级鉴定；1991 年被国家科学技术委员会、水利部、农业部确定为农业节水大面积推广项目。1992 年颁布了电动大型喷灌机技术条件和试验方法两项国家机械行业标准。1991～1994 年机械电子工业部委托中国农业机械化科学研究院承担了"提高大型喷灌机喷洒均匀性的研究"课题，通过大量室内外试验和数学模型的理论分析，发展了我国大型喷灌机的喷洒理论。当时全国保有量在 1500 台左右。④技术创新和产业化阶段。1998 年国家发展计划委员会在"农业适度规模经营关键技术装备研究"项目中，将平移式喷灌机列为子项目研究，并于 2000 年通过国家机械工业局的鉴定。2001 年后，又将大型喷灌机技术与产业化分别列入国家"863"计划"低能耗多用途喷灌技术与新产品"、"十五"国家重大科技专项"轻小型移动式与大型自走式喷灌机组及配套产品研制与产业化开发"和"十五"国家科技攻关计划"精准农业机械装备技术开发与应用"的三项重大研究课题中。

经过上述四个阶段的发展，我国已初步形成了具有自主知识产权的大型喷灌机设计理论、试验手段和一定的产业化规模。但受农业体制、经济水平等因素影响，2000 年前后，大型喷灌机的喷灌面积仅占全国喷灌总面积的 6% 左右，大型喷灌机保有量约为 2200 台，主要集中在我国粮棉产区的黑龙江、河北、新疆、内蒙古、宁夏和安徽等省区（金宏智，1999）。从 2010 年开始，大型喷灌机呈快速增长趋势，特别是 2012 年东北四省区"节水增粮行动"启动，大型喷灌机迎来了前所未有的发展机遇。据估计，截至 2013 年 10 月，全国大型喷灌机保有量 1.6 万台左右，灌溉面积达到 48 万 hm^2，占全国喷灌面积的 10% 左右。十二五期间大型喷灌机这么大的增量，主要原因是我国提高了农业的工业化水平和适度规模经营的程度，增强了粮、棉、油产业的国际竞争能力，进而增大了对大型喷灌机的市场需求。此外，花卉育种、草业生产、马铃薯等经济附加值高的农作物种植面积的增加和规模的扩大，也为喷灌机应用提供了巨大的市场。目前国内从事大型喷灌机生产和经营活动的企业有 30 余家，代表性企业有现代农装科技股份有限公司、华雨灌溉设备有限公司、维蒙圣菲农业机械有限公司、大连银帆农业喷灌机制造股份有限公司、沃达尔（天津）股份有限公司等。国外品牌和国产设备并存、份额相当，国外品牌质量较好、性能较优、价格较高，国内设备价格相对低，产品质量和智能化控制程度与国外相比还具有一定的差距。示范区项目中的大型喷灌机多以国外品牌为主，一般项目多以国产设备为主，且机型多以短小为主，国内销售的大型喷灌机宽幅多在 280～300m。

由于受地理、经济等特点的影响，在我国喷灌机的研发和推广应用中，轻小型喷灌机组的特点比较适应我国当前农村的发展需要，受到广大农户的欢迎，在喷灌作业中一直占主要地位。轻小型移动式喷灌机组主要由自吸式喷灌泵、输水管道、机架和喷头等组成。灌溉用水经自吸式喷灌泵从水源吸取并加压后，通过输水管道送到喷头再喷洒到田间，压力水到达喷头时提供给喷头的压力应能保证喷头正常工作，并符合喷洒质量要求。轻小型喷灌机组特点有：①轻巧灵活，便于移动，喷灌面积可大可小，尤其适用于水源小而分散的丘陵山区及小型地块；

②一次性投资少，操作简单，保管维护方便；③节省劳动力，保持水土，提高产量；④适用性强，尤其适用于抗旱，在 2009~2011 年安徽、河南等省份的春季抗旱中轻小型喷灌机组起到了关键作用。

　　轻小型喷灌机组主要有四种类型（潘中永等，2003；朱兴业等，2011；袁寿其等，2015）：第一类是单喷头轻小型喷灌机组。该类机型采用射程远的高压喷头，喷洒形状为扇形，单喷头控制面积大，其移动方式为在干地或田间往后移动喷头架，操作简单，移动方便，单位面积投资最省。但是该类机型在输水过程中水头损失较大，系统压力需求较高，且喷洒均匀性稍差，相对能耗较高。单喷头轻小型喷灌机组在 20 世纪 70~80 年代使用较多，十三五期间逐年减少。第二类是多喷头轻小型喷灌机组。该类机型喷洒均匀，雾化良好，投资较省。但是一个喷灌周期内需要多次移动支管，且在移动过程中需要将每节的接头全部拆开，移动几十米的距离后重新连接。由于喷灌后地面泥泞，管道搬移困难，致使该类机型在喷洒过程中工作量和劳动强度都很大。在 20 世纪该类机型是我国喷灌作业的主力机型，近年来有减少的趋势。第三类是手持喷枪式轻小型喷灌机组。该类机型属于半自动化喷灌设备，不要求雾化指标，管路压力较低，投资省，移动方便，但喷水均匀性较差。手持喷枪式轻小型喷灌机组因其操作简单，在当今农户喷灌中使用最为广泛。第四类是软管多喷头轻小型喷灌机组。该类机型结合了固定式和移动式喷灌系统的优点，根据喷灌机的控制面积（或者宽幅）在灌溉区域提前安装固定的供水管道，喷灌机进行喷灌作业时采用可拆卸的快速接头将提前预留的固定管道供水口与喷灌机连接，灌溉季节结束后可以收存入库，该机型喷洒均匀，可实现轮灌作业，省工省水，投资小，操作简单方便。配套动力一般为 11~22kW 柴油机，喷洒面积可达到 0.2~0.4hm²。软管多喷头轻小型喷灌机组在轻小型喷灌机型市场中具有良好的发展前景。

　　经过多年的发展，轻小型喷灌机组已经发展为多种应用模式，能够在不同的地势地貌条件下进行灌溉作业，对水源的要求较低，投资少，操作简单，省工省水。相比于国内大型喷灌机，轻小型喷灌机组设备的水力性能较好，特别是农用喷灌自吸泵，已经达到或超过国外同类产品水平，但该类喷灌机组在产品结构、可靠性、使用寿命等方面与国外产品存在较大差距。

　　随着国家对节水灌溉的投入不断加大，喷灌机要进一步推广应用，其市场不能局限于农业生产，更大的优势还在于改造和治理我国的荒漠化土地和"三化"（沙化、碱化、退化）的草场。荒漠、沙漠和已"三化"的草场主要集中在我国西部。随着我国西部大开发的深入、西部经济水平的不断增长、生态环境保护意识的不断增强，喷灌机在我国西部地区的推广应用出现明显增长势头。随着农业水资源的日益紧张、灌溉水价的不断提升和农业劳动力的转移，结合我国农业集约化、规模化的发展需求，喷灌机在我国的发展空间和潜力将更加巨大。

1.2.4 喷灌机喷洒性能研究现状

移动式喷灌机是模拟天然降雨对灌溉区域的作物进行自动化移动灌溉作业的设备。喷灌机的喷洒性能是衡量和评价喷灌机灌溉质量的重要指标。根据国家标准《喷灌工程技术规范》（GB/T 50085–2007），移动式喷灌的喷洒性能主要从以下三个方面进行评价：① 移动喷灌均匀度不应低于85%；②雾化指标不低于田块所种作物要求的数值；③系统喷灌强度不超过土壤的允许喷灌强度值。

在移动式喷灌机研究早期，国内外研究人员大多把研究目光聚焦在喷灌机喷洒的水量分布上，并把喷灌水量分布均匀度作为喷灌系统设计的重要参数。克里斯琴森（Christiansen）最早提出用均匀系数（Cu）来定量描述喷灌水量分布均匀性，如式（1-1）所示（罗金耀，2003；ASAE，2000）。

$$Cu = \left(1 - \frac{\sum_{i=1}^{n} |h_i - \bar{h}|}{n \cdot \bar{h}}\right) \times 100\% \qquad (1\text{-}1)$$

式中，Cu 为克里斯琴森均匀系数（%）；h_i 为第 i 个测点的喷洒水深（mm）；n 为测点个数；$\bar{h}$ 为喷洒面积上各测点平均喷洒水深（mm），其中，$\bar{h} = \sum_{i=1}^{n} h_i / n$。

该计算公式描述的是各测点的水深与平均水深偏差的绝对值之和，它可以较好地表征喷灌机整个喷洒区域内水量分布与平均值偏差的情况。平移式喷灌机的纵向（主输水管路方向）喷灌均匀系数和横向（行走方向）喷灌均匀系数都可采用该公式来计算。喷灌均匀度最好是现场试验测定，但前期在对喷灌机进行灌水器配置设计时，通常采用单喷头水量分布图形叠加的方法进行计算，以满足喷灌机喷头合理配置设计的需要。一般认为，水量分布越均匀，则整机性能就越好。

有关喷灌机水量分布特性的研究起始于20世纪60年代，最初是在假设喷头喷洒特性为三角形和椭圆形基础上，提出了圆形喷灌机直线和绕中心转圈行走时，单喷头水量分布的解析公式（Bittinger and Longenbaugh，1962），在此基础上学者通过研究又提出了考虑喷头重叠喷洒条件下水量分布特性的研究，并首次提出了圆形喷灌机喷灌均匀系数的计算公式，该公式后来被美国农业工程师学会（American Society of Agricultural Engineers，ASAE）标准组织采用，因而圆形喷灌机的喷灌均匀系数也称 Heermann-Hein 均匀系数（Heermann and Hein，1968）。此后众多学者通过圆形喷灌机不同测试方案对水量分布均匀性的影响、测试、分析等研究，对 Heermann-Hein 均匀系数计算公式进一步修改，并提出圆形喷灌机田间水量分布状况的函数表达式（Heermann and Swedensky，1984；Marek et al.，1986；Bremond and Molle，1995；Wolfe and Duke，1986）。在圆形喷灌机和平移式喷灌机不断改进与完善期间，生产厂家也相继制定了企业测试标准。根据上述计算公式和测试标准，1989 年 5 月 ASAE 首次制定了电动圆形喷灌机和平移式喷灌机喷洒均匀性试验标准第一次建议草案，后又经过1992 年、1997 年两次修改，最新标准由美国国家标准委员会于 2001 年 3 月颁布。我国也组织相关单位起草了圆形喷灌机和平移式喷灌机的国家机械行业标准"电动大型喷灌机 技术条件"（JB/T 6280.1—1992）和"电动大型喷灌机 试验方法"（JB/T 6280.2—1992）。

随着精准灌溉的发展要求，喷灌技术的研究不再局限于水量分布均匀性的研究，更多的科研人员开始关注喷灌的射流碎裂程度、喷洒水滴直径分布、喷洒到地面的动能强度（能量通量密度）分布等领域，即喷洒性能评价中的雾化和灌溉强度。通过对这两个方面的研究，喷灌技术研究更加关注如何使喷洒水得到高效利用，即喷灌作业时，既不会产生过大的动能强度而形成地表土壤结皮，降低喷洒水的入渗率，也不能引起深层渗漏，对浅层地下水构成污染威胁。

喷灌是以单个水滴的形式洒落到土壤表面完成灌溉，水滴连续不断打击土壤表面时，会造成土壤孔隙率降低，进而降低喷洒水入渗率，诱发地表径流形成。关于连续水滴对土壤打击的研究最早是从天然降雨对土壤侵蚀影响研究开始的，国内外许多学者的研究（Agassi et al.，1985，1994；Thompson and James，1985；Mohammed and Kohl，1987；Ben-Hur et al.，1987；Assouline and Mualem，1997；张增祥和杨存健，2001；梁伟等，2006）表明，水滴连续降落到地面时所具有的动能（kinetic energy）是引起土壤孔隙率和喷洒水入渗率降低的首要因素。Watson 和 Laflen（1986）通过对降雨侵蚀的研究发现，土壤侵蚀后的水土流失包括土壤微小颗粒脱离和运移两个过程。其中土壤微小颗粒从土壤中脱离是由降雨水滴的打击造成，而其运移过程与土壤孔隙率降低后形成的地表径流密切相关。在 Watson 和 Laflen 研究的基础上，许多学者对降雨侵蚀造成的水土流失进行进一步研究（Ekern，1954；Wischmeier and Smith，1958；Moldenhauer and Long，1964；Moldenhauer，1970；Bubenzer and Jones，1971；Quansah，1981；Gilley and Finkner，1985；Ben-Hur and Lado，2008）并发现，土壤微小颗粒的脱离与降雨水滴打击土壤表面时所具有的动能大小关系密切，并进一步分析指出土壤微小颗粒脱离后会堵塞土壤孔隙，降低喷洒水入渗率，形成地表结皮，加剧地表径流的产生。

喷灌机是模拟天然降雨对作物进行灌溉，应用喷灌机灌溉时，不同类型的喷头会形成大小不同的水滴直径及喷灌强度，具有较大动能的喷洒水滴会致使土壤孔隙率降低，导致喷洒水入渗率下降，伴随着喷灌机较大的喷灌强度，同样会加剧地表径流和土壤侵蚀发生的可能性，其产生过程与天然降雨相似（von Bernuth and Gilley，1985；Ben-Hur et al.，1995；De Boer and Chu，2001；刘海军和康跃虎，2002；Silva，2006；King and Bjorneberg，2010；Yan et al.，2011）。国内外学者就喷洒水滴对土壤打击进行了大量的研究发现，喷洒水滴打击土壤表面时的动能与地表径流的产生关系同样密切。Thompson 和 James（1985）以粉沙壤土为研究对象，发现土壤入渗能力随着喷灌强度、单位体积动能和动能强度的增加而减小。Kohl 等（1985）以喷嘴直径为 3.97mm 的摇臂式喷头为研究对象，对多个工作压力下的喷灌强度和水滴直径进行测试，计算了喷头沿射程方向上的单位体积水滴动能，发现单位体积水滴动能随着压力的减小而增大。李久生和马福才（1997）利用面粉法测得圆形喷嘴和方形喷嘴的水滴分布，用水滴运动方程确定水滴落地时的速度，计算了单位质量水滴沿射程方向不同位置处的动能，分析了喷嘴形状对喷洒水滴动能分布的影响。刘海军和康跃虎（2002）分析总结了喷灌动能的计算方法，并提出了减小水滴打击地面动能，改善土壤结构，增加土壤入渗水量的措施。Yan 等（2011）以 Nelson D3000 型单喷头为研究对象，探讨了不同动能强度对地表径流、土壤结皮等的影响，指出动能强度能够很好地评估水滴打击对土壤的影响。King 和 Bjorneberg（2012）对喷灌机中常用喷头的动能强度进行了试验研究，指出动能强度的变化规律与喷头的类型密切相关。

综上，通过对喷头水滴直径、动能强度分布的研究，能够进一步了解喷头的水力性能，为其更合理的应用提供参考依据，使各类型喷头得到合理的应用，进而提高喷灌系统或喷灌机组的灌溉效率和质量。

1.3　主要研究内容

本书共安排了 7 章内容，分为两个部分。第一部分包括本书的第 2～第 5 章，主要是以平移式喷灌机常用的下喷折射式喷头为研究对象，重点研究非旋转折射式喷头 Nelson D3000 和旋转折射式喷头 Nelson R3000 的水流运动特性，并在此基础上，研发新型低压折射式喷头。第二部分包括本书的第 6、第 7 章，主要是以卷盘式喷灌机常用喷枪为研究对象，重点研究其水量分布和降水动能强度分布规律，从而为卷盘式喷灌机喷枪选型和配置提供参考依据。具体内容如下。

（1）平移喷灌机下喷折射式喷头水流运动特性

以平移式喷灌机常用的两种下喷折射式喷头（Nelson D3000 和 Nelson R3000）为研究对象，对其单喷头水量分布进行试验测试，分析喷嘴压力与流量关系、喷头射程、径向水量分布，并通过标准化得到单喷头水量分布数据；利用基于空间测试原理的视频雨滴谱仪（two-dimensional video disdrometer，简称2DVD）测试两种喷头在不同压力时的水滴直径、水滴速度及水滴角度，分析两种喷头喷洒水滴直径沿射程方向的变化趋势，探讨水滴速度、水滴角度分别与水滴直径之间的变化规律，计算单个水滴动能、单位体积水滴动能和动能强度，探讨单个水滴动能与水滴直径的关系、单位体积水滴动能及动能强度沿射程方向的变化规律，通过标准化计算得到单喷头动能强度分布数据；以移动式喷灌机为研究对象，在单喷头水量、水滴直径和动能强度分布计算的基础上，将单喷头水量及动能强度分布资料标准化，模拟不同喷头间距时喷灌机的水量及动能强度分布，计算水量和动能分布的均匀系数，分析喷灌机移动方向上的水量及动能强度分布；利用弹道轨迹理论建立水滴在空中飞行的运动轨迹模型，对下喷折射式喷头的水滴运动轨迹、水滴速度、水滴角度、单喷头单位体积水滴动能及动能强度、喷头组合下的水量及动能强度分布进行模拟，分别建立了基于弹道轨迹理论的喷头水量分布与动能强度分布数学模型；针对这两种下喷折射式喷头在低压移动时水量分布不均匀等问题，重点研究了流道出射角、截面形状和个数等对水量分布和动能强度分布的影响，基于流道夹角优化方法，研发了一种适用于平移式喷灌机的新型低压折射式喷头。

（2）卷盘式喷灌机喷枪水流运动特性

在工程应用中，生产厂家所提供的喷枪水力参数往往过于粗略，用户在选择喷枪工作压力时因缺乏指导而存在盲目性，无法对卷盘式喷灌机作业过程中的喷洒均匀性和喷灌强度等技术指标进行考量，难以把握实际灌溉质量。针对卷盘式喷灌机在实际运行中存在喷洒水量和能量分布不均，并导致灌水均匀度偏低和喷灌强度过大等问题，以卷盘式喷灌机常用的四种喷枪为对象，研究了喷枪固定喷洒条件下水量分布规律，包括流量、射程、喷灌强度、径向水量分布和喷洒均匀度等，分析了喷枪工作压力、辐射角、旋转周期和组合间距对卷盘式喷灌机移动喷洒水量分布和均匀度的影响，建立了卷盘式喷灌机移动喷洒水量分布数学模型，探讨了喷枪在固定条件和移动条件下喷洒降水动能强度分布规律，包括径向喷灌强度、水滴速度和动能强度分布等，同时构建了卷盘式喷灌机移动喷洒降水动能强度分布数学模型，进而厘清了机组配置与喷枪工作压力等运行参数对喷洒均匀度和打击强度的影响，确定了降低喷枪工作压力的依据，保证了在尽量降低卷盘式喷灌机能耗的同时灌溉质量不下降，从而为卷盘式喷灌机喷枪选型和运行参数的确定提供科学依据。

参 考 文 献

何建强. 2003. 圆形和平移式喷灌机行走装置的力学性能研究. 北京：中国农业机械化科学研究院硕士学位论文.

金宏智．1998．大型喷灌机技术在我国的应用与发展．节水灌溉，（2）：24-26．

金宏智．1999．大型喷灌机的引进及经验总结．农村机械化，（3）：38-39．

兰才有，仪修堂，薛桂宁，等．2005．我国喷灌设备的研发现状及发展方向．排灌机械，23（1）：1-6．

李国英．2014．中国节水灌溉状况新闻发布会．http：//www. china. com. cn/zhibo/2014-09/29/content_33626156. htm? show＝t（2014-09-29）［2014-11-30］．

李久生，马福才．1997．喷嘴形状对喷洒水滴动能的影响．灌溉排水，16（2）：1-6．

李英能．2001．浅论我国喷灌设备技术创新．排灌机械，19（2）：3-7．

梁伟，程复，赵廷宁，等．2006．摄影法在人工降雨装置水滴终点速度中的应用研究．水土保持研究，13（2）：14-16．

刘海军，康跃虎．2002．喷灌动能对土壤入渗和地表径流影响的研究进展．灌溉排水，21（2）：71-75．

罗金耀．2003．节水灌溉理论与技术．武汉：武汉大学出版社．

潘中永，刘建瑞，施卫东，等．2003．轻小型移动式喷灌机组现状及其与国外的差距．排灌机械，21（1）：25-28．

苏德风，李世英．1997．我国节水灌溉设备现状与展望．排灌机械，（3）：22-26．

殷春霞，许炳华．2003．我国喷灌发展五十年回顾．中国农村水利水电，（2）：9-11．

袁寿其，李红，王新坤．2015．中国节水灌溉装备发展现状、问题、趋势与建议．排灌机械工程学报，33（1）：78-92．

张增祥，杨存健．2001．不同降雨带上的土壤侵蚀状况分析．水土保持学报，15（1）：50-53．

中国水利年鉴编纂委员会．2002．中国水利年鉴．北京：中国水利水电出版社．

朱兴业，蔡彬，涂琴．2011．轻小型喷灌机组逐级阻力损失水力计算．排灌机械工程学报，29（2）：180-184．

Agassi M, Morin J, Shainberg I. 1985. Effect of raindrop impact energy and water salinity on infiltration rates of sodic soils. Soil Science Society of America Journal, 49（1）: 186-190.

Agassi M, Bloem D, Ben-Hur M. 1994. Effect of drop energy and soil and water chemistry on infiltration and erosion. Water Resources Research, 30（4）: 1187-1193.

ASAE. 2000. Testing Procedure for Determining Uniformity of Water Distribution of Center Pivot and Lateral Move Irrigation Machines Equipped with Spray or Sprinkler Nozzles. American Society of Agricultural Engineers Standards, 48th ed. Michigan: St. Joseph.

Assouline S, Mualem Y. 1997. Modeling the dynamics of seal formation and its effect on infiltration as related to soil and rainfall characteristics. Water Resources Research, 33（7）: 1527-1536.

Beckman A J. 2004. Adjustable pattern irrigation system: U. S. , Patent 6 834 814.

Ben-Hur M, Lado M. 2008. Effect of soil wetting conditions on seal formation, runoff, and soil loss in arid and semiarid soils—a review. Australian Journal of Soil Research, 46（3）: 191-202.

Ben-Hur M, Shainberg I, Morin J. 1987. Variability of infiltration in a field with surface-sealed soil. Soil Science Society of America Journal, 51（5）: 1299-1302.

Ben-Hur M, Plaut Z, Levy G J, et al. 1995. Surface runoff, uniformity of water distribution, and yield of peanut irrigated with a moving sprinkler system. Agronomy Journal, 87 (4): 609-613.

Bittinger M W, Longenbaugh R A. 1962. Theoretical distribution of water from a moving irrigation sprinkler. American Society of Agricultural Engineers, 5 (1): 26-30.

Bonetti R A. 1981. Controlled irrigation system for a predetermined area: U. S. , Patent 4 265 403.

Bremond B, Molle B. 1995. Characterization of rainfall under center pivot: influence of measuring procedure. Journal of Irrigation and Drainage Engineering, 121 (5): 347-353.

Bubenzer G D, Jones B A. 1971. Drop size and impact velocity effects on the detachment of soils under simulated rainfall. Transactions of the ASAE, 14 (4): 625-628.

de Boer D W, Chu S T. 2001. Sprinkler technologies, soil infiltration, and runoff. Journal of Irrigation and Drainage Engineering, 127 (4): 234-239.

Ekern P C. 1954. Rainfall intensity as a measure of storm erosivity. Soil Science Society of America Journal, 18 (2): 212-216.

Gilley J E, Finkner S C. 1985. Estimating soil detachment caused by raindrop impact. Transactions of the ASAE, 28 (1): 140-146.

Heermann D F, Hein P R. 1968. Performance characteristics of self-propelled center-pivot sprinkler irrigation system. Transactions of the ASAE, 2 (1): 11-15.

Heermann D F, Swedensky D L. 1984. Simulation analysis of center pivot sprinkler uniformity. Paper-American Society of Agricultural Engineers (USA) .

Howell T. 2004. Water Loss Comparisons of Sprinkler Packages. http: // spcru. ars. usda. gov. [2015-7-11] .

King B A, Bjorneberg D L. 2010. Characterizing droplet kinetic energy applied by moving spray-plate center pivot irrigation sprinklers. Transactions of the ASABE, 53 (1): 137-145.

King B A, Bjorneberg D L. 2012. Droplet kinetic energy of moving spray-plate center-pivot irrigation sprinklers. Transactions of the ASABE, 55 (2): 505-512.

Kohl R A, de Boer D W, Evenson P D. 1985. Kinetic energy of low pressure spray sprinklers. Transactions of the ASAE, 28 (5): 1526-1529.

Marek T H, Undersander D J, Ebeling L L. 1986. An aerial weighted uniformity coefficient for center pivot irrigation system. Transactions of the ASAE, 29 (6): 1665-1667.

Meis C H, Siekmeier D A, Zimmerer A L. 1977. Center pivot irrigation system: U. S. , Patent 4 011990.

Mohammed D, Kohl R A. 1987. Infiltration response to kinetic energy. Transactions of the ASAE, 30 (1): 108-111.

Moldenhauer W C. 1970. Influence of rainfall energy on soil loss and infiltration rates: II. Effect of clod size distribution. Soil Science Society of America Journal, 34 (4): 673-677.

Moldenhauer W C, Long D C. 1964. Influence of rainfall energy on soil loss and infiltration rates: I. Effect over a range of texture. Soil Science Society of America Journal, 28 (6): 813-817.

Porter W, Harrison K A, Perry C D. 2010. Evaluating and interpreting application uniformity of center pivot irrigation systems. Athens, GA: University of Georgia.

Quansah C. 1981. The effect of soil type, slope, rain intensity and their interactions on splash detachment and transport. Journal of Soil Science, 32 (2): 215-224.

Silva L L. 2006. The effect of spray head sprinklers with different deflector plates on irrigation uniformity, runoff and sediment yield in a Mediterranean soil. Agricultural Water Management, 85 (3): 243-252.

Thompson A L, James L G. 1985. Water droplet impact and its effect on infiltration. Transactions of the ASAE, 28 (5): 1506-1510.

von Bernuth R D, Gilley J R. 1985. Evaluation of center pivot application packages considering droplet induced infiltration reduction. Transactions of the ASAE, 28 (6): 1940-1946.

Watson D A, Laflen J M. 1986. Soil strength, slope, and rainfall intensity effects on interrill erosion. Transactions of the ASAE, 29 (1): 98-102.

Wischmeier W H, Smith D D. 1958. Rainfall energy and its relationship to soil loss. Eos, Transactions American Geophysical Union, 39 (2): 285-291.

Wolfe D, Duke H R. 1986. Variability of center pivot uniformity measurements. American Society of Agricultural Engineers, Microfiche collection (USA).

Yan H J, Bai G, He J Q, et al. 2011. Influence of droplet kinetic energy flux density from fixed spray-plate sprinklers on soil infiltration, runoff and sediment yield. Biosystems Engineering, 110 (2): 213-221.

| 第 2 章 | 折射式喷头水量分布规律

　　喷头喷洒的水量分布数据作为评价喷头水力性能的基础数据，是计算喷头动能强度分布、模拟喷灌机田间水量分布特性和动能强度分布的基础与前提（Zhang and Merkley，2012；Zhang et al.，2013，2018）。单喷头水量分布测量时，试验数据的准确性直接决定喷头动能强度、组合均匀度等计算结果的准确性和可信性。Nelson D3000 型喷头和 Nelson R3000 型喷头被广泛装配在大型移动式喷灌设备上，然而此两种典型喷头在喷灌过程中，喷灌水量集中，会产生较大的峰值，易产生地表径流；喷灌能量过大，会对土壤结构造成破坏，致使表层土壤压实，影响土壤入渗，一定程度上也会导致地表径流的发生，降低水分利用率。本章主要对国内喷灌机常用的低压折射式喷头 Nelson D3000 型喷头（蓝色喷盘）和 Nelson R3000 型喷头（绿色喷盘）进行室内喷洒性能试验，获取了无风条件下单喷头的水量分布数据及水量分布曲线。

2.1　两种典型喷头水量分布

2.1.1　Nelson D3000 型喷头和 Nelson R3000 型喷头

　　低压折射式喷头越来越多地应用于国内大型喷灌机中，根据折射式喷头的喷洒原理，分为非旋转折射式喷头和旋转折射式喷头。由喷嘴喷出的射流打击喷盘后，经由喷盘上的流道，形成大小不同的多股射流抛向空中完成喷洒，喷盘在喷洒时保持固定的喷头成为非旋转折射式喷头，国内喷灌机中以 Nelson D3000 型喷头（蓝色喷盘，36 流道）最为常见。喷盘在喷洒时受到喷嘴出来的射流作用，喷盘保持边旋转边喷洒，这类喷头称为旋转折射式喷头，国内以 Nelson R3000 型喷头（绿色喷盘，4 流道）最为常见。本章选取这两种典型喷头作为研究对象，对比两种典型喷头的水量分布。喷嘴选取 Nelson 24#型号，喷嘴形状为圆形，直径为 4.76mm，喷头及喷嘴如图 2-1 所示。

　　Nelson D3000 型喷头和 Nelson R3000 型喷头水量分布试验在西北农林科技大学中国旱区节水农业研究院灌溉水力学试验厅进行。试验厅长 80m，宽 30m，场

(a)Nelson D3000型喷头　　　　　　　(b)Nelson R3000型喷头

图 2-1　试验用喷头和喷嘴

地平整，最大坡度小于 1%，室内无风，室内温度为 18 ~ 24℃。喷头喷洒试验测试系统包括水箱、水泵、流量计、压力传感器、喷头、雨量筒和输水管等，试验程序参照 Standard A. ASAE. S 398. 1（1985 年）和 GB/T 19795. 2—2005。

喷头水量分布测试时，雨量筒一般采用两种布置形式：射线状布置和方格状布置。射线状布置比方格状布置省工省时，因此经常应用于喷头水量测试试验中。Nelson D3000 型喷头从喷嘴射出的水流打击喷盘后，受喷盘流道的影响，呈多股射流喷洒到喷头四周，每股射流相互独立且相邻射流之间大部分区域内没有水滴，其喷洒方式与其他喷头有较大区别，若完全按上述规范中的测试标准布置雨量筒，雨量筒测得的喷灌水深不具有规则性，测试中会遗漏喷头的水量峰值点，很难反映 Nelson D3000 型喷头的真实喷洒特性。为此不少学者对其水量测试方法进行了改进，Clark 等（2003）将直径为 0.43mm 的盘状雨量筒沿喷头射程方向布置，在四分之一的喷洒面积内布置了四排雨量筒，通过计算平均值得到喷头的径向水量分布。严海军（2004）在喷头的射程范围内布置了八圈径向间距为 0.5m 的环向雨量筒，在同一圈内的雨量筒紧贴排列的环向布置方式对该喷头进行了水量分布测试；试验时进行简化处理，只摆放了 60°喷洒面积范围内的雨量筒；最后计算每一圈测得的雨量筒喷灌水深的平均值，并将其作为 Nelson D3000 型喷头在该径向点的喷灌水深，最终测得 Nelson D3000 型喷头的径向水量分布曲线。李军叶等（2011）采用边长为 0.4m 的方格状布置形式，测试喷头喷洒范围 180°面积内的水量，计算每一点测得的雨量筒喷灌水深的平均值，并将其作为该喷头在该径向点的喷灌水深，最终测得喷头的径向水量分布曲线。上述方法测得的水量分布数据，均能够准确地反映 Nelson D3000 型喷头在径向上水量的平均值。喷头喷洒过程中，往往在喷头水量峰值处会对作物和土壤造成打击伤害。Nelson D3000 型喷头的蓝色喷盘具有 36 个样式、尺寸和出射角度相同的流道。通过试验初期的观测，从 36 个流道出来的射流，其喷洒水量分布、射程等水力特性一致，为了能够尽量准确得到 Nelson D3000 型喷头的喷灌强度的峰值，在射线型布置的基础上，对喷水密集区采用加密的方式，测试从喷盘出射的一个流道的水量分布，试验布置图如图 2-2（a）所示（Sayyadi et al.，2014）。Nelson R3000 型喷头属于旋转式喷头，其水量分布测试试验采用射线型布置方式，由于试验是在无风条件下进行的，可以认为各个方向距喷头相同距离的喷灌强度相同，可用一条辐射线的数据替代其他方向辐射线的数据（黄修桥等，1995），试验布置如图 2-2（b）所示。

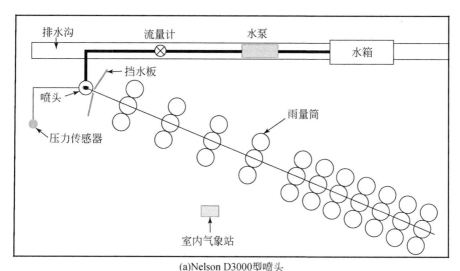

(a)Nelson D3000型喷头

(b)Nelson R3000型喷头

图 2-2　室内试验设备布置示意图

喷头测试高度为 2.5m。喷头工作压力设为 50kPa、100kPa、150kPa 和 200kPa 四个工作压力水平，其中 Nelson R3000 型喷头在 50kPa 工作压力下，从喷嘴射出的水流打击喷盘后，喷盘不能旋转，因此测试了 100kPa、150kPa、200kPa 三个工作压力下的水量分布。试验测试从距离喷嘴 1m 处到水滴洒落的射程范围内，以 1m 间距测定。其中，对 Nelson D3000 型喷头在喷洒水量密集区以 0.5m 间距进行加密，布置形式如图 2-2 所示。

2.1.2　喷嘴流量系数

喷头的流量取决于喷嘴流量系数、喷嘴直径和工作压力三个因素，用公式可表示为

$$q = 3600\mu A_d \sqrt{2gh_z} \qquad (2\text{-}1)$$

式中，q 为喷头流量（m³/h）；μ 为喷嘴流量系数；A_d 为喷嘴出口断面面积（m²）；h_z 为工作压力（kPa）。

整理式（2-1）得出喷嘴流量系数公式：

$$\mu = \frac{79.847q}{d_2^2 \sqrt{h_z}} \qquad (2\text{-}2)$$

式中，d_2 为喷嘴出口直径（mm）；其他符号代表含义同式（2-1）。

试验应用 Nelson 24#喷嘴（$d_2 = 4.76$mm），其喷嘴流量系数由式（2-2）计算得出，喷嘴在各工作压力下的喷头流量及喷嘴流量系数见表 2-1。

喷头的喷嘴流量系数一般推荐为 0.85 ~ 0.95（李世英，1995），本章试验应用的 Nelson 24#喷嘴的喷嘴流量系数偏高，平均值在 0.98 以上，其主要原因是该喷嘴加工质量好，喷嘴内流道光滑度较高，无凹陷现象，能使从喷嘴射出的水流打击喷盘正中心，提高喷头的喷洒性能。

表 2-1　Nelson 24#喷嘴压力–流量关系测试值

q（m³/h）	d_2（mm）	h_z（kPa）	流量系数	流量系数平均值
0.624	4.76	50	0.9834	
0.887	4.76	100	0.9885	0.9869
1.081	4.76	150	0.9836	
1.259	4.76	200	0.9921	

2.1.3 工作压力对水量分布的影响

1. 喷头射程

喷头射程是影响喷头喷洒性能的重要因素之一，它决定了湿润面积和喷灌强度，直接影响到喷头间距、管道间距、喷头数量及支管用量，从而直接影响喷灌系统工程投资（Schneider，2000；Kincaid，1982；向清江等，2011）。喷头射程指雨量筒收集的水量为 0.3mm/h（流量低于 250L/h 的喷头为 0.15mm/h）测点处到喷头中心的距离（《喷灌工程技术规范》，GB/T 50085–2007）。从表 2-2 中可以看出，随着工作压力的升高，两种典型喷头的射程均增加，工作压力每增加50kPa，喷头射程约增加 1.0m。相同工作压力下，Nelson R3000 型喷头的射程大于 Nelson D3000 型喷头。

表 2-2 喷头射程

工作压力（kPa）	射程（m）	
	Nelson D3000 型喷头	Nelson R3000 型喷头
50	5.3	—
100	7.1	8.1
150	8.1	9.1
200	9.1	10.1

2. 径向水量分布

通过试验得到 Nelson D3000 型喷头在 50kPa、100kPa、150kPa 和 200kPa 四个工作压力下的单流道水量分布，单流道水量分布如图 2-3 所示。从图 2-3 中可以看出，四个工作压力下 Nelson D3000 型喷头在近喷头处喷灌强度较小，甚至为0mm/h，其喷洒水量集中在喷头射程末端三分之一处，且随着工作压力的升高，其喷洒的射程及湿润面积均增大。

为了进一步分析，做出 Nelson D3000 型喷头单喷头径向水量分布曲线图，如图 2-4（a）所示，四个工作压力下该喷头在接近喷头位置的喷灌强度较小，其喷洒湿润范围集中，在射程末端呈近似三角形水量分布形式。四个工作压力下喷灌强度峰值随工作压力的变化并未有明显的规律，四个工作压力下喷灌强度峰值在95.0mm/h 左右。50kPa、100kPa、150kPa 和 200kPa 四个工作压力下的喷灌强度峰值分别为 91.6mm/h、100.4mm/h、101.6mm/h 和 97.2mm/h。这一结果与Sayyadi 等（2014）对该喷头的研究结果一致。

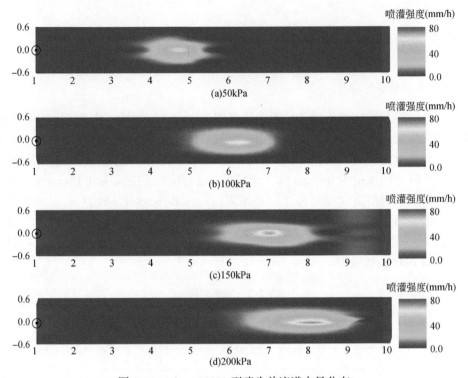

图 2-3　Nelson D3000 型喷头单流道水量分布

注：横坐标轴代表距喷头距离（m），纵坐标轴代表单流道水量分布宽幅（m）

图 2-4（b）为 Nelson R3000 型喷头单喷头径向水量分布曲线图。从图中可以看出，在近喷头位置处，喷灌强度在 4mm/h 左右，喷灌强度峰值出现在喷头射程末端，三个工作压力下的喷灌强度峰值分别为 12.8mm/h、8.4mm/h 和 7.6mm/h，与 Nelson D3000 型喷头相比，该喷头的喷灌强度值较低且沿喷头射程方向分布相对均匀。

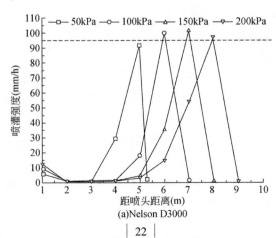

(a)Nelson D3000

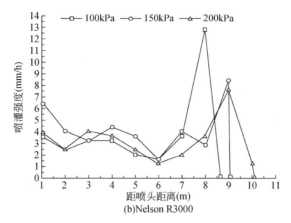

(b)Nelson R3000

图 2-4 Nelson D3000 型和 Nelson R3000 型喷头单喷头径向水量分布曲线图

3. 单喷头水量分布

本章喷头水量分布试验是在无风条件下进行的，可认为各个方向至喷头相同距离的喷灌强度相同，因此将 Nelson D3000 型喷头和 Nelson R3000 型喷头通过射线状布置采集的试验数据，进行坐标转换，将直角坐标系转换为极坐标系，然后进行全圆旋转，其中 Nelson D3000 型喷头根据喷盘实际喷洒情况，将测试的单流道喷洒区域内的水量分布数据进行等角度旋转，得到无风情况下喷头全圆水量分布数据（韩文霆，2008；劳东青和韩文霆，2010；朱兴业等，2013）。应用 OriginPro 8.5 绘出两种单喷头在各个工作压力下的水量分布图，如图 2-5 和图 2-6 所示。

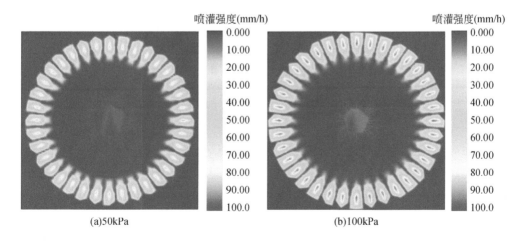

(a)50kPa   (b)100kPa

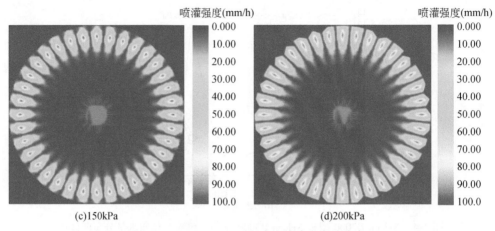

图 2-5　Nelson D3000 型喷头单喷头水量分布

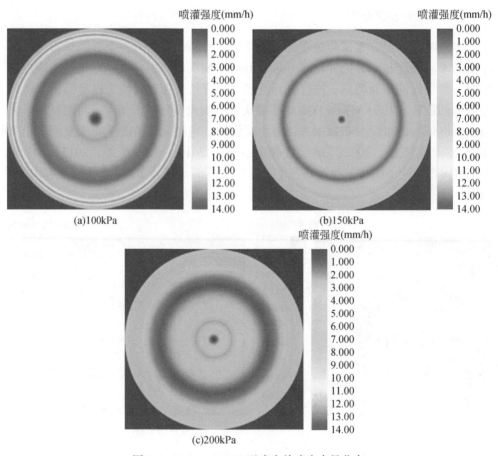

图 2-6　Nelson R3000 型喷头单喷头水量分布

从图 2-5 可以看出，Nelson D3000 型喷头喷洒水量集中在射程末端三分之一处，近喷头处相当大的面积内受水量极少。在环状湿润范围内，每束射流与相邻两束中间无重叠部分。50kPa 工作压力时，大部分喷灌强度值在 50.0mm/h 左右，大于 70.0mm/h 和 90.0mm/h 的水量占湿润面积的比例较小。随着工作压力的增大，大于 70.0mm/h 和 90.0mm/h 喷灌强度值所占湿润面积的比例逐渐增大，即随着工作压力的升高，喷灌强度峰值这个区域所占湿润面积的比例增大。

从图 2-6 可以看出，Nelson R3000 型喷头湿润面积呈规则的圆环状，从喷头中心点至射程末端范围内都有一定的水量，近喷头处水量较少，喷头末端喷灌强度最大值约为近喷头处的两倍，是喷头的主要湿润区。100kPa、150kPa 和 200kPa 三个工作压力下，喷头的喷洒水量主要集中在射程末端，100kPa 工作压力时，在射程末端出现喷灌强度最大值，随着工作压力的升高，末端喷灌强度最大值逐渐减小，末端喷灌强度峰值湿润区面积逐渐增大。

2.1.4 安装高度对水量分布的影响

图 2-7 给出了 0.5～2.5m 安装高度、50～200kPa 工作压力下径向水量分布曲线。从图 2-7 中可以看出，同一工作压力下，随着喷头安装高度的升高，喷头射程增加，水量分布较为均匀。如图 2-7（a）所示，在 50kPa 工作压力、0.5m 安装高度下，水量集中分布在距喷头 2.5m 处，最大平均喷灌强度为 66.13mm/h，当喷头距离地面高度升高至 2.5m 时，喷头射程最大为 5.28m，最大喷灌强度降低至 32.93mm/h。工作压力由 50kPa 增大为 200kPa 时［图 2-7（d）］，0.5m、1m、1.5m、2m、2.5m 安装高度下，喷灌强度最大值分别为 37.07mm/h、27.06mm/h、29.46mm/h、27.06mm/h、28.04mm/h。由此可以看出，低压喷灌时，随喷头安装高度的升高喷灌强度减弱较为明显；当工作压力大于 100kPa，喷头距地面高度为 1～2.5m 时，喷灌强度值变化幅度较小。当安装高度相同时，随着工作压力的增大，喷灌射程增大，0.5m 安装高度，工作压力为 50kPa、100kPa、150kPa、200kPa 时，最大喷灌强度值分别为 66.13mm/h、65.07mm/h、65.87mm/h、65.6mm/h；高度升高至 1.5m 时，最大喷灌强度值减弱，分别为 37.66mm/h、37.76mm/h、32.66mm/h、37.76mm/h；当喷头距地面 2.5m 时，不同工作压力下喷灌强度值在 30mm/h 左右。

图 2-8 为不同工作压力下喷灌强度峰值空间变化柱状图。从图 2-8 中可以看出，相同工作压力下，0.5m 安装高度峰值强度最大，当安装高度升高至 1m 时，峰值强度急剧降低，1～2.5m 喷灌高度下喷灌强度峰值降低相对较小。50kPa 工

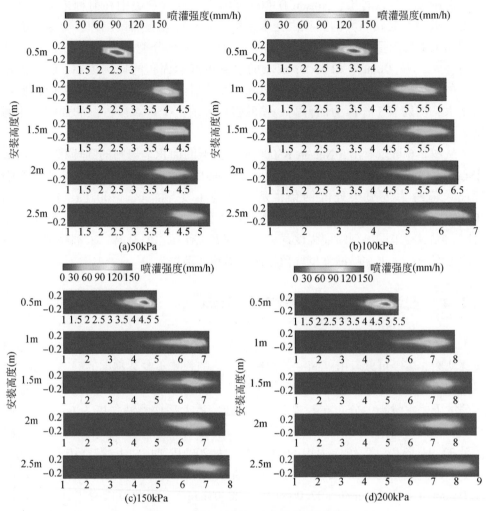

图 2-7　不同安装高度下喷灌强度变化图

注：横坐标轴代表距喷头距离（m），纵坐标轴代表单流道水量分布宽幅（m）

作压力下，0.5m 安装高度喷灌强度峰值为 196.4mm/h，1m 安装高度下喷灌强度峰值减小至 111.2mm/h，当安装高度增大至 2.5m 时，喷灌强度峰值降至最低，其值为 65.6mm/h；当工作压力增大至 200kPa 时，喷灌强度峰值为 166.4mm/h，最小为 52.4mm/h。由此可以看出，0.5m 喷灌高度产生较大的喷灌强度峰值，易对土壤结构产生破坏，为最不利喷灌高度。相同高度下，喷灌强度峰值随着工作压力的增大而呈现减小趋势，但减小的效果不明显，这是由于随着工作压力的增大，喷头流量增大，这在一定程度上弥补了由水分充分扩散而造成的喷灌强度峰值减小的损失。

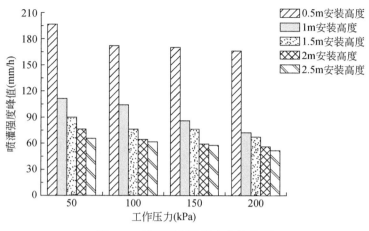

图 2-8 喷灌强度峰值变化柱状图

分别分析喷灌强度峰值与工作压力、安装高度的关系，发现非线性关系较为明显，其中指数模型回归系数较高，因此应考虑指数模型。利用 SPSS 软件，建立多元非线性指数模型，回归出喷灌强度峰值随工作压力及喷头安装高度的变化函数如下：

$$R_p = 228.055 P^{-0.167} H^{-0.727} \quad r = 0.973 \qquad (2\text{-}3)$$

式中，R_p 为喷灌强度峰值（mm/h）；P 为喷头工作压力（kPa）；H 为喷头安装高度（m）。式（2-3）可以计算压力为 50~200kPa，安装高度为 0.5~2.5m 的范围内任一工况下的喷灌强度峰值，为合理布置喷头间距，减小喷灌强度峰值对作物和土壤的打击伤害提供计算依据。

从上分析可以看出，射流过程中随着安装高度及工作压力增大，水量扩散区域均匀，Kincaid（2005）用喷灌强度峰值与平均喷灌强度的比值（r）分析喷灌水在空间的扩散规律，其表达式为

$$r = R_p / R_a \qquad (2\text{-}4)$$

式中，r 为水量扩散系数，其值越接近 1 扩散的越均匀；R_a 为平均喷灌强度（mm/h）。

R_a 为单位时间内喷头喷洒水量与控制面积的比值，即

$$R_a = 100 Q / S \qquad (2\text{-}5)$$

式中，Q 为流量（L/s）；S 为喷洒面积（m²）。其中

$$S = LW \qquad (2\text{-}6)$$

式中，L 为喷洒宽度（m），试验测得喷洒宽度值为 0.85m；W 为喷头喷洒距离（m），为试验测得。

由式（2-4）～式（2-6）计算可得不同工况下水量扩散系数：

$$r = R_p LW / (100Q) \tag{2-7}$$

造成水量扩散的主要原因是射流水舌的碎裂：相同工作压力下，随着安装高度的增大，雨滴在空气中的运动时间延长，碎裂较为充分，小直径雨滴比例增大，当较大雨滴碎裂产生较小直径的雨滴时，改变了原有的飞行轨迹，使较为集中的水量得以充分扩散；当安装高度相同时，随着工作压力的升高，射流流速增大，高速水流在空气中摩擦变形，水舌碎裂较为充分，产生了较多的小直径雨滴，其在一定程度上也有利于扩散的产生。

利用式（2-7）计算不同工况下 r 值，见表2-3。从表2-3中可以看出水量扩散系数 r 值远大于1，这是由于射流过程中局部水量过于集中，距离喷头较近位置处水量较少，使水分扩散的较不均匀。0.5m 安装高度、50kPa 工作压力下 r 值最大，扩散最不均匀；增大工作压力、升高喷头安装高度 r 值降低效果明显，2.5m 安装高度、200kPa 工作压力下 r 值最小。当增大喷灌工作压力，喷灌水滴在空中碎裂充分，喷灌水在空间扩散较为均匀，但会增大喷灌投入成本，为增大水分扩散，可选择较低工作压力和较高的喷头安装高度。

表 2-3　不同工况下水量扩散系数表

工作压力（kPa）	安装高度				
	0.5m	1m	1.5m	2m	2.5m
50	27.82	23.63	20.06	17.68	16.36
100	25.59	23.01	17.77	14.92	15.37
150	24.08	17.67	16.76	13.43	13.24
200	22.23	14.07	14.20	12.36	11.45

2.2　基于弹道轨迹理论的喷头水量分布模拟

喷头水量分布是喷灌系统设计过程中最基本的资料之一，影响喷头水量分布的因素很多，主要包括喷头自身特性、工作压力、气候条件及地形坡度等。然而，受试验场地限制，完全通过试验获得水量分布特性资料比较困难，且要花费大量的人力、物力和财力，因此可考虑从理论上建立喷灌水量分布计算模型。弹道轨迹理论被提出以后，在计算喷头水量分布方面已得到广泛的应用，模拟条件日趋完善。然而此类模拟软件多是用来模拟摇臂式喷头，针对折射式喷头的水量分布模拟软件较少。针对以上问题，本书采用高速摄像机测得不同工作压力及喷嘴直径下折射式喷头水束出射速度和角度，通过多元非线性回归建立了折射式喷头射流模型,并结合弹道轨迹方程和水滴蒸发模型,以 Java-Eclipse 作为开发工具编写出适用于折射式喷头的喷灌水量分布计算软件。

2.2.1 水滴运动模型

1. 弹道轨迹方程

基于弹道轨迹理论建立水滴三维运动模型,其运动方程式(de Lima et al.,2002)可以表示为

$$
\begin{cases}
m\dfrac{\mathrm{d}u_x}{\mathrm{d}t} = -\dfrac{1}{2}C_d\rho_a V_R^2 A e_x \\[2mm]
m\dfrac{\mathrm{d}u_y}{\mathrm{d}t} = -\dfrac{1}{2}C_d\rho_a V_R^2 A e_y \\[2mm]
m\dfrac{\mathrm{d}u_z}{\mathrm{d}t} = -\dfrac{1}{2}C_d\rho_a V_R^2 A e_z + mg - \dfrac{\rho_a}{\rho_w}mg
\end{cases}
\tag{2-8}
$$

$$
e_x = \frac{u_x}{V_R}; \quad e_y = \frac{u_y - w}{V_R}; \quad e_z = \frac{u_z}{V_R}
$$

$$
V_R = \sqrt{u_x^2 + (u_y - w)^2 + u_z^2}
$$

$$
m = \frac{\rho_w}{6}\pi D^3
$$

式中,e_x、e_y、e_z 分别为有风情况下速度在 x、y、z 方向上单位矢量(m/s);V_R 为水滴相对于风的运动速度(m/s);w 为风速,本书设定风速沿 y 轴方向(m/s);m 为水滴质量(kg);g 为重力加速度(m/s^2);ρ_a 为空气密度(kg/m^3);ρ_w 为水的密度(kg/m^3);D 为水滴直径(m);t 为水滴在空中飞行时间(s);C_d 为空气阻力系数;A 为水滴表面积(m^2)。

$$
\begin{cases}
C_d = \dfrac{33.3}{Re} - 0.0033Re + 1.2 & Re \leqslant 128 \\[2mm]
C_d = \dfrac{72.7}{Re} - 0.0000556Re + 0.48 & 128 \leqslant Re \leqslant 1440 \\[2mm]
C_d = 0.45 & Re \geqslant 1440
\end{cases}
\tag{2-9}
$$

式(2-9)中雷诺数(Re)的计算公式如下。

$$
\begin{cases}
Re = \dfrac{V_R D}{\nu} \\[2mm]
\nu = 1.3045 \times 10^{-5} + 1.222 \times 10^{-7}T - 9.6471 \times 10^{-7}T^2 + 7.2873 \times 10^{-12}T^3
\end{cases}
\tag{2-10}
$$

式中,T 为空气温度(℃);ν 为空气动力黏滞系数(m^2/s)。

2. 风速空间变化模型

Vories 等（1987）和 Seginer 等（1991b）指出，在连续的空气环境中，风速随着高度的变化如式（2-11）所示。

$$W（z）= W_a \cdot \ln\left(\frac{z-d}{Z_0}\right) \Big/ \ln\left(\frac{a-d}{Z_0}\right) \tag{2-11}$$

$$\log d = 0.9793\log z - 0.1536 \tag{2-12}$$

$$\log Z_0 = 0.997\log z - 0.883 \tag{2-13}$$

式中，$W（z）$ 为水滴下降至 z cm 高度处的计算风速（m/s）；W_a 为距地面 a cm（本书中 a 为 300cm）高度处的设计风速（m/s）；d 为粗糙高度（cm）；Z_0 为粗糙系数（cm）。

3. 水滴蒸发模型

通过水滴直径与运动时间的变化关系确定水滴蒸发速率（刘海军和龚时宏，2000），其计算式为

$$\frac{\mathrm{d}D}{\mathrm{d}t} = -2\frac{M_v}{M_m}\frac{K\rho_a}{D\rho_w}\frac{p}{p_f}\mathrm{Nu} \tag{2-14}$$

式中，M_v 为扩散水汽分子量（kg/mol）；M_m 为混合空气的平均分子量（kg/mol）；K 为空气中水汽扩散系数；$\Delta p = p_{sw} - p_v$，p_{sw}、p_v 分别为湿球下的饱和水汽压、干球下实际水汽压（kPa）；p_f 为空气分压（kPa）；Nu 为努塞尔数，Nu = 20+$0.6\mathrm{Sc}^{1/3}\mathrm{Re}^{1/2}$，其中，Sc 为施密特数，$\mathrm{Sc} = V_R/K$。

2.2.2 模型参数测定

弹道轨迹方程为多参数数学模型，在求解过程中需要水滴直径、速度等信息，而折射式喷头不同于摇臂式喷头，出射速度的测量需要借助特定的仪器。出射速度与工作压力、喷嘴直径等因素有关，并且喷嘴直径和工作压力等工作参数比较容易获取。为建立不同工作压力及喷嘴直径下 Nelson D3000 型喷头出流速度及角度模型，采用 hotshot512sc 型高速摄像机，通过室内试验获得不同喷嘴直径（2.98mm、3.97mm、4.76mm、7.14mm 和 8.73mm）和不同工作压力（50kPa、100kPa、150kPa、200kPa 和 250kPa）下喷头射流速度及角度。

表 2-4 为不同工况下喷头射流速度和角度测量结果，通过对工作压力及喷嘴直径与射流速度的关系进行分析，结果显示射流速度与工作压力、喷嘴直径均存在指数函数关系。利用 SPSS 软件，建立多元非线性指数模型，回归出射速度 V_e

与工作压力 P 及喷嘴直径 D_n 的关系式如下。

$$V_c = 0.751 D_n^{0.168} P^{0.505} \quad R^2 = 0.989 \tag{2-15}$$

式中，V_c 为折射式喷头出射速度（m/s）；D_n 为喷嘴直径（mm）；P 为工作压力（kPa）。

采用相同的方法回归出射角度 α 与工作压力及喷嘴直径的关系式如下。

$$\alpha = 0.054 D_n^{0.405} P^{0.132} \quad R^2 = 0.980 \tag{2-16}$$

式中，α 为出射角度。

表 2-4 不同工况下喷头射流速度及射流角度

工作压力	出射速度（m/s）					出射角度				
（kPa）	15#	20#	24#	36#	44#	15#	20#	24#	36#	44#
250	15.26	15.05	15.85			0.17	0.194	0.212		
238				16.10					0.251	
200	12.88	14.28	14.91	15.56		0.162	0.184	0.204	0.245	
193					15.16					0.258
171					14.44					0.25
150	11.34	11.97	12.97	13.23	13.58	0.157	0.176	0.198	0.235	0.246
124					12.17					0.24
100	8.79	9.55	10.53	10.99	10.97	0.151	0.171	0.19	0.215	0.232
70					9.14					0.217
50	6.27	6.55	7.37	7.50		0.145	0.167	0.159	0.202	
35					6.19					0.21

试验已验证了 Kincaid（2005）折射式喷头喷洒半径模型具有较高的精度，结合文献中（Sayyadi et al.，2014）给出的主要参数，得出折射式喷头喷洒半径模型如下。

$$W = 0.67 D_n^{0.48} P^{0.41} H^{0.30} \quad R^2 = 0.930 \tag{2-17}$$

式中，H 为喷头安装高度（m）；W 为喷洒半径（m）；其余符号含义同上。

2.2.3 模型求解

1. 模型求解思路

（1）水量分布的计算方法

水量分布计算如图 2-9 所示（Seginer et al.，1991a，1991b），其中 n 为坐标

间隔，A、B、C、D、Q 为不同直径水滴的落点，则水量分布计算方法如下。

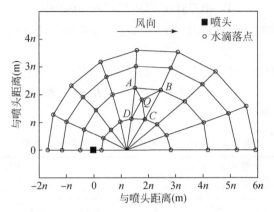

图 2-9　有风条件下单喷头直径（水量）分布

1）确定喷洒区域范围。大直径水滴受风拖拽影响较小，模拟最大直径水滴在不同方向上的落地点，以此确定喷洒区域（折射式喷头最大水滴直径分布在最末端）。确定喷洒区域后，对喷洒区域进行网格化处理，由于网格化尺寸很大程度上影响到计算的精度和计算效率，李永冲在对虚拟小网格尺寸为1m，基本能够满足计算精度要求，为了提高软件的应用效果，在程序设计过程中，网格尺寸可根据所模拟喷头的喷洒半径进行手动输入，由于所模拟的喷头喷洒半径一般不大于10m，根据模拟经验，0.5m 的网格尺寸基本能够达到较高的模拟精度，因此本书网格化尺寸定为0.5m，以便计算有风条件下不同直径水滴落地点坐标。

2）不考虑有风条件下水滴碎裂及水滴运动轨迹相互干扰，采用弹道轨迹理论，计算折射式喷头有风条件下 0°~360° 范围内水滴直径在网格化区域内的分布。模拟过程中，由于水滴在运动过程中产生蒸发损失，计算蒸发时，用单个水滴体积减小百分数与该直径对应的单位时间内喷灌水量（即喷灌强度）的乘积作为该点单位时间内蒸发的水量，则喷灌时的蒸发损失为所模拟水滴对应的单位时间内总的蒸发水量与单位时间内测得的总的落地水量的比值。由于水滴在风的作用下运动轨迹发生了偏移，且水滴直径越小偏移原落点的距离越远，这样就导致一部分小直径水滴不能落入网格化区域，该部分水滴代表的水量作为飘移损失不进行水量分布的计算。

3）根据水滴直径分布规律，结合不同直径水滴对应的水量，对有风条件下单喷头水量分布进行计算，水量分布计算原则如图 2-9 所示。假设某流道射流出的某一直径水滴落在 Q 点，其他流道射流出的不同直径水滴分别落在 A、B、C、D 四点，通过分别对比 Q 点与 A、B、C、D 四点的距离，判断出 Q 点与 A 点距离最近，则将 Q 点处水滴直径对应的水量叠加至 A 点处。

（2）蒸发飘移损失计算方法

蒸发飘移损失计算包括两个方面内容，首先是水滴运动过程中的蒸发损失，计算式为

$$EL = \sum_{i=1}^{n} \frac{D_{ci}^3 - D_{li}^3}{D_{ci}^3} \cdot P_{Di} \bigg/ \sum_{i=1}^{n} P_{Di} \times 100\% \qquad (2\text{-}18)$$

式中，EL 为蒸发损失（%）；n 为模拟的不同直径水滴；D_{ci} 为第 i 个水滴 D 的初始直径（m）；D_{li} 为第 i 个水滴 D 的落地时直径（m）；P_{Di} 为第 i 个水滴 D 对应的喷灌强度值（mm/h）。

同理，飘移损失的计算公式为

$$WDL = \sum_{t=1}^{m} P_{Dt} \bigg/ \sum_{i=1}^{n} P_{Di} \times 100\% \qquad (2\text{-}19)$$

式中，m 为漂移出计算区域的不同直径水滴；P_{Dt} 为第 t 个漂移出计算区域水滴对应的喷灌强度（mm/h）；其他符号含义同上。

由式（2-19）和式（2-20）可得蒸发飘移损失为

$$WDEL = EL + WDL \qquad (2\text{-}20)$$

（3）水量分布的具体计算

根据弹道轨迹模型、水滴运动蒸发模型、风速空间变化模型及射流模型，以 Java-Eclipse 作为开发工具编写喷灌水量分布的计算程序，程序结构如图 2-10 所示。输入信息包括：喷头工作压力、喷嘴直径、喷头安装高度、初始水滴直径、水温度、水密度等水物理参数、风速参数及空气温度、湿度等环境参数。在已知喷头工作压力、喷嘴直径和喷头安装高度和风速时，通过折射式喷头喷洒模型，可计算喷头喷洒半径、出射速度和出射角度；然后结合初始水滴直径等其他输入参数，用四阶龙格库塔法求解水滴在空气中的运动，结合水滴直径分布规律及试验过程中实测水量分布规律，求解喷头单条流道水量分布，再对单喷头进行全圆旋转，计算过程中不考虑水滴在空中的二次碎裂。输出结构包括单喷头水滴直径分布、单喷头喷灌水量分布及单喷头动能强度分布，输出结果采用 Excel 进行记录。

2. 求解步骤

1）输入喷头工作压力、喷嘴直径和喷头安装高度等参数后，根据式（2-15）～式（2-17），计算出折射式喷头喷洒半径、出射速度和出射角度，然后根据出射速度和出射角度对速度进行分解，计算出 x、y、z 方向上速度单位矢量。

2）输入初始水滴直径 $D_0 \sim D_n$（直径间隔为 ΔD）、水物理参数和环境参数等信息，结合 x、y、z 方向上水滴分速度，带入弹道轨迹方程，采用四阶龙格库塔

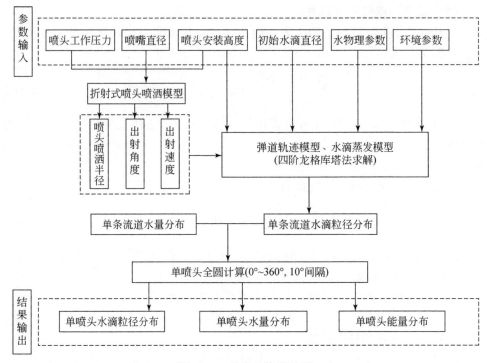

图 2-10　程序总体设计图

法求解考虑蒸发条件下水滴在空气中的运动。

　　3）当水滴 D_w 的飞行距离超出单喷头无风条件下的湿润半径 w ［式（2-17）］ 时，该水滴直径视为最大水滴直径。得出单条流道水滴直径 $D_0 \sim D_w$ 在径向上的分布规律。调入折射式喷头单条流道水量分布数据，根据线性插值的方法计算出不同直径水滴落点处对应的水量。

　　4）对单条流道水量进行旋转，计算单喷头的水量分布。计算过程中考虑到 Nelson D3000 型喷头 36 个流道间水力特征参数差异较小，假定每个流道在射流方向上直径分布、水量分布一致，则单喷头水量分布计算方法为：模拟得出的单流道水量分布数据进行坐标转换，将直角坐标转换为极坐标，再以 10°的旋转间隔对单流道水量分布数据进行 360°旋转，得到无风情况下单喷头水量分布数据。结合水滴落地速度和直径等参数，计算出单喷头能量分布。

2.2.4　模型验证

1. 无风条件下单流道水量分布

为了验证程序模拟单条流道的精准性，试验测量了 200kPa 工作压力、五种喷嘴类型下喷头的水量分布及水滴直径分布。采用雨量筒收集喷洒水量，雨量筒沿射流方向布设，布设间距为 1m，在水量扩散区域，对测点进行拓宽及加密布置。水滴直径与速度的测量采用 JOANNEUM RESEARCH 公司生产的 2DVD 视频雨滴谱仪，在沿射流方向上采集数据，采集点与水量分布雨量筒布设点相同，通过对 2DVD 数据实时监控。

根据程序模拟值与试验实测值对比，对程序模拟准确度进行分析，图 2-11 为无风条件下不同直径雨滴飞行距离模拟值与实测值对比，其中实测值的水滴直径为该位置处水滴群的体积中径。从图 2-11 中可以看出，当喷嘴直径较小时，模拟值与实测值的差异较小，模拟准确性较好，但模拟值一般稍大于实测值，这是由于射流产生的水滴相互作用下，比单个水滴受到的空气阻力小，实测值比模拟值偏小。随着喷嘴直径的增大，模拟的误差有所增加，这是由于模拟时，在不同喷嘴直径下射流水束在射流出水口已经完全碎裂成小水滴，而试验中发现，大

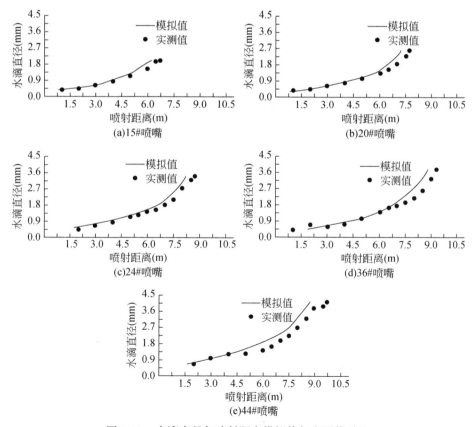

图 2-11　水滴直径与喷射距离模拟值与实测值对比

喷嘴直径下水滴的形成是在距离射流出水口0.7~0.8m位置处（Burillo et al.，2013），这样就减小了水滴射流距离，使水滴飞行距离减小；而在距离喷头末端水滴模拟的误差相对近喷头处较大，也是这种原因造成的。

图2-12为程序模拟出的单流道水量分布模拟值与实测值的对比图。图2-12中显示，单条流道喷灌强度模拟值与实测值变化规律基本一致，而喷头末端位置处误差相对较大，这主要是由于应用该程序在计算水滴飞行距离时，在大直径水滴产生的误差较大所致（图2-11）。从图2-12中还可以看出，随着喷嘴直径的增大，模拟的精度有所降低，36#喷嘴和44#喷嘴模拟出的水量集中的位置较实测值有所提前，产生这种差别也是上述原因造成的。

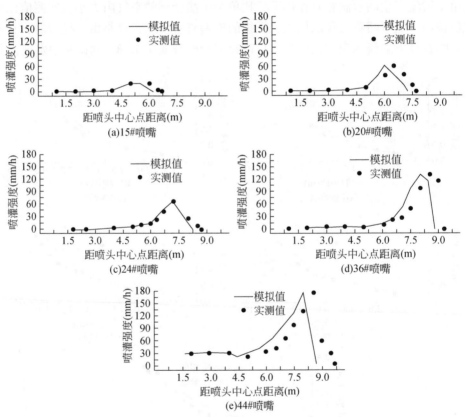

图2-12 单流道水量分布模拟值与实测值对比

2. 无风条件下单喷头水量分布

全圆旋转得出单喷头水量分布，通过Surfer软件对单喷头水量分布进行网格化处理，输出喷灌水量分布的矩阵格式数据，然后通过移动方向上数据的叠加，计算出移动情况下单喷头水量分布。为了验证该计算方法的准确性，本书测得了室内移动情况下该喷头单侧水量分布，由于该喷头在垂直于移动方向上水量分布具有对称性，通过镜像的方法得出两侧水量分布。喷头上方安装有压力表（西安仪表厂，YB-150），以确保试验过程中 200kPa 目标工作压力，喷头距地面高度为 1.5m，试验过程中喷灌机行走速度为 20.12m/h。在喷灌机单侧喷灌区域布设雨量筒（直径为 21cm），间隔为 0.5m×0.5m，喷灌机行走方向上布设三排，完成喷洒后，采用称重法测量喷洒水量，取喷灌机行走方向上三个测点水量平均值作为该测点的喷水量。

单喷头水量分布模拟值与实测值对比结果如图 2-13 所示，从图 2-13 中可以看出，通过计算得出的单喷头移动情况下水量分布变化趋势与实测值基本吻合，但是对距离喷头具体位置处水量的模拟精度欠佳，这是因为在模拟单喷头水量分布时，本书假定每一个流道出水形式相同，然后按照等角度旋转得出，实际上喷

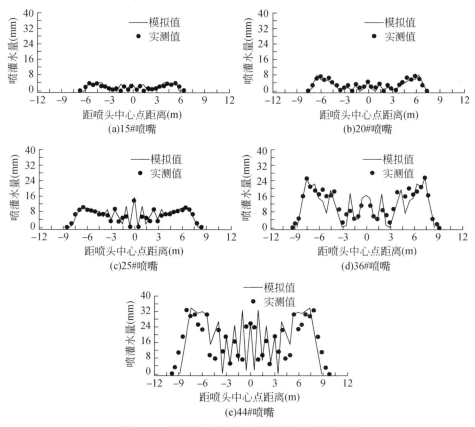

图 2-13 单喷头水量分布模拟值与实测值对比

盘每一个流道出水形式稍有差异，且流道间夹角不是完全相同，因此在叠加计算时产生了一定的误差，但是并不影响整体的变化规律，表明无风条件下该计算方法具有一定的准确性，计算出的单喷头水量分布能够反映出实际喷灌效果。

3. 有风条件下单喷头水量分布

单喷头喷洒面积大，且水量分布试验需要长时间测量，而自然条件下风速和风向稳定性较差，测量准确性不能得到保证；如果创造大区域风洞试验条件，其花费又十分昂贵。各种因素限制使得准确获取有风条件下单喷头水量分布数据较为困难，为验证有风条件下单喷头水量分布模拟的准确性，根据 Faci 等（2001）的试验条件设定相应的模拟参数，其中喷嘴直径为 3.8mm，喷头工作压力为 140kPa，模拟风速为 2.5m/s，模拟了 1m 和 2.5m 两种安装高度下的水量分布，通过与其试验值对比，对有风条件下的单喷头水量分布和喷洒射程的模拟值与测量值的差异性进行分析。

图 2-14 为工作压力为 140 kPa、喷嘴型号为 3.8mm，模拟风速为 2.5m/s ［图 2-14（a）和图 2-14（c）］水量分布模拟结果与 Faci 测量结果的对比，坐标点（0，0）为喷头安装位置，风向为平行于 y 轴方向。水量分布图显示，有风条件下模拟与实测的水量分布和无风条件下类似，均呈现圆形分布，与 Faci 测量值相比，模拟值边界较为规则，另外，模拟水量分布在周向上呈条带形分布，这是由于该喷盘具有 36 个流道，喷头在固定风速下工作时，理想状况下各射流水束相互无干扰；实测水量分布在周向上水量分布相对较为均匀，漏喷区域不明显，这是因为测量时风速与风向都无法固定（测量风速变化范围为 0 ~ 2.5m/s），当风速和风向发生变化时，其射流水束落地位置发生了变化，水束偏移后一定程

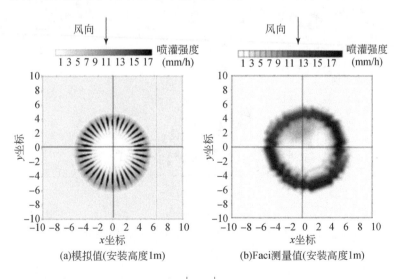

(a)模拟值(安装高度1m)　　　　(b)Faci测量值(安装高度1m)

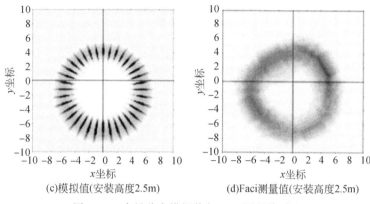

(c)模拟值(安装高度2.5m)　　(d)Faci测量值(安装高度2.5m)

图 2-14　水量分布模拟值与 Faci 测量值对比

注：工作压力为 140kPa，喷嘴型号为 3.8mm，模拟风速为 2.5m/s

度上补充了漏喷区的水量。另外，水量在迎风射程上（y 轴正方向）水舌条带较短，安装高度越高，效果越明显，这是由于水束在迎风向喷射时，大直径水滴受影响较小，迎风继续飞行，小直径水滴受风的作用飞向顺风向区域，导致迎风向水量减少，落地条带的长度变短。另外，喷头安装高度增大至 2.5m 高度后，平均喷灌强度减小。通过对比分析可知，模拟出的有风条件下水量分布规律基本上能够反映真实情况。

4. 有风条件下单喷头射程

有风条件下，喷头安装高度不同，水量偏离喷头中心点的距离也有差异，表 2-5 给出了有风条件下喷头安装高度为 1m 和 2.5m 时喷洒射程的模拟值与 Faci 测量值的对比结果，数据显示，安装高度为 1m 时，喷头在 x 轴方向、顺风向、迎风向的射程模拟值分别为 5.72m、6.48m 和 4.95m，Faci 测量值分别为 5.87m、6.36m 和 5.52m，对应的相对偏差分别为 2.60%、1.90% 和 -10.30%；安装高度为 2.5m 时，对应的相对偏差分别为 0.10%、4.40% 和 0.20%，总体而言，射程模拟值与 Faci 测量值的偏差相对较小，模拟准确性有一定的保证。

表 2-5　喷洒射程模拟值与 Faci 测量值的对比

安装高度（m）	x 轴方向射程			y 轴负方向射程			y 轴正方向射程		
	模拟值（m）	Faci 测量值（m）	相对偏差（%）	模拟值（m）	Faci 测量值（m）	相对偏差（%）	模拟值（m）	Faci 测量值（m）	相对偏差（%）
1	5.72	5.87	2.60	6.48	6.36	1.90	4.95	5.52	-10.30
2.5	7.31	7.32	0.10	9.04	8.66	4.40	5.98	5.97	0.20

参 考 文 献

韩文霆. 2008. 喷灌分布均匀系数研究. 节水灌溉, (7): 4-8.

黄修桥, 廖永诚, 刘新民. 1995. 有风条件下喷灌系统组和均匀度的计算理论与方法研究. 灌溉排水, 14 (1): 12-18.

劳东青, 韩文霆. 2010. 喷头水量分布仿真及组合优化软件系统研究. 节水灌溉, (1): 42-46.

李军叶, 金宏智, 姚培培, 等. 2011. 论述圆形与平移式喷灌机新旧标准主要差异. 节水灌溉, (9): 33-35.

李世英. 1995. 喷灌喷头理论与设计. 北京: 兵器工业出版社.

刘海军, 龚时宏. 2000. 喷灌水滴的蒸发研究. 节水灌溉, (2): 16-19.

向清江, 陈超, 魏洋洋. 2011. 变射程喷头在坡地喷灌中的应用. 农业工程学报, 27 (8): 115-119.

严海军. 2004. 基于变量技术的圆形和平移式喷灌机水量分布特性的研究. 北京: 中国农业大学博士学位论文.

朱兴业, 刘俊萍, 袁寿其. 2013. 旋转式射流喷头结构参数及组合间距对喷洒均匀性的影响. 农业工程学报, 29 (6): 66-72.

ASAE. 2000. Testing Procedure for Determining Uniformity of Water Distribution of Center Pivot and Lateral move Irrigation Machines Equipped with Spray or Sprinkler Nozzles. American Society of Agricultural Engineers Standards. Michigan: St. Joseph.

Burillo G S, Delirhasannia R, Playán E, et al. 2013. Initial drop velocity in a fixed spray plate sprinkler. Journal of Irrigation and Drainage Engineering, 139 (7): 521-531.

Clark G A, Srinivas K, Rogers D H, et al. 2003. Measured and simulated uniformity of low drift nozzle sprinklers. Transactions of the ASAE, 46 (2): 321-330.

de Lima J, Torfs P, Singh V P. 2002. A mathematical model for evaluating the effect of wind on downward-spraying rainfall simulators. Catena, 46 (4): 221-241.

Faci J M, Salvador R, Playán E, et al. 2001. Comparison of fixed and rotating spray plate sprinklers. Journal of Irrigation and Drainage Engineering, 127 (4): 224-233.

Kincaid D C. 1982. Sprinkler pattern radius. Transaction of the ASAE, 25 (6): 1668-1672.

Kincaid D C. 2005. Application rates from center pivot irrigation with current sprinkler types. Applied Engineering in Agriculture, 21 (4): 605-610.

Sayyadi H, Nazemi A H, Sadraddini A A, et al. 2014. Characterising droplets and precipitation profiles of a fixed spray-plate sprinkler. Biosystems Engineering, 119: 13-24.

Schneider A D. 2000. Efficiency and uniformity of the leap and spray sprinkler methods: a review. Transactions of the ASAE, 43 (4): 937-944.

Seginer I, Kantz D, Nir D. 1991a. The distortion by wind of the distribution patterns of single sprinklers. Agricultural Water Management, 19 (4): 341-359.

Seginer I, Nir D, Bernuth R D V. 1991b. Simulation of wind-distorted sprinkler patterns. Journal of Irrigation and Drainage Engineering, 117 （2）: 285-306.

Vories E D, Bernuth R D V, Mickelson R H. 1987. Simulating sprinkler performance in wind. Journal of Irrigation and Drainage Engineering, 113 （1）: 119-130.

Zhang L, Merkley G P. 2012. Relationships between common irrigation application uniformity indicators. Irrigation Science, 30 （2）: 83-88.

Zhang L, Merkley G P, Pinthong K. 2013. Assessing whole-field sprinkler irrigation application uniformity. Irrigation Science, 31 （2）: 87-105.

Zhang L, Merkley G P, Wu P T, et al. 2018. Effect of catch-can spacing on calculation of sprinkler irrigation application uniformity. Clean-Soil Air Water, 46 （7）: 1-6.

第3章 折射式喷头水滴直径和动能强度分布规律

喷洒水滴直径是评价喷灌系统工程质量的重要指标之一，它不仅决定着对作物和土壤的打击强度，还影响着喷洒水量的蒸发和漂移损失。喷灌过程中，直径小的水滴容易受到风的影响，造成蒸发飘逸损失，降低灌溉水的利用系数；直径大的水滴具有较大的动能，会伤害作物并导致土壤表面板结，降低灌溉水入渗率，诱发地表径流的产生（Bubenzer and Jones，1971；李久生，1987，1988，1993；Li and Yu，1994；徐红等，2010）。通过有效的测量手段获取水滴直径信息，对于喷头的应用和开发具有重要意义。以国内喷灌机常用的 Nelson D3000 型喷头和 Nelson R3000 型喷头为研究对象，介绍并应用 2DVD 测试 50kPa、100kPa、150kPa、200kPa 四个工作压力下喷头的水滴直径、水滴速度及水滴落地角度，对大量的试验数据进行统计分析，研究喷洒水滴直径沿射程方向的变化趋势，探讨水滴速度、水滴落地角度与水滴直径之间的变化关系。

3.1 水滴直径测试方法和原理

3.1.1 测试方法

水滴直径测试的方法主要包括：面粉法（白更等，2011；de Boer et al.，2001）、滤纸色斑法（李红等，2005）、浸入法（Solomon et al.，1985）、照相法（Salvador et al.，2009；Bautista- Capetillo et al.，2009）和激光法（Kincaid et al.，1996；Montero et al.，2003；King et al.，2010）。其中，面粉法和滤纸色斑法试验成本低，但试验步骤烦琐，且只能测试喷洒水滴直径，对于水滴速度和水滴落地角度等重要信息需要结合模拟的方法得来。激光法测试水滴直径，能够提供水滴速度的统计平均值，但仪器在使用过程中存在水滴重叠和测试边界问题，严重影响测试数据的准确性，虽然许多学者通过改进试验方法、优化数据后处理方式对激光仪器在测试方式和数据计算方法进行改进，能够在一定程度上弱化上述问题对试验结果的影响，但无法从硬件本身彻底地解决。

奥地利 Gratz 应用系统研究机构研制的基于空间视频测量原理的视频雨滴谱仪（two-dimensional video disdrometer，2DVD），目前主要用于测量降雨、降雪等气象粒子的形状、尺寸、速度等，还未应用于喷灌喷头的喷洒水滴测试中。本章将 2DVD 应用于喷洒水滴测试中，并对该仪器的组成和测试原理进行解释说明。2DVD 是奥地利 Gratz 应用系统研究机构为了寻找极端天气雷达测量数据和理想模型间的较大差异而研制的，其研制的主要目的是监测自然界的降雨、降雪等天气变化，为雷达的应用提供准确、即时的气候数据（Kruger and Witold，2002）。2DVD 自 1991 年研制成功后通过不断地改进完善，已经成为国内外自动观测天气现象，获取降水粒子的形状、尺寸、速度等微观信息的重要手段。

2DVD 由数据采集记录器（线性扫描相机集成的传感器单元）、室外供电及室内数据提取 PC 三部分组成，仪器设备布置示意图如图 3-1 所示。该仪器可测定降水的总量、强度、水滴直径、速度、雨滴形状等，其优越性能表现在对微小水汽凝结体微细结构的测定，测定对象最小直径达到 0.19mm。

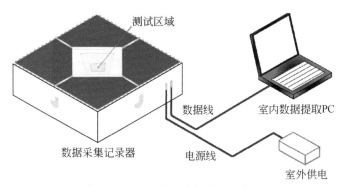

图 3-1　2DVD 仪器设备布置示意图

3.1.2　测试原理

1. 水滴直径

2DVD 通过光源部分产生两个呈正交的片状光，分别射入至两个具有光电探测器的线性扫描相机上，两个片状光的交叠部分为水滴粒子采样区域，重叠面积为 100mm×100mm，垂直距离为 6.2mm（图 3-2）。两个线性扫描相机通过控制器保持同步的工作，当水滴只在一个片状光层面形成投影的时候［图 3-2（b）］，系统软件不能够构建出水滴的三维雨滴形状，也就不能够计算与之相应的水滴直径，只有当水滴同时在两个片状光层面形成一致的投影时［图3-2（c）］，系统软件才能够进行对应的水滴直径计算。水滴在下降过程中会发生投影重叠的现象［如图3-2（c）中的水滴 A 和水滴 B］，小水滴产生的阴影会被较大水滴覆盖，直接影响小水滴直径的测定，因此在数据处理的时候需要通过水滴的扁率，对数据进行二次筛选（Kruger and Witold，2002）。

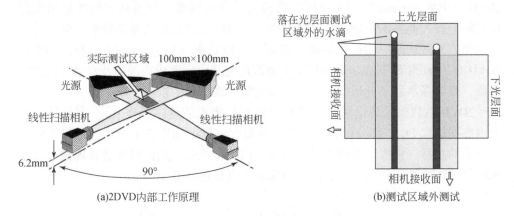

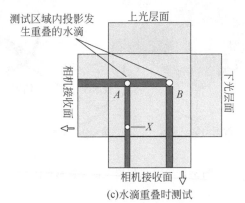

图 3-2　2DVD 测试原理

当水滴粒子落入采样区域，成像于光学系统的像面上，带有光电探测器的线性扫描相机经过多周期扫描获得水滴粒子的图像。图3-3说明了单一片状光层下水滴粒子图像信号获取、重建的过程。测试时水滴粒子向下运动，线性扫描相机静止，图3-3中的水滴粒子在 t_1、t_2、t_3、t_4 四个时刻被扫描，每扫描一个周期就存储一次数据，存储的数据形成一个切片，直到水滴粒子离开片状光，获得的数据通过处理，即可获得水滴粒子在正对探测器一侧的图像。通过两个正交的投影图像，系统会还原出水滴粒子的三维形状并计算其体积，进而换算得到等体积球体的水滴直径，完成一次水滴直径的测量（Kruger and Witold，2002）。

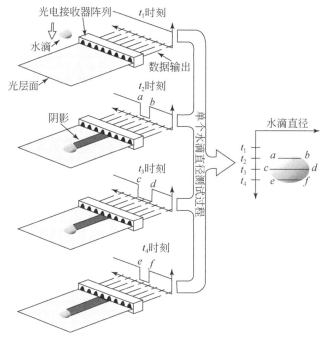

图3-3 单个水滴粒子重建获取过程

2. 水滴速度

图3-4 为 2DVD 水滴粒子速度测试原理示意图。图 3-4 中 t_0 和 t_2 分别为水滴粒子进入光层面 A 和光层面 B 的时间，t_1 和 t_3 为水滴粒子离开光层面 A 和光层面 B 的时间，S 为两个光层面之间的距离，S_a 和 S_b 为水滴粒子在光层面 A 和光层面 B 的水平位移。

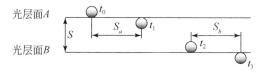

图3-4 单个水滴粒子垂直速度计算

其中水滴垂直速度由两个光层面的垂直距离 S 及水滴粒子通过两光层面的时间 t_0、t_1、t_2 和 t_3 计算得来，其表达式为

$$V_v = \frac{2S}{(t_2 - t_0) + (t_3 - t_1)} \tag{3-1}$$

式中，V_v 为水滴粒子落地时的垂直速度（m/s）；S 为光层面 A 和光层面 B 之间的距离（m）；t_0 为水滴粒子进入光层面 A 的时间（s）；t_1 为水滴粒子离开光层面 A 的时间（s）；t_2 为水滴粒子进入光层面 B 的时间（s）；t_3 为水滴粒子离开光层面 B 的时间（s）。

单个水滴粒子若具有水平速度，在水滴粒子重建过程中不同时刻的切片会形成椭圆形图像，将不同时刻形成的切片中点连线，会形成规则的直线（Schönhuber et al.，2000），通过连线在水平方向上的投影得到水滴粒子在光层面 A 和光层面 B 上的水平位移 S_a 和 S_b，水滴粒子经过两个光层面的时间分别是 $t_a=t_1-t_0$ 和 $t_b=t_3-t_2$，则水平速度计算表达式为

$$V_H=\sqrt{(S_a/t_a)^2+(S_b/t_b)^2}=\sqrt{v_{Ha}^2+v_{Hb}^2} \tag{3-2}$$

式中，V_H 为水滴粒子水平速度（m/s）；S_a 为水滴粒子在光层面 A 水平位移（m）；S_b 为水滴粒子在光层面 B 水平位移（m）；t_a 为水滴粒子经过光层面 A 的时间（s）；t_b 为水滴粒子经过光层面 B 的时间（s）；v_{Ha} 为水滴粒子在光层面 A 方向的水平速度（m/s）；v_{Hb} 为水滴粒子在光层面 B 方向的水平速度（m/s）。

3. 水滴角度

应用 2DVD 可测得水滴落地的垂直速度和水平速度，通过式（3-3）可以计算水滴落地时与地面的夹角（简称水滴落地角度）。

$$\theta=\arctan\left(\frac{V_v}{V_H}\right) \tag{3-3}$$

式中，θ 为水滴落地时与地面的夹角（°）。

3.2　折射式喷头水滴直径分布

3.2.1　水滴直径的计算方法

国内外计算平均水滴直径的方法主要有以下几种（李久生，1987）。

（1）个数加权平均法

个数加权平均法以各级直径水滴的个数占取样点总水滴个数的比例为权重计算平均水滴直径，计算公式为

$$D_a=\frac{\sum\limits_{i=1}^{n}m_id_i}{\sum\limits_{i=1}^{n}m_i} \tag{3-4}$$

式中，D_a 为测点处平均水滴直径（mm）；m_i 为直径为 d_i 的水滴个数；n 为水滴直径的分级数。

（2）水重加权平均法

水重加权平均法也称体积加权平均法，是以各级水滴对应的水重占取样点水滴对应的总水重的比例为权重计算平均水滴直径，计算公式为

$$D_v = \frac{\sum\limits_{i=1}^{n} T_{wi} d_i}{\sum\limits_{i=1}^{n} T_{wi}} \qquad (3-5)$$

式中，T_{wi} 为直径为 d_i 的水滴对应的水重，其中，$T_{wi} = m_i \dfrac{\pi}{6} d_i^2 \gamma_w$；$\gamma_w$ 为水的容重，其余符号同式（3-4）。

（3）中数直径法

中数直径法是指做出个数加权平均法或水重加权平均法的水滴分布累积频率曲线，累积频率 50% 点对应的水滴直径即为中数直径（d_{50}）的方法。

在近喷头处，个数加权平均法和水重加权平均法的计算结果差距很小，但距喷头距离越远，两种方法的计算结果相差越大，在射流末端，水重加权平均值要比个数加权平均值大 1~3 倍。产生这种差别的主要原因是，小水滴个数占取样水滴总个数的比例很大，而小水滴对应的水重占取样点水滴对应总水重的比例却很小。许多学者对三种方法进行了很多对比，发现体积加权平均法计算的水滴直径沿射程变化规律能更好地符合实际（李久生，1987；徐红等，2010）。本书采用体积加权平均法对水滴直径进行计算。

3.2.2 水滴直径沿射程分布

喷洒水滴直径沿射程的分布规律受到喷头类型、工作压力、喷头安装高度等因素的影响，随着离开喷嘴距离的增加，水滴直径逐渐增大，在射程末端达到最大值。图 3-5 绘出了 Nelson D3000 型喷头在 50kPa、100kPa、150kPa 和 200kPa 四个工作压力下 [图 3-5（a）]，Nelson R3000 型喷头在 100kPa、150kPa 和 200kPa 三个工作压力下 [图 3-5（b）] 采用体积加权平均法计算的各测点水滴平均直径沿射程的变化规律。

从图 3-5 可以看出，工作压力对于水滴直径沿射程分布具有一定的影响。图 3-5（a）中 Nelson D3000 型喷头以距喷头 1m 和 5m 处测点为例。在距离喷头 1m 位置处，50kPa、100kPa、150kPa 和 200kPa 工作压力下对应的水滴直径分别为 0.384mm、0.314mm、0.305mm、0.264mm，50kPa 与 200kPa 工作压力下对应

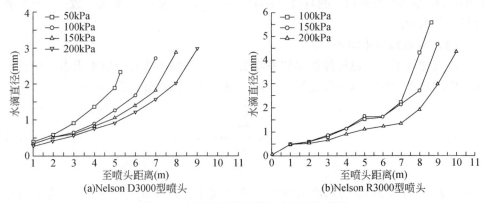

图 3-5　水滴直径沿射程分布及回归曲线

的水滴直径减小了 31.23%。在距离喷头的 5m 位置处，50kPa、100kPa、150kPa 和 200kPa 工作压力下对应的水滴直径分别为 1.882mm、1.265mm、1.054mm、0.918mm，50kPa 与 200kPa 工作压力对应的水滴直径减小了 51.23%。

同样在图 3-5（b）中，Nelson R3000 型喷头以距喷头 1m 和 8m 处测点为例，在距离喷头 1m 位置处，100kPa、150kPa 和 200kPa 工作压力下对应的水滴直径分别为 0.485mm、0.470mm 和 0.459mm，100kPa 与 200kPa 工作压力对应的水滴直径减小了 5.36%；在距离喷头 8m 位置处，100kPa、150kPa 和 200kPa 工作压力下对应的水滴直径分别为 4.284mm、2.710mm 和 1.918mm，100kPa 与 200kPa 工作压力对应的水滴直径减小了 55.23%。

可以看出至喷头距离相同时，水滴直径随着工作压力的升高而减小，并且在近喷头处，各工作压力下水滴直径差异较小，随着射程的增加差异逐渐增大。这是因为射流破碎成大小不同的水滴，其决定因素是速度，速度越大，射流破碎后形成的水滴尺寸越小，即雾化效果越好，并随着射程的增加，不同工作压力对雾化效果的影响表现得更加明显。

末端水滴直径作为衡量喷头雾化效果的重要依据，在一定程度上反映了喷洒水滴的打击强度。李久生（1988）曾对影响喷洒水舌末端水滴直径的因素进行过探讨，并将末端水滴直径的变化规律分为两类。第Ⅰ类：当喷嘴直径相同时，工作压力越大、喷嘴越偏离圆形，末端水滴直径越小；第Ⅱ类：对于同一喷头，当喷嘴直径和工作压力相同时，流量系数越大、喷头射程越远，末端水滴直径越大。

从图 3-5（a）可以看出，Nelson D3000 型喷头末端水滴直径分布规律属于第Ⅱ类，即末端水滴直径随着工作压力升高而增大。50kPa、100kPa、150kPa 和 200kPa 工作压力下的射程为 5.3m、7.1m、8.1m 和 9.1m，对应的末端水滴直径分别为 2.33mm、2.715mm、2.886mm 和 2.988mm，与 50kPa 工作压力下的末端水滴直径相比，100kPa、150kPa 和 200kPa 工作压力下的末端水滴直径分别增大了 16.52%、20.48% 和 22.80%。形成这一规律的主要原因是，折射式喷头从喷嘴射出的水流打击喷盘，通过喷盘上收缩的流道形成多股水舌抛向空中，喷盘上的流道对末端水滴直径产生影响。当工作压力升高，喷盘上流道的流量变大，致使射流流速变大，射程变远，形成末端水滴直径随着工作压力的升高而增大的规律。

从图 3-5（b）可以看出，Nelson R3000 型喷头的末端水滴直径分布规律属于第 I 类，即末端水滴直径随着工作压力升高而减小。100kPa、150kPa 和 200kPa 工作压力下的射程是 8.64m、9.0m 和 10.0m，对应的末端水滴直径分别为 5.596mm、4.680mm 和 4.359mm，与 100kPa 工作压力下的末端水滴直径相比，150kPa 和 200kPa 工作压力下的末端水滴直径分别减小了 21.37% 和 22.11%。这主要是因为折射式喷头随着工作压力的升高，从喷嘴射出的水流打击喷盘时的速度加快，致使喷盘的旋转速度加快，射流受到的切向力增大，加速了射流碎裂，形成末端水滴直径随着压力的升高而减小的规律。

若仅以末端水滴直径作为标准，Nelson D3000 型喷头在相对较低的工作压力下不会对土壤和作物造成太大的打击，Nelson R3000 型喷头在相对较高的工作压力下不会对土壤和作物造成太大打击。对比两个喷头的末端水滴直径，相同工作压力下，Nelson R3000 型喷头末端水滴直径大于 Nelson D3000 型喷头末端水滴直径，即对作物或土壤的打击伤害会较大。

根据最小二乘法原理对两个喷头在四个工作压力下水滴直径沿射程分布规律进行回归分析，表达式见表 3-1。在表 3-1 中，d 表示水滴直径（mm），r 表示水滴降落到地面上的位置与喷头的水平距离（m），r 表示小于相应喷头工作压力时的射程。结果表明，各工作压力下水滴直径沿射程方向呈指数函数关系，相关系数在 0.96 以上。Nelson D3000 型喷头和 Nelson R3000 型喷头水滴直径沿射程变化趋势与李久生（1988）研究结果一致。为了更好地反映喷头在不同工作压力下水滴直径沿射程的变化规律，对水滴直径数据进一步地分析，建立了水滴直径、工作压力和射程的回归模型，其函数关系式见表 3-2，表中 P 为工作压力（kPa），r 为水滴至喷头的距离（m）。

表 3-1　水滴直径沿射程方向分布规律回归模型

喷头类型	工作压力（kPa）	回归模型	水滴距喷头距离（m）	R^2
Nelson D3000	50	$d = 0.271e^{0.393r}$	$r<5$	0.995
	100	$d = 0.235e^{0.340r}$	$r<7$	0.991
	150	$d = 0.242e^{0.307r}$	$r<8$	0.967
	200	$d = 0.224e^{0.282r}$	$r<9$	0.995

续表

喷头类型	工作压力（kPa）	回归模型	水滴距喷头距离（m）	R^2
	100	$d=0.315e^{0.31r}$	$r<8.64$	0.969
Nelson R3000	150	$d=0.359e^{0.269r}$	$r<9$	0.976
	200	$d=0.324e^{0.238r}$	$r<10$	0.968

表3-2　水滴粒径分布规律回归公式

喷头类型	回归公式	R^2
Nelson D3000	$d=9.662P^{-0.8201}e^{0.3654r}$	0.993
Nelson R3000	$d=14.78P^{-0.7831}e^{0.2843r}$	0.996

3.2.3　水滴速度与水滴直径的关系

水滴速度是喷洒水滴降落过程中的关键参数，是计算喷洒能量分布的依据。利用2DVD测出单个水滴降落到地面上的垂直速度和水平速度，然后计算出水滴落地时的合速度。图3-6绘出了Nelson D3000型喷头在50kPa、100kPa、150kPa和200kPa四个工作压力下水滴直径与水滴降落到地面的速度的关系；图3-7绘出了Nelson R3000型喷头在100kPa、150kPa和200kPa三个工作压力下水滴直径与水滴降落到地面时速度的关系。

从图3-6和图3-7可以看出，Nelson D3000型喷头和Nelson R3000型喷头在不同工作压力下水滴速度随水滴直径的增大而增大，且各个工作压力下水滴速度

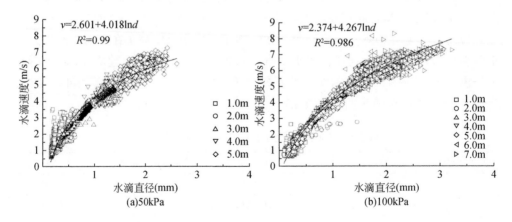

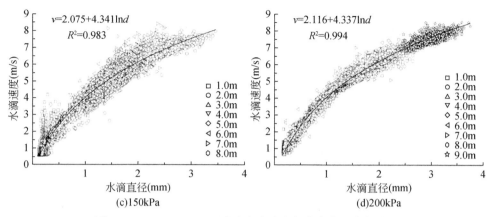

图 3-6　Nelson D3000 型喷头水滴速度与水滴直径分布关系

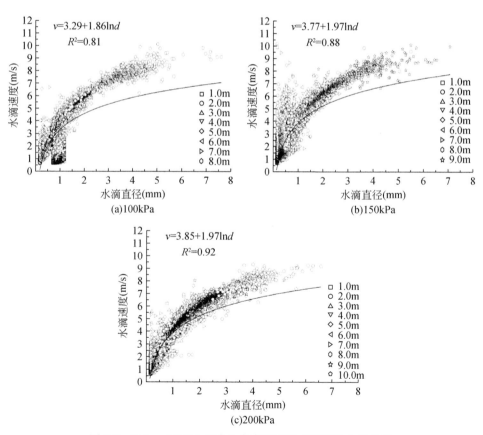

图 3-7　Nelson R3000 型喷头水滴速度与水滴直径分布关系

和水滴直径之间呈较好的对数关系。通过回归分析，得到各个工作压力下水滴速度和水滴直径的关系式及相关系数，见表3-3。

表3-3　Nelson D3000 和 Nelson R3000 型喷头水滴速度与水滴直径回归模型

喷头类型	工作压力（kPa）	回归公式	R^2
Nelson D3000	50	$v=2.601+4.018\ln d$	0.99
	100	$v=2.374+4.267\ln d$	0.99
	150	$v=2.075+4.341\ln d$	0.98
	200	$v=2.116+4.337\ln d$	0.99
Nelson R3000	100	$v=3.29+1.86\ln d$	0.81
	150	$v=3.77+1.97\ln d$	0.88
	200	$v=3.85+1.97\ln d$	0.92

注：v 为水滴落地速度（m/s），d 为水滴直径（mm）

从表3-3中可以看出，随着工作压力的变化，两个喷头的回归公式系数变化较小，推断工作压力对水滴直径与水滴速度之间的关系影响较小。因此将 Nelson D3000 型喷头和 Nelson R3000 型喷头在各个工作压力下的水滴直径与水滴速度的实测数据进行统一回归分析，拟合公式及相关系数如图3-8所示。

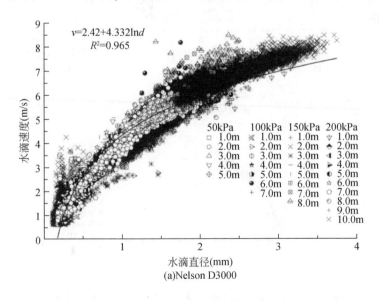

(a)Nelson D3000

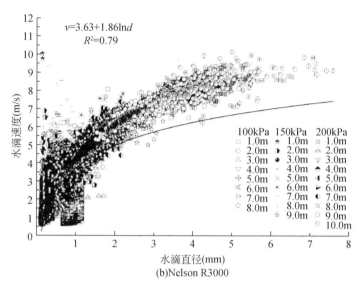

$$v=3.63+1.86\ln d$$
$$R^2=0.79$$

(b)Nelson R3000

图 3-8   Nelson D3000 型喷头和 Nelson R3000 型喷头各个工作压力下水滴速度
与水滴直径分布关系总图

3.2.4   水滴落地角度与水滴直径的关系

喷洒水滴落地时会与地面形成一定的角度，相同直径水滴落地时与地面夹角不同，对土壤的剪切力和压力不同，研究水滴直径与水滴落地角度的关系对于计算水滴对土壤的剪切力和压力有重要意义。图 3-9 和图 3-10 分别绘出了 50kPa、100kPa、150kPa 和 200kPa 工作压力下 Nelson D3000 型喷头的水滴落地角度与水滴直径的关系曲线，100kPa、150kPa 和 200kPa 工作压力下 Nelson R3000 型喷头的水滴落地角度与水滴直径的关系曲线。

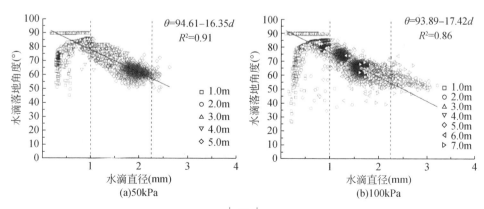

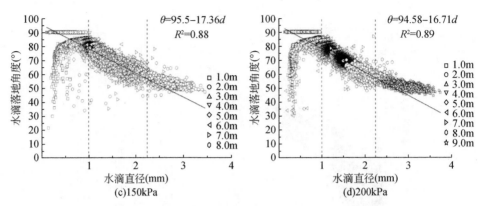

图 3-9　Nelson D3000 型喷头水滴落地角度与水滴直径分布关系

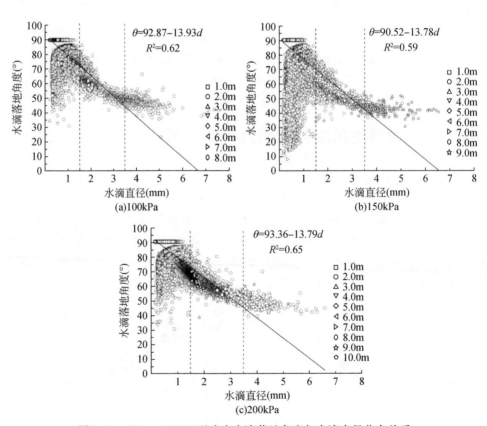

图 3-10　Nelson R3000 型喷头水滴落地角度与水滴直径分布关系

从图 3-9 可以看出，四个工作压力下 Nelson D3000 型喷头的水滴落地角度与水滴直径的关系可划分为三个区域：Ⅰ区，水滴直径小于 1.0mm 时，50kPa、100kPa、150kPa 和 200kPa 工作压力下，与地面夹角为 90°的水滴个数占总水滴数的比值分别为 90.46%、84.46%、89.91% 和 89.15%，其余水滴与地面夹角为 30°~89°。图 3-9 中由于水滴落地角度为 90°时，水滴重叠形成一条直线，水滴落地角度为 30°~89°时，相对分散，会造成垂直降落的水滴所占比例较小的视觉误差；Ⅱ区，水滴直径为 1.0~2.25mm 时，各个工作压力下垂直降落的水滴不再存在，所有水滴都与地面形成一定的角度，且随着水滴直径的增大水滴落地角度呈线性减小；Ⅲ区，当水滴直径大于 2.25mm 时，水滴落地角度减小趋势变缓，各个工作压力下最大水滴直径具有的平均水滴落地角度为 45°。

从图 3-10 可以看出，三个工作压力下 Nelson R3000 型喷头的水滴落地角度与水滴直径的关系可划分为三个区域：Ⅰ区，水滴直径小于 1.5mm 时，100kPa、150kPa 和 200kPa 工作压力下，与地面夹角为 90°的水滴个数占总水滴数的比值分别为 59.19%、32.18% 和 47.79%，其余大部分水滴与地面夹角为 30°~89°；Ⅱ区，水滴直径为 1.5~3.5mm 时，各个工作压力下垂直降落的水滴不再存在，所有水滴都与地面形成一定的角度，且随着水滴直径的增大水滴落地角度呈线性减小；Ⅲ区，当水滴直径大于 3.5mm 时，水滴落地角度减小趋势变缓，各个工作压力下最大水滴直径具有的平均水滴落地角度为 45°。

Nelson R3000 型喷头与 Nelson D3000 型喷头在各个区水滴落地角度的分布不同，主要体现在两个方面，第一是水滴落地角度分区范围不同，Nelson R3000 型喷头的Ⅰ区水滴直径范围为 0~1.5mm，Ⅱ区水滴直径范围为 1.5~3.5mm，Ⅲ区水滴直径范围为大于 3.5mm。各个区间范围均大于 Nelson D3000 型喷头。第二是Ⅰ区 90°的水滴个数占总水滴个数的比例不同。Nelson R3000 型喷头半数以上水滴与地面夹角为 30°~89°，而 Nelson D3000 型喷头占总个数 90%的水滴与地面夹角为 90°。形成这种不同的原因是两个喷头的工作方式不同，Nelson D3000 型喷头属于非旋转折射式喷头，从喷嘴射出的水流打击喷盘后，经过喷盘上具有收缩形式的流道，形成多股小射流，小射流在空中掺气、碰撞粉碎后形成不同直径的水滴降落到地面完成喷灌，其碎裂是在水舌喷洒过程中完成的。Nelson R3000 型喷头属于旋转折射式喷头，从喷嘴射出的水流打击喷盘后，经过喷盘上特殊的流道形式带动喷盘转动，从喷盘射出的水流受喷盘旋转的影响，其碎裂比非旋转折射式喷头充分。另外旋转折射式喷头的流道出射角度不同且比非旋转折射式喷头的流道尺寸大，这也是造成水滴落地角度随水滴直径变化规律不同的原因。

通过回归分析得到各工作压力下水滴角度和水滴直径的关系式及相关系数，见表 3-4。从表 3-4 公式中可以看出，两个喷头在各个工作压力下水滴角度和水滴直径之间呈较好的线性关系，这一规律与 Bautista-Capetillo 等（2009）学者利用低速照相法研究的规律基本一致，且本章通过 2DVD 测试的数据与公式拟合相关系数更好。通过对表 3-4 中回归公式的系数分析可以看出，随着工作压力的变化，两个喷头的回归公式系数变化较小，推断工作压力对水滴角度与水滴直径之间的关系影响较小。因此将 Nelson D3000 型喷头和 Nelson R3000 型喷头在各个工作压力下的水滴直径与水滴角度的实测数据进行统一回归分析，拟合公式及相关系数如图 3-11 所示。从拟合结果可以看出，Nelson D3000 型喷头的拟合结果较好，这是由两个喷头在 I 区的差别较大造成的。

表 3-4　Nelson D3000 型喷头和 Nelson R3000 型喷头水滴落地角度与水滴直径回归模型

喷头类型	工作压力（kPa）	回归公式	R^2
Nelson D3000	50	$\theta = 94.61 - 16.35d$	0.99
	100	$\theta = 93.89 - 17.42d$	0.99
	150	$\theta = 95.5 - 17.36d$	0.98
	200	$\theta = 94.58 - 16.71d$	0.99
Nelson R3000	100	$\theta = 92.87 - 13.93d$	0.81
	150	$\theta = 90.52 - 13.78d$	0.88
	200	$\theta = 93.36 - 13.79d$	0.92

注：θ 为水滴落地角度（°），d 为水滴直径（mm）

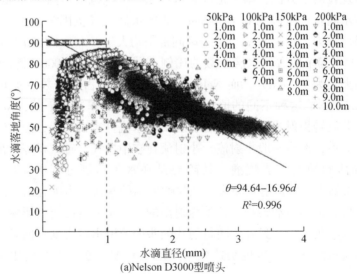

$\theta = 94.64 - 16.96d$
$R^2 = 0.996$

(a)Nelson D3000型喷头

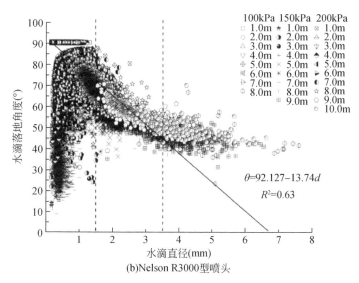

图 3-11　Nelson D3000 型喷头和 Nelson R3000 型喷头各个工作压力下
水滴落地角度与水滴直径分布关系总图

3.3　折射式喷头动能强度分布

　　喷灌水滴过大会对土壤结构产生破坏，影响土壤的入渗，进而对农田生产环境产生较大的影响，尤其当喷灌系统的喷头选择、配置不合理时，会在局部位置造成动能强度过大，诱发地表径流的产生，降低喷灌水利用率，并且产生的径流会冲刷土壤，会将土壤中的有机质和养分带走，降低土壤的生产能力。国内外学者研究发现，喷洒水滴打击土壤表面时的动能与地表径流的产生有密切关系，因此对单喷头动能分布规律进行研究，是移动式喷灌机组中喷头选型、配置和应用的基础。

3.3.1　动能计算方法

1. 单个水滴动能

　　喷灌是以单个水滴的形式降落到地面，水滴降落到土壤表面时具有一定的速度，必然具有一定的动能，不同直径、不同速度的水滴对土壤造成的打击不同。通过 2DVD 测得至喷头不同距离处水滴的直径及速度，计算各测点单个水滴落地时的动能（Kohl et al.，1985）如下。

$$K_{ed} = \frac{1}{12}\pi d^3 \rho_w v^2 \qquad (3-6)$$

式中，K_{ed} 为单个水滴动能（J）；d 为水滴直径（m）；ρ_w 为水的密度（kg/m³）；v 为水滴速度（m/s）。

2. 单位体积水滴动能

单位体积水滴动能是喷灌的整个过程中，至喷头不同距离测点处单个水滴动能总和与总体积的比值，研究表明喷灌的单位体积水滴动能对土壤入渗有较大影响，其计算公式（Schönhuber et al.，2000；刘海军和康跃虎，2002；Yan et al.，2011）如下。

$$K_{ev} = \frac{\sum_{i=1}^{n} \frac{1}{12}\pi d_i^3 \rho_w v_i^2}{1000 \sum_{i=1}^{n} \frac{1}{6}\pi d_i^3} \tag{3-7}$$

式中，K_{ev} 为单位体积水滴动能（J/m³）；i 为各测点测试水滴系列中的个数。

3. 动能强度

喷灌喷头动能强度（有的文献中也称为能量通量密度）的大小取决于喷洒水滴的粒径、速度及喷灌强度，表示的是单位时间测点喷洒区域内的动能大小。动能强度分布能够较好地反映喷灌系统中降水的能量分布，对研究喷灌过程中地表径流和土壤侵蚀效果较好，其计算公式（Schönhuber et al.，2000；Yan et al.，2011）如下。

$$S_{pj} = \frac{\sum_{i=1}^{n} \frac{1}{12}\pi d_i^3 \rho_w v_i^2}{1000 \sum_{i=1}^{n} \frac{1}{6}\pi d_i^3} \cdot \frac{\rho_j}{3600} \tag{3-8}$$

式中，S_{pj} 为至喷头不同距离测点处的喷洒动能强度（W/m²）；ρ_j 为至喷头不同距离测点处的喷灌强度（mm/h）；j 为距喷头不同距离处的测点。

3.3.2 单个水滴动能分布

喷洒水舌在空中掺气碰撞粉碎后形成不同直径的水滴降落到地面完成喷灌，水滴具有一定的速度，对土壤表面造成的打击不同，单个水滴动能以每个水滴为研究对象，对喷灌的动能分布规律进行研究。表 3-5 列出了 Nelson D3000 型喷头在 50kPa、100kPa、150kPa 和 200kPa 工作压力下，Nelson R3000 型喷头在 100kPa、150kPa 和 200kPa 工作压力下，至喷头不同距离测点单个水滴动能的最大值、最小值和平均值。

表3-5 距喷头不同距离测点处单个水滴动能最大值、最小值和平均值

喷头类型	工作压力(kPa)	项目	距喷头中心点距离									
			1m	2m	3m	4m	5m	6m	7m	8m	9m	10m
Nelson D3000	50	最大值(J)	2.88×10^{-7}	9.15×10^{-7}	6.4×10^{-6}	5.42×10^{-5}	1.995×10^{-7}					
		最小值(J)	0.40×10^{-9}	1.63×10^{-8}	1.10×10^{-8}	2.56×10^{-6}	1.47×10^{-5}					
		平均值(J)	1.29×10^{-8}	3.06×10^{-8}	2.57×10^{-7}	1.55×10^{-5}	6.28×10^{-5}					
	100	最大值(J)	8.22×10^{-6}	6.09×10^{-6}	2.58×10^{-6}	8.65×10^{-6}	4.29×10^{-5}	1.65×10^{-4}	4.64×10^{-4}			
		最小值(J)	0.10×10^{-9}	2.10×10^{-9}	1.60×10^{-9}	0.10×10^{-9}	0.60×10^{-9}	8.41×10^{-6}	1.43×10^{-6}			
		平均值(J)	1.16×10^{-8}	1.39×10^{-8}	5.58×10^{-7}	2.41×10^{-6}	1.13×10^{-5}	4.11×10^{-5}	2.57×10^{-4}			
	150	最大值(J)	4.31×10^{-7}	6.53×10^{-7}	4.70×10^{-6}	8.44×10^{-6}	1.72×10^{-4}	1120.370	2.79×10^{-4}	7.06×10^{-4}		
		最小值(J)	0.10×10^{-9}	0.50×10^{-9}	0.70×10^{-9}	1.40×10^{-9}	0.90×10^{-9}	5.48×10^{-7}	4.15×10^{-5}	8.31×10^{-5}		
		平均值(J)	1.07×10^{-8}	1.10×10^{-8}	3.35×10^{-7}	1.77×10^{-6}	5.33×10^{-6}	1.72×10^{-5}	5.22×10^{-5}	2.13×10^{-4}		
	200	最大值(J)	7.49×10^{-8}	2.77×10^{-7}	1.01×10^{-6}	5.63×10^{-5}	1.10×10^{-5}	6.35×10^{-5}	8.78×10^{-5}	4.02×10^{-4}	9.72×10^{-4}	
		最小值(J)	0.30×10^{-9}	0.50×10^{-9}	1.30×10^{-9}	2.20×10^{-9}	1.0×10^{-9}	0.7×10^{-9}	9.34×10^{-6}	2.66×10^{-5}	1.32×10^{-4}	
		平均值(J)	5.10×10^{-8}	6.02×10^{-9}	2.92×10^{-7}	1.14×10^{-6}	2.79×10^{-6}	9.38×10^{-6}	2.81×10^{-5}	7.49×10^{-5}	3.82×10^{-4}	
Nelson R3000	100	最大值(J)	7.45×10^{-6}	1.86×10^{-6}	2.36×10^{-5}	5.26×10^{-5}	1.49×10^{-4}	2.16×10^{-4}	8.74×10^{-4}	9.48×10^{-3}		
		最小值(J)	0.40×10^{-9}	0.40×10^{-9}	0.50×10^{-9}	0.50×10^{-9}	0.60×10^{-9}	0.6×10^{-9}	2.01×10^{-7}	9.57×10^{-6}		
		平均值(J)	0.57×10^{-7}	1.72×10^{-7}	9.49×10^{-7}	5.09×10^{-6}	1.65×10^{-5}	2.06×10^{-5}	8.76×10^{-5}	9.67×10^{-4}		
	150	最大值(J)	7.05×10^{-6}	1.68×10^{-5}	2.20×10^{-5}	5.01×10^{-5}	1.36×10^{-4}	2.05×10^{-4}	3.49×10^{-4}	3.86×10^{-3}	8.88×10^{-3}	
		最小值(J)	0.40×10^{-9}	0.40×10^{-9}	0.50×10^{-9}	0.60×10^{-9}	0.60×10^{-9}	0.6×10^{-9}	9.50×10^{-9}	0.50×10^{-8}	4.81×10^{-4}	
		平均值(J)	0.60×10^{-7}	1.43×10^{-7}	1.15×10^{-5}	4.34×10^{-5}	1.38×10^{-5}	1.89×10^{-5}	3.33×10^{-5}	7.63×10^{-5}	1.51×10^{-3}	
	200	最大值(J)	6.86×10^{-6}	1.45×10^{-6}	1.75×10^{-5}	3.13×10^{-5}	1.10×10^{-4}	1.12×10^{-4}	1.46×10^{-4}	9.71×10^{-4}	2.40×10^{-3}	6.38×10^{-3}
		最小值(J)	0.40×10^{-9}	0.40×10^{-9}	0.40×10^{-9}	0.50×10^{-9}	0.60×10^{-9}	0.6×10^{-9}	0.6×10^{-9}	0.39×10^{-7}	2.66×10^{-5}	1.80×10^{-4}
		平均值(J)	0.53×10^{-7}	0.41×10^{-7}	3.57×10^{-7}	1.49×10^{-6}	3.81×10^{-6}	4.16×10^{-6}	1.13×10^{-5}	4.54×10^{-5}	2.62×10^{-4}	1.20×10^{-3}

从表3-5中可以看出，两种喷头在各个工作压力下，沿射程方向，随着至喷头距离的增加，单个水滴动能的最大值、最小值和平均值整体均呈增大趋势。工作压力对单个水滴动能具有影响，距喷头相同距离测点处，单个水滴动能最大值和平均值随着工作压力的增加而减小。Nelson D3000型喷头，相对于50kPa工作压力，100kPa工作压力在1m测点和5m测点处的最大值分别减小了71.4%和78.5%，平均值在1m测点和5m测点处分别处减小了10.2%和82%，150kPa在1m测点处的最大值增加了49.7%，5m测点处最大值减小了91.4%，平均值分别减小了17.1%（1m测点处）和91.5%（5m测点处），200kPa工作压力在1m与5m测点处最大值分别减小了73.9%和94.48%，平均值分别减小了60.41%和95.57%；Nelson R3000型喷头，相对于100kPa工作压力，150kPa工作压力在1m测点和8m测点处的最大值分别减小了5.43%和59.25%，平均值在1m测点处增大了5.26%，8m测点处平均值减小了92.11%，200kPa工作压力在1m与8m测点处最大值分别减小了7.9%和89.75%，平均值分别减小了7.02%和95.31%，即随着距喷头距离的增加，各个测点单个水滴动能最大值和平均值的差异增大。

Nelson D3000型喷头在四个工作压力下，近喷头处（50kPa工作压力时1~3m，其余工作压力时1~6m）的单个水滴动能最小值变化不大，且动能值相对较小，在喷头射程末端动能值增大，这是因为在近喷头处水量几乎为零，只有极少的水滴在水舌碎裂过程中飘落下来，其喷洒水量集中在射程末端范围。Nelson R3000型喷头在三个工作压力下的单个水滴动能最小值，在0~6m测点处，随工作压力变化产生的差异较小，从8m测点开始至射程末端，随工作压力的变化差异增大，且随工作压力的增加而变小。

图3-12绘出了四个工作压力下Nelson D3000型喷头单个水滴动能和水滴直径的变化关系，并根据最小二乘法原理对四个工作压力下水滴动能与水滴直径数据进行回归分析，得到了水滴动能与水滴直径的关系式及决定系数，结果见图3-12（a）、图3-12（b）、图3-12（c）和图3-12（d）。如图3-12（a）、图3-12（b）、图3-12（c）和图3-12（d）所示，四个工作压力下水滴动能与水滴直径的4.09次方、3.84次方、3.97次方和3.98次方成正比关系，决定系数在0.99以上。将50kPa、100kPa、150kPa和200kPa工作压力下，各测点位置处水滴数据全部绘于图3-12（e）中，进行统一回归分析，其关系式及决定系数如图3-12（e）所示。从图3-12（e）中可以看出，整体回归的决定系数R^2并未减小，说明工作压力对单个水滴动能与水滴直径的关系影响较小。因此将图3-12（e）中公式整理后，得到50kPa、100kPa、150kPa和200kPa工作压力下，Nelson D3000型喷头（蓝色喷盘，36条流道）水滴落地时单个水滴动能与水滴直径的

关系表达式为

$$K_{\text{ed}} = \frac{d^{3.98}}{200\ 000} \qquad (R^2 = 0.976) \qquad (3\text{-}9)$$

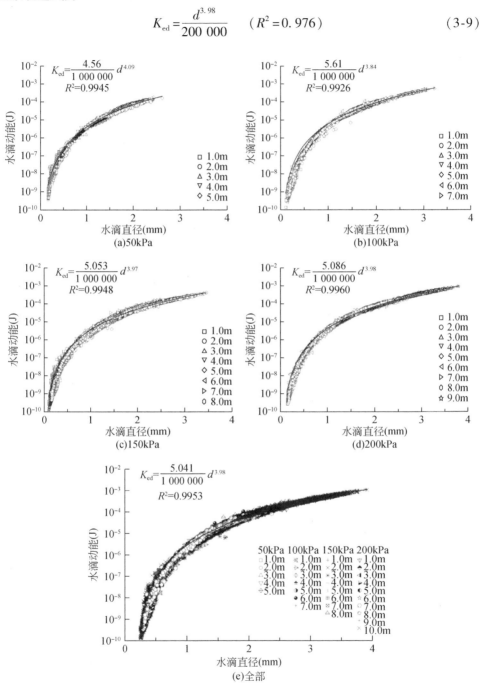

图 3-12　Nelson D3000 型喷头水滴动能与水滴直径分布关系

图 3-13 绘出了三个工作压力下 Nelson R3000 型喷头单个水滴动能和水滴直径的变化关系，并根据最小二乘法原理对三个工作压力下水滴动能与水滴直径数据进行回归分析，得到了水滴动能与水滴直径的关系式及决定系数，结果见图 3-13（a）、图 3-13（b）和图 3-13（c）。从图 3-13（a）、图 3-13（b）和图 3-13（c）中可以看出，三个工作压力下水滴动能与水滴直径的 3.73 次方、3.60 次方和 3.68 次方成正比关系，决定系数在 0.959 以上。将 100kPa、150kPa 和 200kPa 工作压力下，各个测点位置处水滴数据全部绘于图 3-13（d）中，进行统一回归分析，其关系式及决定系数如图 3-13（d）所示。从图 3-13（d）中可以看出，整体回归的决定系数 R^2 并未减小，说明工作压力对单个水滴动能与水滴直径的关系影响较小。因此将图 3-13（d）中公式整理后，得到 100kPa、150kPa 和 200kPa 工作压力下，Nelson R3000 型喷头（绿色喷盘，4 流道）水滴落地时单个水滴动能与水滴直径的关系表达式为

$$K_{\mathrm{ed}} = \frac{27 d^{3.65}}{4\,000\,000} \qquad (R^2 = 0.976) \tag{3-10}$$

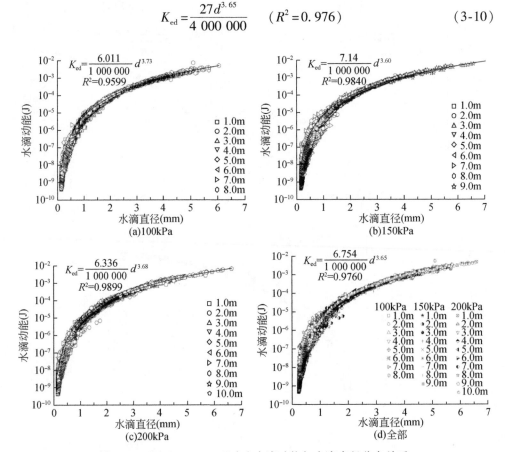

图 3-13 Nelson R3000 型喷头水滴动能与水滴直径分布关系

3.3.3 单位体积水滴动能沿射程分布

在喷洒过程中，喷灌水滴以稳定的动能连续不断地打击喷洒范围内的土壤，对土壤特性造成影响。单位体积水滴动能是测点位置处，所有水滴动能之和与水滴总体积的比值。很多学者利用单位体积水滴动能研究喷灌对土壤入渗的影响(李久生和冯福才，1997)。图 3-14 和图 3-15 分别绘出 50kPa、100kPa、150kPa 和 200kPa 工作压力下，Nelson D3000 型喷头沿射程方向水滴直径和单位体积水滴动能与 100kPa、150kPa 和 200kPa 工作压力下，Nelson R3000 型喷头沿射程方向水滴直径和单位体积水滴动能。从图 3-14 和图 3-15 可以看出，两种喷头随着距喷头距离的增加，单位体积水滴动能呈指数关系增大，达到最大值后在末端迅速减小为 0。

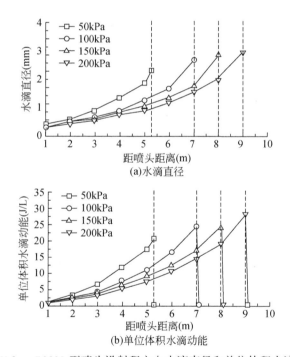

图 3-14 Nelson D3000 型喷头沿射程方向水滴直径和单位体积水滴动能分布

Nelson D3000 型喷头在 50kPa、100kPa、150kPa 和 200kPa 工作压力下，分别在距喷头 5.3m 测点、7.1m 测点、8.1m 测点和 9.1m 测点处单位体积水滴功能达到最大值 20.82J/L、24.56J/L、24.66J/L 和 28.46J/L。工作压力对单位体积水滴动能沿射程的分布具有一定的影响，以距喷头 1m 测点和 8m 测点

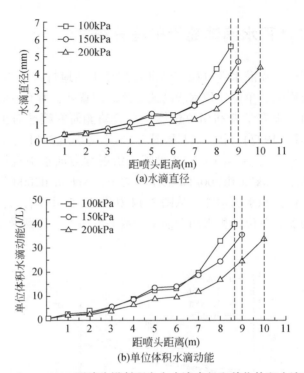

图 3-15　Nelson R3000 型喷头沿射程方向水滴直径和单位体积水滴动能分布

处为例，在距离喷头 1m 测点处，50kPa、100kPa、150kPa 和 200kPa 工作压力下对应的单位体积水滴动能分别为 1.18J/L、1.05J/L、1.26J/L 和 0.79J/L，与 50kPa 相比，100kPa 和 200kPa 工作压力对应的单位体积动能减小了 11.02% 和 33.05%，150kPa 工作压力下增加了 26%。在距离喷头的 5m 测点处，50kPa、100kPa、150kPa 和 200kPa 工作压力下对应的单位体积水滴动能分别为 17.70J/L、11.09J/L、9.16J/L 和 7.55J/L，与 50kPa 相比，100kPa、150kPa 和 200kPa 工作压力对应的单位体积水滴动能减小了 37.34%、48.25% 和 57.34%，即 Nelson D3000 型喷头，在近喷头处单位体积水滴动能随工作压力的升高变化不明显，在喷头距离较远时，单位体积水滴动能随着压力的升高而减小，且随着射程的增加差异逐渐增大。

Nelson R3000 型喷头在 100kPa、150kPa 和 200kPa 工作压力下，分别在距喷头 8.64m 测点、9.0m 测点和 10.0m 测点处达到最大值 40.32J/L、35.46J/L 和 33.83J/L。工作压力对单位体积水滴动能沿射程的分布具有一定的影响，以距喷头 1m 测点和 8m 测点处为例，在距离喷头 1m 测点处，100kPa、150kPa 和 200kPa 工作压力下对应的单位体积水滴动能分别为 2.43J/L、2.28J/L 和 2.10J/L，与 100kPa 工作压力相比,150kPa、200kPa 工作压力对应的单位体积动能减小了 6.2% 和 13.6%。在距离喷头 8m 测点处,100kPa、150kPa 和 200kPa 工作压力下对应的单位体积水滴动能分别为 32.96J/L、24.34J/L 和 16.75J/L,与 100kPa 工作压力相比,150kPa 和 200kPa 工作压力对应的单位体积水滴动能减小了 26.15% 和 49.18%,即 Nelson R3000 型喷头,至喷头距离相同时,单位体积水滴动能随着工作压力的升高而减小,并且在近喷头处,各工作压力下单位体积动能差异较小,随着射程的增加差异逐渐增大。

将两种喷头沿射程方向各测点的体积加权平均水滴直径绘于图 3-14 和图 3-15。从图 3-15 中可以看出,单位体积水滴动能受水滴直径影响较大,在近喷头处水滴直径较小,具有的单位体积水滴动能亦较小,随着至喷头距离增加,水滴直径增大,单位体积动能随之增大。

单位体积水滴动能在达到最大值之前沿射程方向变化规律与喷头水滴直径变化趋势相同,因此根据最小二乘法原理对两种喷头在各个工作压力下单位体积水滴动能沿射程变化规律进行回归分析,表达式及决定系数见表 3-6。

表 3-6 单位体积水滴动能沿射程方向分布规律回归模型

喷头类型	工作压力 (kPa)	回归模型	R^2
Nelson D3000	50	$K_{ev} = 1.352e^{0.52r}$	0.988
	100	$K_{ev} = 1.22e^{0.43r}$	0.995
	150	$K_{ev} = 1.45e^{0.35r}$	0.993
	200	$K_{ev} = 1.28e^{0.34r}$	0.995
Nelson R3000	100	$K_{ev} = 1.652e^{0.37r}$	0.972
	150	$K_{ev} = 1.829e^{0.34r}$	0.963
	200	$K_{ev} = 1.550e^{0.31r}$	0.989

注:r 表示测点至喷头的距离 (m)

3.3.4 动能强度沿射程分布

动能强度 (SP) 能够较好地反映喷灌系统中降水的能量分布,是研究和预测地表径流的重要参数,当 SP>0.6W/m² 时,降水达到天然降水的暴雨级别,容易诱发地表径流的产生 (Bautista-Capetillo et al.,2009;King and Bjorneberg,2012)。图 3-16 和图 3-17 分别绘出了 Nelson D3000 型喷头和 Nelson R3000 型喷头至喷头不同距离测点的喷灌强度和动能强度。从图 3-16 中可以看出,Nelson

D3000 型喷头在 50kPa、100kPa、150kPa 和 200kPa 工作压力下，动能强度分别在距喷头 5.0m 测点、6.0m 测点、7.0m 测点和 8.0m 测点处达到最大值，然后在射程末端减小为 0。在 50kPa、100kPa、150kPa 和 200kPa 工作压力下，动能强度最大值分别为 0.4503 W/m²、0.4642 W/m²、0.4870 W/m² 和 0.5208 W/m²。工作压力对于动能强度具有一定的影响。至喷头距离相同测点处，随着工作压力的升高，动能强度减小。随工作压力的升高，四个工作压力下动能强度的峰值增大。

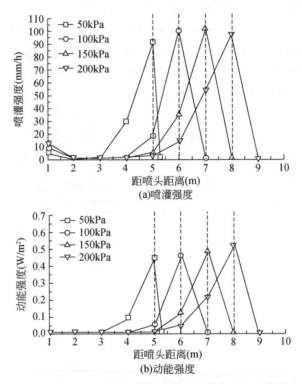

图 3-16 Nelson D3000 型喷头沿射程方向喷灌强度和动能强度分布

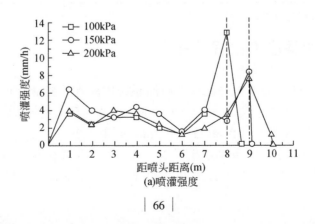

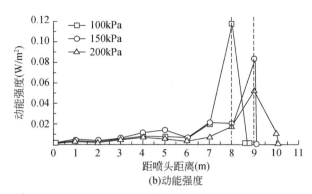

图 3-17　Nelson R3000 型喷头沿射程方向喷灌强度和动能强度分布

从图 3-17 中可以看出，Nelson R3000 型喷头在 100kPa、150kPa 和 200kPa 工作压力下，动能强度分别在距喷头 8.0m 测点、9.0m 测点和 9.0m 测点处达到最大值，然后在射程末端减小为 0.00W/m²。在 100kPa、150kPa 和 200kPa 工作压力下，动能强度最大值分别为 0.1172 W/m²、0.0827 W/m² 和 0.0522 W/m²。工作压力对于动能强度具有一定的影响。至喷头距离相同测点处，随着工作压力的升高，动能强度减小，在至喷头距离 6m 以内的各测点差异较小，从 7m 至喷洒范围末端动能强度差异变大。随工作压力的升高，三个工作压力下的动能强度峰值减小。与 Nelson D3000 型喷头相比，相同工作压力下 Nelson R3000 型喷头的动能强度峰值均小于 Nelson D3000 型喷头，两种喷头的动能强度峰值均出现在射程末端，但两喷头的喷灌强度峰值均未超过 0.6 W/m²。

为了进一步分析，将两种喷头在各个工作压力下径向水量分布变化趋势绘于图 3-16 和图 3-17。从图中可以看出，动能强度的变化规律与沿射程方向喷灌强度的变化规律相似。四个工作压力下，Nelson D3000 型喷头在近喷头处喷灌强度较小，射程末端处喷灌强度呈三角形状分布，动能强度分布也呈现出相同规律。Nelson R3000 型喷头在三个工作压力下，测点 0~6m，喷灌强度在 0~6mm/h 发生波动，动能强度波动不明显且均小于 0.02W/m²。至喷头距离 6~11m，三个工作压力下径向水量分布分别在距喷头 8.0m 测点、9.0m 测点和 9.0m 测点处出现喷灌强度的峰值，动能强度在相同测点位置处出现峰值。

产生这种规律的原因是动能强度由测点处的单位体积水滴动能和喷灌强度决定，距喷头距离较近的测点处，由于单位体积水滴动能较小，较大的喷灌强度值不会造成动能强度的增大，产生地表径流的可能性较小。随着至喷头距离的增加，单位体积水滴动能增大，喷灌强度峰值会造成动能强度增大，尤其在接近喷洒范围末端位置处，喷灌强度的增大极易造成动能强度峰值的出现，进而在喷头射程末端诱发地表径流的产生。因此喷头在选择和设计时，应选取射程末端喷灌强度较小的喷头，或设计喷头时应使喷灌强度沿射程方向沿程减小，避免过大的喷灌强度在射程末端出现，引起动能强度的增大，进而减小地表径流产生的可能性。

3.3.5 单喷头动能强度分布

采用与单喷头水量数据相同的转换方式，将计算得到的沿射程径向动能强度数据转化为网格型数据，并应用 OriginPro 8.5 做出两种单喷头在各个工作压力下的单喷头动能强度分布图，如图 3-18 和图 3-19 所示。

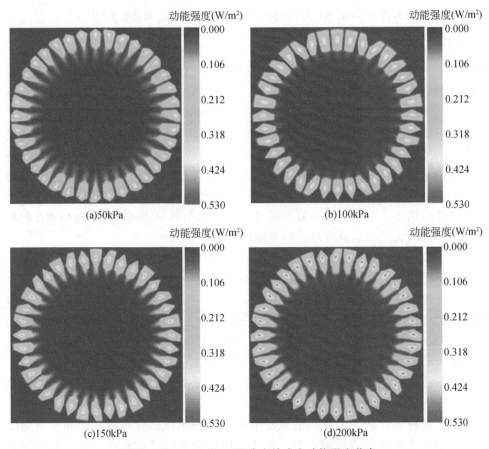

图 3-18 Nelson D3000 型喷头单喷头动能强度分布

从图 3-18 可以看出，Nelson D3000 型喷头单喷头动能强度分布与水量分布相似，集中在射程末端三分之一处呈圆环状，近喷头处相当大的面积内受水量极少。在环状喷洒范围内，每束射流与相邻两束中间无重叠部分。50kPa 工作压力

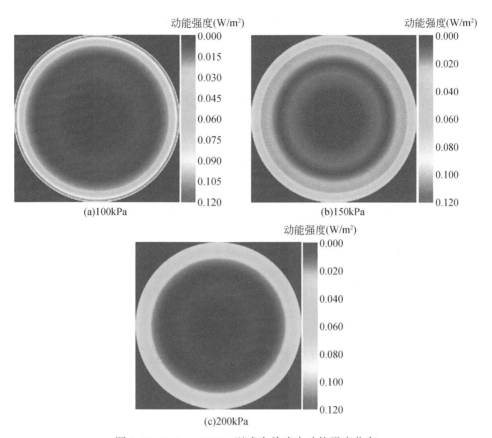

图 3-19 Nelson R3000 型喷头单喷头动能强度分布

时，大部分动能强度值在 0.45W/m² 左右，随着工作压力的升高，动能强度峰值及其所占面积的比例均增大。

从图 3-19 可以看出，Nelson R3000 型喷头单喷头动能强度分布与水量分布类似，呈规则的圆环状。100kPa、150kPa 和 200kPa 三个工作压力下，喷头的动能强度主要集中在射程末端，100kPa 工作压力时，在射程末端出现喷灌强度最大值，随着工作压力的升高，末端动能强度最大值逐渐减小但面积逐渐增大。

3.4 基于弹道轨迹理论的水滴运动及动能强度分布数值模拟

应用弹道轨迹理论模拟喷头喷洒水滴在空中的运行轨迹，是模拟喷头水量、动能强度分布的基础和重点。经过众多学者近五十年的研究，应用弹道轨迹理论建立水滴运动物理模型和求解方法都已非常成熟（Fukui et al.，1980；黄修桥等，1995；Carrón et al.，2001；Zapata et al.，2009；白更等，2011；徐红等，2012）。在这些学者的研究中，其模拟对象大多是摇臂式喷头，而应用弹道轨迹理论模拟折射式喷头水滴运动的相关研究较少，因为折射式喷头的边界条件与摇臂式喷头有较大差别，主要体现在射流在喷盘边缘的速度及角度与传统的摇臂式喷头不同，传统的摇臂式喷头的射流离开喷嘴时的速度和角度能够通过喷嘴流量、直径等关系直接计算得出，而折射式喷头从喷嘴出来的射流经由一个打击喷盘的过程，喷盘对出射水流具有很大的影响，直接影响到了射流的出射速度和出射角度，并且不易通过计算得到。因此国内外应用弹道轨迹理论建立模型，模拟折射式喷头的水滴飞行及动能强度分布的研究极少。

以 Nelson D3000 型喷头非旋转折射式喷头为研究对象，应用高速摄像仪对喷盘边缘处的射流进行观测试验，利用弹道轨迹运动方程建立模型，模拟喷头喷洒水滴运动、水滴角度、水滴速度、沿射程方向的单位体积水滴动能和动能强度，并将模拟值与 2DVD 实测值进行对比。

3.4.1　基于弹道理论的水滴运动数学模型

1. 水滴运动规律

由喷嘴射出的高速水流由于空气阻力的作用，促使水流裂变，裂变后分裂成连续或断续的流束，在流束本身纵向和横向内力、重力、阻力与张力等共同作用下，促使流束再次分裂，最终致使水流逐步形成大小不同的喷洒水滴。

射流从喷嘴射出到形成直径大小不同的水滴再降落到地面完成喷灌是一个极其复杂的过程，为了便于分析这种复杂的水滴分裂形成过程，做如下假定（Seginer et al.，1991；Han et al.，1994；黄修桥等，1995；Carrión et al.，2001；徐红等，2012）：①当水流从喷嘴射出后，在喷嘴出口处形成不同大小的单个球状水滴；②所有水滴初始速度与出射角度相同；③水滴在空气中沿各自不同轨迹飞行，水滴间互不发生作用；④水滴阻力系数与水滴运动时的雷诺数（Re）有关；⑤喷洒水滴在运动过程中不发生破碎、保持球形。

2. 水滴受力分析

喷洒水滴在空气中运动时，同时受到空气的阻力、重力（地球引力）及空气浮力的共同作用，喷洒水滴受力分析如图 3-20 所示。

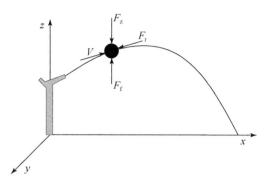

图 3-20　喷洒水滴受力分析图

（1）空气阻力 F_r

由流体力学理论知道，当运动物体的雷诺数（Re）很大时，阻力与速度的二次方成正比，其惯性作用远远大于黏性作用，当雷诺数（Re）很小时，黏性效应才会大于惯性效应，阻力与速度的一次方成正比，一般情况下，阻力与速度的一至二次方成正比。

喷洒水滴的雷诺数（Re）都很大，处于阻力平方区，因此运动时的空气阻力可用牛顿定律来计算。

$$F_r = \frac{C_D \rho_a S V^2}{2} \tag{3-11}$$

式中，F_r 为空气阻力（N）；C_D 为惯性阻力系数，为 Re 的函数；ρ_a 为空气密度（kg/m³）；S 为水滴投影面积（m²）；V 为水滴运动相对速度（m/s）。

有风时，式（3-11）可写成：

$$\bar{F}_r = \frac{C_D \rho_a S (\bar{V}_w - \bar{V}_f)^2}{2} \tag{3-12}$$

式中，$\bar{V}_w$ 为水滴速度向量（m/s）；$\bar{V}_f$ 为风速向量（m/s）；

（2）水滴重力 F_z

$$F_z = \frac{\pi D^3 \rho_w g}{6} \tag{3-13}$$

式中，F_z 为水滴重力（N）；D 为水滴直径（m）；ρ_w 为水滴密度（kg/m³）；g 为重力加速度（m/s²）。

（3）气体浮力 F_f

$$F_f = \frac{\pi D^3 \rho_a g}{6} \tag{3-14}$$

式中，F_f 为地球引力（N）；D 为水滴直径（m）；ρ_a 为水滴密度（kg/m³）；g 为

重力加速度（m/s²）。

3. 水滴运动方程

水滴在大气中的运动，可用牛顿第二定律来描述，即

$$\begin{cases} m(\mathrm{d}^2x/\mathrm{d}t^2) = \sum F_x \\ m(\mathrm{d}^2y/\mathrm{d}t^2) = \sum F_y \\ m(\mathrm{d}^2z/\mathrm{d}t^2) = \sum F_z \end{cases} \tag{3-15}$$

1）运动阻力 F_r 在三个坐标轴的投影分别为

$$\begin{cases} F_{rx} = -C_D\rho_a S\,|\bar{V}_w-\bar{V}_f|^2\,(\cos\alpha)\,/2 \\ F_{ry} = -C_D\rho_a S\,|\bar{V}_w-\bar{V}_f|^2\,(\cos\beta)\,/2 \\ F_{rz} = -C_D\rho_a S\,|\bar{V}_w-\bar{V}_f|^2\,(\cos\gamma)\,/2 \end{cases} \tag{3-16}$$

式中，$|\bar{V}_w-\bar{V}_f|^2$ 为水滴速度向量与风速向量之差的膜；$\cos\alpha$、$\cos\beta$、$\cos\gamma$ 为向量 $|\bar{V}_w-\bar{V}_f|$ 的方向余弦。

2）水滴重力 F_z 在三个坐标轴的投影分别为

$$\begin{cases} F_{zx} = 0 \\ F_{zy} = 0 \\ F_{zz} = -\pi D^3\rho_w g/6 \end{cases} \tag{3-17}$$

3）气体浮力 F_f 在三个坐标轴的投影分别为

$$\begin{cases} F_{fx} = 0 \\ F_{fy} = 0 \\ F_{fz} = -\pi D^3\rho_w g/6 \end{cases} \tag{3-18}$$

则运动水滴在 x 轴、y 轴、z 轴上的合力分别为

$$\begin{cases} \sum F_x = F_{rx} + F_{zx} + F_{fx} = -C_D\rho_a S\,|\bar{V}_w - \bar{V}_f|^2(\cos\alpha)/2 \\ \sum F_y = F_{ry} + F_{zy} + F_{fy} = -C_D\rho_a S\,|\bar{V}_w - \bar{V}_f|^2(\cos\beta)/2 \\ \sum F_z = F_{rz} + F_{zz} + F_{fz} = -C_D\rho_a S\,|\bar{V}_w - \bar{V}_f|^2(\cos\gamma)/2 + \pi D^3 g(\rho_a - \rho_w)/6 \end{cases} \tag{3-19}$$

将 $\sum F_x$、$\sum F_y$、$\sum F_z$ 代入式（3-15）经化简得式（3-20）：

$$
\begin{cases}
\dfrac{\mathrm{d}^2 x}{\mathrm{d}t^2} = -C_D \dfrac{3}{4D} \dfrac{\rho_a}{\rho_w} |\bar{V}_w - \bar{V}_f| \ (V_{wx} - V_{fx}) \\[3mm]
\dfrac{\mathrm{d}^2 y}{\mathrm{d}t^2} = -C_D \dfrac{3}{4D} \dfrac{\rho_a}{\rho_w} |\bar{V}_w - \bar{V}_f| \ (V_{wy} - V_{fy}) \\[3mm]
\dfrac{\mathrm{d}^2 z}{\mathrm{d}t^2} = -C_D \dfrac{3}{4D} \dfrac{\rho_a}{\rho_w} |\bar{V}_w - \bar{V}_f| \ (V_{wz} - V_{fz}) + g \dfrac{\rho_a - \rho_w}{\rho_w}
\end{cases}
\tag{3-20}
$$

式中，$|\bar{V}_w - \bar{V}_f| = \sqrt{(V_{wx} - V_{fx})^2 + (V_{wy} - V_{fy})^2 + (V_{wz} - V_{fz})^2}$；$V_{wx}$、$V_{wy}$、$V_{wz}$ 为水滴速度在三个坐标轴上的投影；V_{fx}、V_{fy}、V_{fz} 为风速在三个坐标轴上的投影。

式（3-20）即为喷洒水滴运动方程，当喷洒水滴在无风条件下运动时，喷洒水滴运动方程式中风速为 0。

4. 参数取值

弹道轨迹模型中的重要参数有空气阻力系数（C_D）、空气密度、水滴密度等。

（1）空气阻力系数（C_D）

空气阻力系数（C_D）与水滴运动时的雷诺数（Re）有关，式（3-21）是雷诺数（Re）计算公式。

$$
Re = \frac{V \cdot D}{\nu}
$$

$$
\nu = 1.3045 \times 10^{-5} + 1.222 \times 10^{-7} T - 9.6471 \times 10^{-10} T^2 + 7.2873 \times 10^{-12} T^3 \tag{3-21}
$$

式中，Re 为雷诺数；V 为水滴运动相对速度（m/s）；D 为水滴直径（m）；T 为空气温度（℃）；ν 为空气动力黏滞系数（m^2/s）。

国内外许多学者对空气阻力系数与雷诺数的关系进行研究，常用圆形喷嘴的 C_D 值分区范围主要有以下五种，见表 3-7。

表 3-7 空气阻力系数（C_D）值

Re 分区	阻力系数值	来源
Re ≤ 0.1 2 < Re ≤ 500 500 < Re ≤ 200000	$C_D = 24/Re$ $C_D = 18.5/Re^{0.6}$ $C_D = 0.44$	Bird 等（1960）
Re ≤ 1000 Re > 1000	$C_D = (24/Re)(1 + 0.15Re^{0.687})$ $C_D = 0.44$	Wallis（1969）
Re ≤ 1.0 1.0 < Re ≤ 800 800 < Re ≤ 1600 Re > 1600	$C_D = 24/Re$ $C_D = 12.5/\sqrt{Re}$ $C_D = 0.50 - 0.55$ $C_D = 3 \times 10^{-4} Re$	伊沙耶夫（1976）

Re 分区	阻力系数值	来源
Re≤128 128<Re≤1400 Re>1400	$C_D = 33.3/Re - 0.0033Re + 1.2$ $C_D = 72.2/Re - 0.0000556Re + 0.48$ $C_D = 0.45$	Fukui 等（1980）
Re≤1000 Re>1000	$C_D = (24/Re)(1 + 0.15Re^{0.687})$ $C_D = 0.438\{1.0 + 0.21[(Re/1000) - 1]^{1.25}\}$	Park 等（1982，1983）

Yan 等（2010）、白更和严海军（2011）应用五种空气阻力系数公式对水滴运动参数和蒸发率进行预测，并与实测值进行对比，得出预测水滴直径为 0.3~5.1mm，阻力系数应用 Park 公式求得的水滴飞行距离与实测值的相对误差最小。从本章试验结果可以看出，Nelson D3000 型喷头在 50kPa、100kPa、150kPa 和 200kPa 工作压力下各测点位置处水滴直径都小于 4.0mm，因此本书在利用弹道轨迹理论模拟水滴飞行轨迹时，空气阻力系数采用 Park 公式。

数学模型中，空气密度值设为 $\rho_a = 1.167kg/m^3$；水滴密度值设为 $\rho_w = 998.66kg/m^3$；重力加速度值取 $g = 9.81m/s^2$；模型计算的时间步长取 $\Delta t = 0.005s$。

5. 求解方法

水滴运动方程式（3-20）为二阶三元微分方程，式中的空气阻力系数（C_D）是雷诺数的函数，即 C_D 为水滴直径及速度的隐函数，故方程组只有解析解。水滴运动方程为一个常微分方程组，可用四阶龙格库塔法求解。求解方法及步骤如下。

设 y_1、y_2、y_3 分别表示水滴在三轴上的坐标，y_4、y_5、y_6 分别表示水滴速度在三轴上的分量，则有

$$
\begin{cases}
y'_1 = x' = V_{wx} = y_4 \\
y'_2 = y' = V_{wy} = y_5 \\
y'_3 = z' = V_{wz} = y_6 \\
y'_4 = x'' = -C_D \dfrac{3\rho_a}{4D\rho_w}|\bar{V}_w - \bar{V}_f|(V_{wx} - V_{fx}) \\
y'_5 = y'' = -C_D \dfrac{3\rho_a}{4D\rho_w}|\bar{V}_w - \bar{V}_f|(V_{wy} - V_{fy}) \\
y'_6 = z'' = -C_D \dfrac{3\rho_a}{4D\rho_w}|\bar{V}_w - \bar{V}_f|(V_{wz} - V_{fz}) + g\dfrac{\rho_a - \rho_w}{\rho_w}
\end{cases}
\tag{3-22}
$$

式（3-22）为 6 元一阶微分方程，其四阶龙格库塔式为式（3-23）：

$$\begin{cases} y_j\,(i+1) = y_j\,(i) + (\Delta t/6) \times \left[K\,(j,\,1) + 2K\,(j,\,2) + 2K\,(j,\,3) + K\,(j,\,4) \right] \\ j=1,\,\cdots,\,6 \end{cases}$$

$$(3\text{-}23)$$

式（3-23）中的四阶龙格库塔系数为式（3-24）：

$$\begin{cases} K\,(j,\,1) = f_j\left[t\,(i-1),\, y_1\,(i-1),\, \cdots,\, y_6\,(i-1) \right] \\ K\,(j,\,2) = f_j\left[t\,(i-1) + \Delta t/2,\, y_1\,(i-1) + (\Delta t/2)\,K\,(1.1), \right. \\ \quad \left. y_2\,(i-1) + (\Delta t/2)\,K\,(2.1),\, \cdots,\, y_6\,(i-1) + (\Delta t/2)\,K\,(6.1) \right] \\ K\,(j,\,3) = f_j\left[t\,(i-1) + \Delta t/2,\, y_1\,(i-1) + (\Delta t/2)\,K\,(1.2), \right. \\ \quad \left. y_2\,(i-1) + (\Delta t/2)\,K\,(2.2),\, \cdots,\, y_6\,(i-1) + (\Delta t/2)\,K\,(6.2) \right] \\ K\,(j,\,4) = f_j\left[t\,(i-1) + \Delta t/2,\, y_1\,(i-1) + (\Delta t/2)\,K\,(1.3), \right. \\ \quad \left. y_2\,(i-1) + (\Delta t/2)\,K\,(2.3),\, \cdots,\, y_6\,(i-1) + (\Delta t/2)\,K\,(6.3) \right] \\ \qquad\qquad j=1,\,\cdots,\,6 \end{cases}$$

$$(3\text{-}24)$$

式（3-24）中的函数表达式为式（3-25）：

$$\begin{cases} f_1 = y_4 \\ f_2 = y_5 \\ f_3 = y_6 \\ f_4 = -C_D\,(3/4D)\,(\rho_a/\rho_w)\,|\bar{V}|\,(y_4 - V_{fx}) \\ f_5 = -C_D\,(3/4D)\,(\rho_a/\rho_w)\,|\bar{V}|\,(y_5 - V_{fy}) \\ f_6 = -C_D\,(3/4D)\,(\rho_a/\rho_w)\,|\bar{V}|\,(y_6 - V_{fz}) + g\dfrac{\rho_a - \rho_w}{\rho_w} \end{cases}$$

$$(3\text{-}25)$$

其中，$|\bar{V}| = \left[(y_4 - V_{fx})^2 + (y_5 - V_{fy})^2 + (y_6 - V_{fz})^2 \right]^{1/2}$。

方程组求解时的初始条件为

$$y_1\,(0) = 0$$

$$y_2\,(0) = 0$$

$$y_3\,(0) = H$$

$$y_4\,(0) = \mu\,(2gp)^{1/2}\cos\theta_1\cos_2\theta_2$$

$$y_5\,(0) = \mu\,(2gp)^{1/2}\cos\theta_1\cos_2\theta_2$$

$$y_6\,(0) = \mu\,(2gp)^{1/2}\sin\theta_1$$

根据上述数学模型，使用 Microsoft Visual Studio 2010 作为开发环境，面向对象语言 C++进行编程，数据存储与输出采用 Excel 进行处理。本章多喷头叠加使用 MATLAB 语言进行编程。

应用弹道轨迹理论对喷洒水滴运动进行模拟，需要计算离开喷盘时射流的速度和角度。对于传统的摇臂式喷头，其射流从喷嘴射出后直接抛向空中，碎裂后形成大小不同的水滴降落至地面完成喷洒，其喷嘴处的射流速度可以通过流量、喷嘴面积和速度三者之间的关系计算得来，出射角度一般认为和喷头的仰角相同。对于 Nelson D3000 型喷头，从喷嘴出来的射流打击喷盘后抛向空中，最后形成大小不同的水滴洒落地面完成喷洒，离开喷盘时射流的速度和出射角度受喷盘的影响，进行水滴直径模拟前需要通过试验进行测定。

试验前通过观察发现 Nelson D3000 型喷头从喷盘流道射出的水舌在离开喷盘时碎裂并不明显，还未形成明显的单独水滴，射流呈一束连续水舌抛向空中。因此，应用高速摄像仪测试喷盘出射水流的速度和出射角度，测试位置在贴近喷盘边缘且喷洒水舌未碎裂处进行。测试装置主要由高速粒子图像测速仪、水平尺、光源支架、水箱、水泵、变频恒压柜、喷头支架、挡水板等组成，测试示意图如图 3-21 所示。

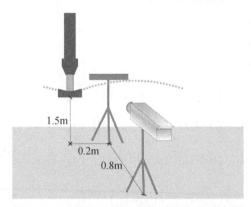

1.5m

0.2m

0.8m

图 3-21　水滴初速度和角度试验布置示意图

试验采用 HotShot 512sc 型高速摄像机。摄像机在分辨率为 1280lpi×800lpi 时，视频采集速度为 1000 帧/s，具有高敏感度。通过 MOVIAS Pro 1.63 运动分析软件，对采集的射流视频进行后处理，可分析得到包括水滴的速度、加速度、矢量位移、冲量等运动参数。试验喷头安装高度为 1.5m，测试位置在离喷头喷盘边缘 0.2m 处，水平尺与摄像机间距为 0.8m。试验测试了 50kPa、100kPa、150kPa 和 200kPa 工作压力时水滴的速度及出射角度。

3.4.2 出射速度及角度

应用高速摄像仪对 Nelson D3000 型喷头在 50kPa、100kPa、150kPa 和 200kPa 工作压力时水滴的速度及出射角度进行测试，并计算从喷嘴出来的射流打击喷盘后的动能损失率，计算公式见式（3-26），结果见表 3-8。

$$\omega = \frac{V_n^2 - V_t^2}{V_n^2} \times 100\% \tag{3-26}$$

式中，ω 为动能损失率（%）；V_n 为喷嘴处流速（m/s）；V_t 为射流流速（m/s）。

表 3-8　Nelson D3000 型喷头初速度及角度

工作压力（kPa）	喷嘴流速（m/s）	射流速度（m/s）	出射角度（°）	动能损失率（%）
50	9.74	8.48	9.11	24.20
100	13.84	12.11	10.87	23.48
150	16.87	14.91	11.32	21.90
200	19.65	17.15	11.67	23.82

从表 3-8 中可以看出，随着工作压力的升高，喷嘴处流速、射流速度（射流在喷头边缘处速度）和出射角度都增大。四个工作压力下，从喷嘴出来的射流打击喷盘后的损失率分别为 24.20%、23.48%、21.90% 和 23.82%，平均损失率为 23.35%。

从表 3-8 中可以看出随着工作压力的增大，射流出射角度增大，这一规律与传统的摇臂式、全射流喷头有较大的区别。传统的喷头射流从喷嘴直接射出，喷嘴的出射角度就是射流的出射角度，而折射式喷头从喷嘴出来的射流打击喷盘后，经由喷盘上的流道形成多股小型射流再喷洒至空中。Nelson D3000 型喷头的蓝色喷盘有 36 个流道组成，从喷盘中心至喷盘边缘的过程中形成略微的下凹形式，流道出口断面呈下窄上宽的三角形出口断面。当工作压力增大时，流道的流量增大，高速水流经由流道时的上液面比低工作压力时增高，最终导致出射水流的出射角度工作压力发生变化。

3.4.3 水滴运动轨迹

图 3-22 绘出 Nelson D3000 型喷头在 50kPa、100kPa、150kPa 和 200kPa 四个工作压力下水滴飞行距离模拟值与实测值对比图。从图 3-22 中可以看出，

四个工作压力下水滴直径小于 0.5mm 时，水滴飞行距离的模拟值大于实测值，当水滴直径小于 0.5mm 时，模拟值小于实测值。产生这种现象的主要原因是在水滴的实际飞行过程中，水滴间会产生混掺现象，单个水滴受空气阻力的有效表面积减小，从而受到的空气阻力也会相应地减小，水滴实际飞行距离会比模拟值偏大；而当水滴直径较小时，受到的影响较小。四个工作压力下水滴飞行距离模拟值与实测值的平均相对误差分别为 8.26%、9.29%、8.49% 和 9.31%。表明本章应用的数值计算方法可有效预测 Nelson D3000 型喷头的水滴飞行距离。

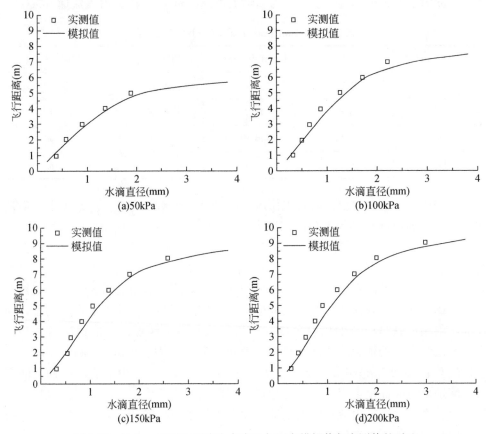

图 3-22　Nelson D3000 型喷头水滴飞行距离模拟值与实测值的对比

3.4.4　水滴直径与喷灌强度

通过模拟得到的水滴直径与喷头径向距离的关系，与试验测得的径向水量分布对照，可得出模拟的水滴直径与径向喷灌强度的对应关系。图 3-23 绘出了水滴直径与径向喷灌强度关系模拟值与实测值对比关系图。

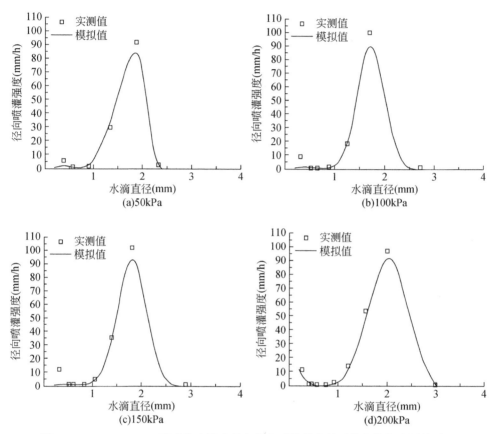

图 3-23　Nelson D3000 型喷头水滴直径与径向喷灌强度关系模拟值与实测值对比

　　从图 3-23 可以看出，单喷头的水滴直径与径向喷灌强度对应关系的模拟值与实测值总体上规律基本一致，只是在喷头末端附近（喷灌强度最大值位置）误差稍大些。四个工作压力下喷灌强度最大值位置误差分别为 5.14%、7.55%、0.37% 和 1.65%，四个工作压力下平均误差为 3.68%。产生这种现象的主要原因是，在水滴运动轨迹模拟时，随着水滴直径的增大，模拟值与实测值误差增大，Nelson D3000 型喷头的水量主要集中在靠近射程末端位置，导致在喷灌强度最大值位置，水滴直径与喷灌强度之间关系的模拟值与实测值误差较大。

3.4.5 水滴速度与水滴落地角度

图 3-24 和图 3-25 分别绘出 Nelson D3000 型喷头在 50kPa、100kPa、150kPa 和 200kPa 四个工作压力下水滴速度和水滴落地角度模拟值与实测值的对比图。从图 3-24 和图 3-25 可以看出，水滴速度、水滴落地角度的模拟值与实测值随水滴直径的变化趋势一致。从图 3-24 可以看出，当水滴直径小于 2.0mm 时，模拟的水滴速度与实测值较为吻合，当水滴直径大于 2.0mm 时，实测的水滴速度值大于模拟值。四个工作压力下模拟值与实测值的平均相对误差分别为 7.22%、5.63%、4.89% 和 5.86%。水滴落地角度的模拟值与实测值的误差和水滴速度相似，从图 3-25 可以看出，当水滴直径小于 2.0mm 时，模拟的水滴落地角度与实测值较为吻合，当水滴直径大于 2.0mm 时，水滴落地角度实测值小于模拟值，四个工作压力下模拟值与实测值的平均相对误差分别为 2.73%、5.15%、2.99% 和 3.84%。应用弹道轨迹理论建立的模型能够准确地计算出水滴落地时的速度和角度。

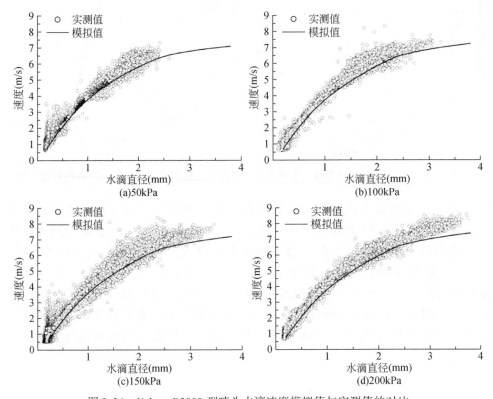

图 3-24　Nelson D3000 型喷头水滴速度模拟值与实测值的对比

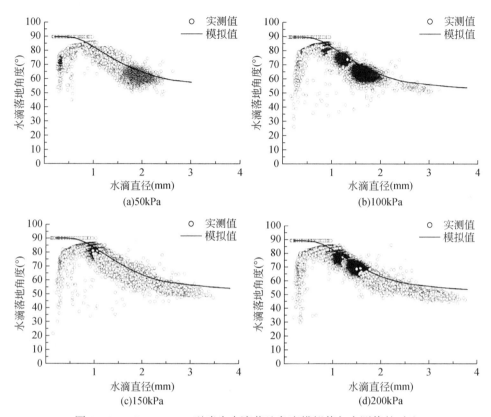

图 3-25 Nelson D3000 型喷头水滴落地角度模拟值与实测值的对比

3.4.6 单位体积水滴动能和动能强度

通过弹道轨迹理论建立的模型可以模拟水滴的速度，通过距喷头不同距离位置处实测的水量分布和模拟的水滴直径与速度关系，可以模拟计算喷头单位体积水滴动能和动能强度沿射程方向上的分布。图 3-26 和图 3-27 分别绘出 Nelson D3000 型喷头在 50kPa、100kPa、150kPa 和 200kPa 四个工作压力下沿射程方向上的单位体积水滴动能和动能强度模拟值，并与其实测值进行对比。

从图 3-26 和图 3-27 可以看出，单位体积水滴动能和动能强度沿射程方向上的模拟值与实测值变化趋势一致。从图 3-26 可以看出，随着射程的增大单位体积水滴动能的模拟值与实测值差异变大，在近喷头位置（50kPa 小于 3m，100kPa 和 150kPa 小于 4m，200kPa 小于 5m），模拟的单位体积水滴动能值与实测值较为吻合，在喷头射程末端位置（50kPa 大于 3m，100kPa 和 150kPa 大于

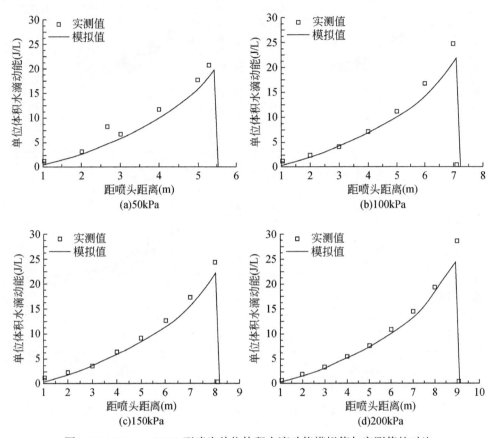

图 3-26　Nelson D3000 型喷头单位体积水滴动能模拟值与实测值的对比

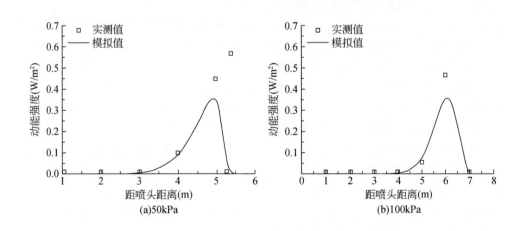

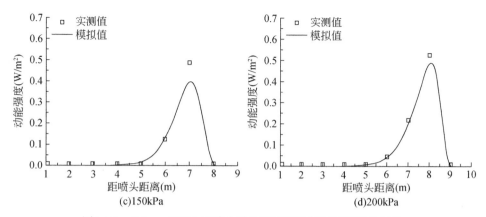

图 3-27　Nelson D3000 型喷头动能强度模拟值与实测值的对比

4m，200kPa 大于 5m），实测的单位体积水滴速度值大于模拟值，四个工作压力下单位体积水滴动能模拟值与实测值的最大值误差分别为 5.05%、11.16%、9.06% 和 15.0%。单位体积水滴动能强度的模拟值与实测值在沿射程方向变化规律比较吻合。从图 3-27 可以看出，除了在动能强度最大值位置处模拟值与实测值存在一定误差，在射程上的其他位置非常吻合，四个工作压力下动能强度最大值位置处的模拟值与实测值的误差分别为 16.33%、16.79%、12.39% 和 9.64%，即随着工作压力的升高，误差减小。应用弹道轨迹理论建立的模型能够准确地模拟折射式喷头沿射程方向上的单位体积水滴动能和动能强度分布。

3.4.7　单喷头水量及能量分布

将 Nelson D3000 型喷头模拟的水量及动能强度数据，进行坐标转换，将直角坐标系转换为极坐标系，然后根据喷盘流道实际角度进行旋转，模拟得到 Nelson D3000 型喷头单喷头水量及动能强度分布并与实测值进行对比，如图 3-28 和图 3-29 所示。

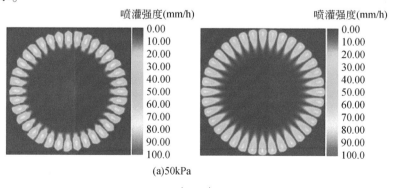

(a)50kPa

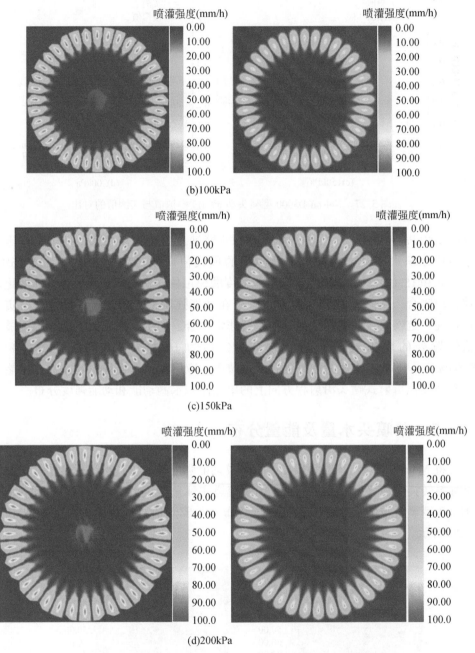

图 3-28　Nelson D3000 型喷头单喷头水量分布模拟值与实测值对比

注：左侧为实测值，右侧为模拟值

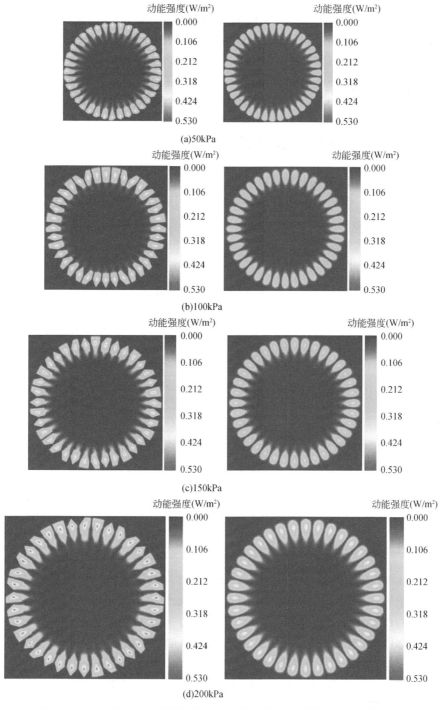

图 3-29　Nelson D3000 型喷头单喷头动能强度分布模拟值与实测值对比

注：左侧为实测值，右侧为模拟值

从图 3-28 与图 3-29 可以看出模拟的 Nelson D3000 型喷头喷洒水量、动能强度分布都与实测的分布形式一致，湿润范围集中在射程末端三分之一处，近喷头处相当大的面积内受水量极少。在环状湿润范围内，每束射流与相邻两束中间无重叠部分，且随着工作压力的升高，喷灌强度峰值这个区域所占湿润面积的比例增大。在相同工作压力下，模拟的水量及动能强度峰值均小于实测值。

3.4.8　组合喷头水量及动能强度分布

通过模拟得到的 Nelson D3000 型喷头单喷头水量及动能强度分布数据，将其网格化，在四个工作压力下根据各自射程分别形成 23×23、29×29、33×33 和 37×37 的矩阵化网格数据，网格大小为 0.5m×0.5m。通过叠加法得到 2.5m 喷头间距时的水量及动能强度分布，如图 3-30 和图 3-31 所示。

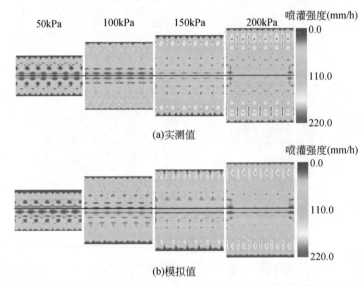

图 3-30　Nelson D3000 型喷头 2.5m 喷头间距时的水量分布模拟实测对比

从图 3-30 和图 3-31 中可以看出，各个工作压力下叠加后的水量与动能强度分布主要集中在平行于供水管两侧最外侧，供水管附近水量峰值呈垂直于供水管方向、间断性变化分布。随着工作压力的增大，喷灌机的喷洒湿润宽度增大，供水管最外面两侧的水量峰值增大，且水量峰值的湿润面积也增大。模拟喷头在2.5m 间距时的水量及动能强度分布与试验测得数据分布规律一致。

表 3-9 列出了 Nelson D3000 型喷头各工作压力下，不同喷头间距时的水量分布均匀系数的模拟值与实测值。从表 3-9 中可以看出相同工作压力时，模拟值与实测值大多随着喷头间距的增大，水量分布均匀系数呈下降趋势。相同喷头间距

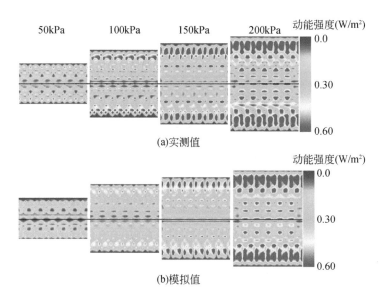

(a)实测值

(b)模拟值

图 3-31　Nelson D3000 型喷头 2.5m 喷头间距时的动能强度分布模拟实测对比

时，随工作压力增大，水量分布均匀系数无明显的变化规律。当喷头间距为2.0 ~ 3.0m 时，除 50kPa 和 100kPa 工作压力 3.0m 喷头间距外，其余工作压力下的水量分布均匀系数均大于 85% 。除 50kPa 工作压力 4.0m 和 4.5m 喷头间距外，其余工作压力和喷头间距下的水量分布均匀系数模拟值与实测值误差小于 6% ，说明通过模拟的方法可以准确地得到不同喷头间距下的水量分布均匀系数。

表 3-9　Nelson D3000 型喷头在不同喷头间距下水量分布均匀系数模拟值与实测值对比

工作压力（kPa）	水量分布均匀系数	喷头间距						
		2.0m	2.5m	3.0m	3.5m	4.0m	4.5m	5.0m
50	实测值（%）	92.47	92.47	77.02	86.03	70.72	66.15	85.21
	模拟值（%）	97.00	88.06	81.70	85.46	63.36	73.23	88.25
	误差（%）	4.90	4.77	6.07	0.66	10.41	10.70	3.57
100	实测值（%）	79.3	93.62	79.13	82.88	78.84	84.68	67.29
	模拟值（%）	84.25	97.66	84.31	80.74	83.37	85.46	67.67
	误差（%）	6.24	4.32	6.54	2.58	5.75	0.92	0.56
150	实测值（%）	95.04	88.11	92.43	84.07	83.85	81.8	87.59
	模拟值（%）	95.57	90.16	92.81	87.54	81.72	82.47	88.98
	误差（%）	0.55	2.32	0.41	4.13	2.54	0.82	1.58

工作压力 （kPa）	水量分布 均匀系数	喷头间距						
		2.0m	2.5m	3.0m	3.5m	4.0m	4.5m	5.0m
200	实测值（%）	92.75	90.76	91.67	86.99	87.1	84.04	84.07
	模拟值（%）	93.04	89.80	90.92	88.22	88.00	80.38	84.37
	误差（%）	0.31	1.06	0.82	1.41	1.04	4.36	0.36

表 3-10 列出了 Nelson D3000 型喷头各工作压力下，不同喷头间距时动能强度分布均匀系数模拟值与实测值。从表 3-10 中可以看出相同工作压力时，动能强度分布均匀系数模拟值与实测值均随着喷头间距的增大整体呈下降趋势。喷头间距相同时，随工作压力增大，动能强度分布均匀系数无明显的变化规律。动能强度分布均匀系数模拟值与实测值最大误差出现在 50kPa 工作压力 4.0m 喷头间距时，其他工况下误差均小于 10%，各个工况下的平均误差为 3.52%。说明通过弹道轨迹运动方程建立模型能够准确地计算出不同喷头间距时的动能强度分布均匀系数。

表 3-10　Nelson D3000 型喷头在不同喷头间距下动能强度分布
均匀系数模拟值与实测值对比

工作压力 （kPa）	动能强度分 布均匀系数	喷头间距						
		2.0m	2.5m	3.0m	3.5m	4.0m	4.5m	5.0m
50	实测值（%）	90.2	86.94	74.78	88.97	70.51	66.06	79.84
	模拟值（%）	97.28	88.14	79.19	87.48	61.02	70.31	86.35
	误差（%）	7.85	1.38	5.90	1.68	13.46	6.43	8.16
100	实测值（%）	79.92	95.1	79.81	82.91	77.68	83.92	67.89
	模拟值（%）	83.71	96.70	83.70	81.15	81.66	86.24	67.89
	误差（%）	4.74	1.68	4.88	2.12	5.12	2.76	0.00
150	实测值（%）	93.17	87.82	89.55	81.81	81.36	73.58	86.22
	模拟值（%）	94.07	89.61	93.54	85.63	82.18	80.28	89.47
	误差（%）	0.97	2.04	4.46	4.67	1.01	9.11	3.77
200	实测值（%）	91.49	90.77	88.23	85.72	86.46	80.71	80.03
	模拟值（%）	92.45	89.49	89.15	87.69	85.89	80.13	80.63
	误差（%）	1.05	1.41	1.04	2.30	0.66	0.72	0.75

参 考 文 献

白更, 严海军, 王敏. 2011. 喷洒水滴直径面粉测定法改进. 农业机械学报, 42 (4): 76-80.

伊沙耶夫. 1976. 蒋定生译. 喷灌机的水力学. 杨凌: 西北水土保持生物土壤研究所.

黄修桥, 廖永诚, 刘新民. 1995. 有风条件下喷灌系统组合均匀度的计算理论与方法研究. 灌溉排水, 14 (1): 12-18.

李久生. 1987. 谈平均水滴直径的计算方法. 喷灌技术, (4): 21-23.

李久生. 1988. 喷洒水滴分布规律的研究. 水利学报, (10): 38-45.

李久生. 1993. 喷洒水滴直径测试方法的研究. 排灌机械, (1): 45-47.

李久生, 马福才. 1997. 喷嘴形状对喷洒水滴动能的影响. 灌溉排水, 16 (2): 1-6.

李红, 任志远, 汤跃, 等. 2005. 喷头喷洒雨滴粒径测试的改进研究. 农业机械学报, 36 (10): 50-53.

刘海军, 康跃虎. 2002. 喷灌动能对土壤入渗和地表径流影响的研究进展. 灌溉排水, 21 (2): 71-75.

徐红, 龚时宏, 贾瑞卿, 等. 2010. 新型 ZY 系列摇臂旋转式喷头水滴直径分布规律的试验研究. 水利学报, 41 (12): 1416-1422.

徐红, 龚时宏, 刘兴安, 等. 2012. 双喷嘴摇臂式喷头喷洒水滴运动模拟与验证. 水利学报, 43 (4): 480-486.

Bautista-Capetillo C F, Salvador R, Burguete J, et al. 2009. Comparing methodologies for the characterization of water drops emitted by an irrigation sprinkler. Transactions of the ASABE, 52 (5): 1493-1504.

Bubenzer G D, Jones B A. 1971. Drop size and impact velocity effects on the detachment of soils under simulated rainfall. Transactions of the ASAE, 14 (4): 625-628.

Bird R B, Stewart W E, Lightfoot E N. 1960. Transport Phenomena. John Wiley & Sons.

Carrón P, Tarjuelo J M, Montero J. 2001. SIRIAS: a simulation model for sprinkler irrigation: Ⅰ. Description of model. Irrigation Science, 20 (2): 73-84.

de Boer D W, Monnens M J, Kincaid D C. 2001. Measurement of sprinkler droplet size. Applied Engineering in Agriculture, 17 (1): 11-15.

Fukui Y, Nakanishi K, Okamura S. 1980. Computer evaluation of sprinkler irrigation uniformity. Irrigation Science, 2 (1): 23-32.

Han S, Evans R G, Kroeger M W. 1994. Sprinkler distribution patterns in windy conditions. Transactions of the ASAE, 37 (5): 1481-1489.

Kincaid D C, Solomon K H, Oliphant J C. 1996. Drop size distributions for irrigation sprinklers. Transactions of the ASAE, 39 (3): 839-845.

King B A, Bjorneberg D L. 2012. Droplet kinetic energy of moving spray-plate center-pivot irrigation sprinklers. Transactions of the ASABE, 55 (2): 505-512.

King B A, Winward T W, Bjorneberg D L. 2010. Laser precipitation monitor for measurement of drop size and velocity of moving spray-plate sprinklers. Applied Engineering in Agriculture, 26 (2):

263-271.

Kohl R A, DeBoer D W, Evenson P D. 1985. Kinetic energy of low pressure spray sprinklers. Transactions of the ASAE, 28 (5): 1526-1529.

Kruger A, Witold F K. 2002. Tow-dimensional video disdrometer: a description. Journal of Antmospheric and Oceanic Technology, 19 (5): 602-617.

Li J, Yu K. 1994. Droplet size distributions from different shaped sprinkler nozzles. Transactions of the ASAE, 37 (6), 1871-1878.

Montero J, Tarjuelo J M, Carrión P. 2003. Sprinkler droplet size distribution measured with an optical spectropluviometer. Irrigation Science, 22 (2): 47-56.

Salvador R, Bautista-Capetillo C F, Burguete J, et al. 2009. A photographic method for drop characterization in agricultural sprinklers. Irrigation Science, 27 (4): 307-317.

Schönhuber M, Randeu W L, Urban H E, et al. 2000. Field measurements of raindrop orientation angles. ESA SP, 444: 9-14.

Seginer I, Kantz D, Nir D. 1991. The distortion by wind of the distribution patterns of single sprinklers. Agricultural Water Management, 19 (4): 341-359.

Solomon K H, Kincaid D C, Bezdek J C. 1985. Drop size distributions for irrigation spray nozzles. Transactions of the ASAE-American Society of Agricultural Engineers, 28 (6): 1967-1974.

Park S W. 1983. Rainfall characteristics and their relation to splash erosion. Transactions of the ASAE, 26: 795-804.

Wallis G B. 1969. One-dimensional Two-phase Flow. NewYork: McGraw-Hill.

Yan H J, Bai G, He J Q, et al. 2010. Model of droplet dynamics and evaporation for sprinkler irrigation. Biosystems engineering, 106 (4): 440-447.

Yan H J, Bai G, He J Q, et al. 2011. Influence of droplet kinetic energy flux density from fixed spray-plate sprinklers on soil infiltration, runoff and sediment yield. Biosystems Engineering, 110 (2): 213-221.

Zapata N, Playán E, Skhiri A, et al. 2009. Simulation of a collective solid-set sprinkler irrigation controller for optimum water productivity. Journal of Irrigation and Drainage Engineering, 135 (1): 13-24.

第4章 平移式喷灌水量分布和动能强度分布规律

喷头间距在喷灌机喷头配置设计中具有重要的作用，合理的喷头间距不仅能够提高喷灌机整体的灌水均匀性及喷灌机的灌溉效率，还能够降低喷灌系统的投资。本章在单喷头水量及动能强度计算结果的基础上，应用叠加法，计算无风条件下，50kPa、100kPa、150kPa 和 200kPa 工作压力时 Nelson D3000 型喷头在不同喷头间距时的水量及动能强度分布、均匀系数，以及沿喷灌机行进方向（横向）的水量分布。

4.1 水量及动能强度叠加

在单喷头水量分布及动能强度分布数据的基础上，通过叠加模拟不同喷头间距下水量及动能强度分布是对喷灌机喷头配置合理性进行分析的主要方法。

首先对单喷头数据进行网格化处理。将单喷头水量分布和动能强度分布数据进行网格化处理。在 50kPa、100kPa、150kPa 和 200kPa 工作压力下，根据喷头的射程，分别形成 23×23、29×29、33×33 和 37×37 的矩阵化网格数据，网格大小为 0.5m×0.5m。其次将单喷头网格数据根据不同间距进行叠加。最后得到喷灌机的水量及动能强度分布。

在喷头叠加计算时，以西北农林科技大学自制的太阳能轻小型平移式喷灌机为研究对象，该喷灌机主供水管长度为 25.0m，喷头压力为 50~100kPa。喷灌机样机如图 4-1 所示。

图4-1 太阳能轻小型平移式喷灌机

图 4-2 绘出了叠加步骤和不同间距时需要的喷头个数。从图 4-2 中可以看出，2.0m、2.5m、3.0m、3.5m、4.0m、4.5m 和 5.0m 喷头间距时，主供水管为 25.0m 长的喷灌机需要的喷头个数分别为 13 个、11 个、9 个、8 个、7 个、6 个和 6 个。

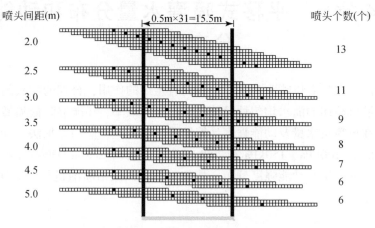

图 4-2　Nelson D3000 型喷头不同间距叠加方法示意图

4.2　水量分布均匀系数

水量分布均匀系数是衡量田间灌溉水量分布均匀性的一个重要指标。对于平移式喷灌机，其水量分布均匀系数指的是平移式喷灌机灌溉时主输水管路方向上的水量分布均匀系数。平移式喷灌机进行灌溉时，其水量分布包括两个部分，第一部分是主供水管道处喷头的水量分布，第二部分是喷灌机两侧喷枪处水量分布。本章重点讨论的是主供水管处 Nelson D3000 型喷头在不同间距下的水量分布及动能强度分布，因此选取叠加水量分布及动能强度分布中的 31 个网格数据进行分析，选取长度为 15.5m。选取网格的具体位置如图 4-2 所示。

采用克里斯琴森均匀系数 Cu 计算平移式喷灌机水量分布均匀系数，计算公式见式（4-1）。

$$
Cu = \left(1 - \frac{\sum_{i=1}^{31} | h_i - \bar{h} |}{31\bar{h}} \right) \times 100\% \tag{4-1}
$$

式中，Cu 为克里斯琴森均匀系数（%）；h_i 为 31 个网格数据中第 i 个测点的喷洒水深（mm）；$\bar{h}$ 为 31 个网格数据的平均喷洒水深（mm），其中，$\bar{h} = \sum_{i=1}^{31} h_i/31$。

平移式喷灌机动能强度均匀系数计算公式为

$$\mathrm{Cu}_{sp} = \left(1 - \frac{\displaystyle\sum_{i=1}^{31} |s_i - \bar{s}|}{31\bar{s}} \right) \times 100\% \qquad (4\text{-}2)$$

式中，Cu_{sp} 为动能强度均匀系数（%）；s_i 为 31 个网格数据中第 i 个测点的动能强度（W/m^2）；$\bar{s}$ 为 31 个网格数据的平均动能强度（W/m^2），$\bar{s} = \displaystyle\sum_{i=1}^{31} s_i / 31$。

通过叠加法计算不同喷头间距时平移式喷灌机水量分布，是喷头合理配置的关键步骤。图 4-3 绘出了 50kPa、100kPa、150kPa 和 200kPa 工作压力下，喷头间距为 2.0m、2.5m、3.0m、3.5m、4.0m、4.5m 和 5.0m 时的喷灌机水量分布，图 4-3 中水平黑色线条为平移式喷灌机供水管。从图 4-3 中可以看出，各个工况下叠加后的水量主要集中在平行于供水管两侧最外侧，形成这种规律是因为 Nelson D3000 型喷头的单喷头水量峰值主要出现在外侧 1/4 ~ 1/3 处，多喷头叠加后，平行于供水管两侧最外端处的水量叠加最多。供水管附近，水量峰值分布呈垂直于供水管方向，间断性变化。各个工作压力下，随着喷头间距的增加，间歇频率变低。在相同喷头间距下，随着工作压力的增大，平移式喷灌机的喷洒湿润宽度增大，供水管最外面两侧的水量峰值增大，且水量峰值的湿润面积也增大。这是因为随着工作压力的增大，单喷头的射程增加，平移式喷灌机的喷洒湿润宽度由单喷头的射程决定，因此高工作压力的喷洒湿润宽度大于低工作压力的喷洒湿润宽度。在相同喷头间距时，高工作压力时喷头射程较低工作压力时远，相对于低工作压力，高工作压力下喷洒位置处的水量来自更多的喷头水量的叠加。因此其峰值大于低工作压力时的水量峰值。

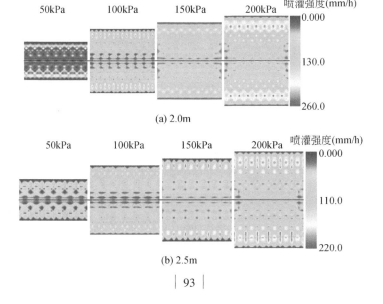

(a) 2.0m

(b) 2.5m

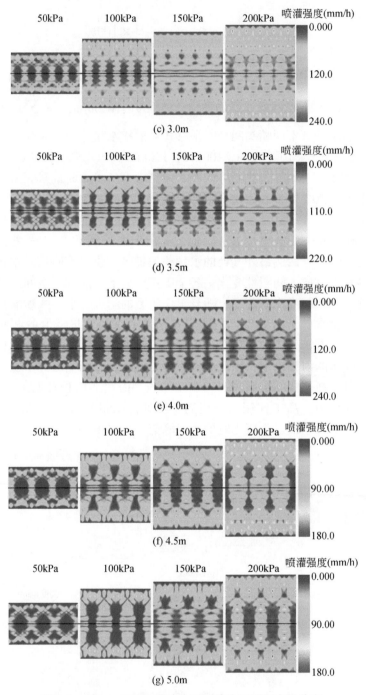

图 4-3   Nelson D3000 型喷头不同喷头间距下水量分布

表4-1列出了 Nelson D3000 型喷头在各个工作压力下，不同喷头间距下的水量分布均匀系数。从表4-1中可以看出相同工作压力时，随着喷头间距的增大，水量分布均匀系数呈下降趋势。相同喷头间距时，随工作压力增大，水量分布均匀系数无明显的变化规律。当喷头间距在 2.0～3.0m 时，除50kPa 和 100kPa 工作压力 3.0m 喷头间距外，其余工作压力下的水量分布均匀系数均大于85%。根据国家标准《喷灌工程技术规范》（GB/T 50085-2007），移动式喷灌系统水量分布均匀系数大于85%的要求，结合太阳能轻小型平移式喷灌系统的低工作压力需求，建议配置 Nelson D3000 型喷头的喷头间距为 2.5m 最适宜。

表4-1　Nelson D3000 型喷头在不同喷头间距下水量分布均匀系数

（单位：%）

工作压力	喷头间距						
（kPa）	2.0m	2.5m	3.0m	3.5m	4.0m	4.5m	5.0m
50	92.47	92.47	77.02	86.03	70.72	66.15	85.21
100	79.30	93.62	79.13	82.88	78.84	84.68	67.29
150	95.04	88.11	92.43	84.07	83.85	81.80	87.59
200	92.75	90.76	91.67	86.99	87.10	84.04	84.07

4.3　动能强度分布均匀系数

喷灌机进行喷洒作业时，当动能强度值大于 $0.6W/m^2$，其喷洒降水达到天然降水的暴雨级别，极易诱发地表径流的产生（Thompson et al.，2001；Bautista-Capetillo et al.，2009；King and Bjorneberg，2012）。图 4-4 绘出了 50kPa、100kPa、150kPa 和 200kPa 工作压力下，喷头间距为 2.0m、2.5m、3.0m、3.5m、4.0m、4.5m 和 5.0m 时的喷灌机动能强度分布，图 4-4 中水平黑色线条为喷灌机供水管。从图 4-4 中可以看出，各个工况下叠加后的动能强度分布与水量分布形式相似。各工况下动能强度峰值主要集中在平行于供水管两侧最外侧。供水管附近，动能强度峰值分布呈垂直于供水管方向间断性变化，并且在相同工作压力下，随着喷头间距的增加间歇频率变低。在相同喷头间距下，随着工作压力的增大动能强度值大于 $0.6W/m^2$ 的湿润面积范围增大。在喷头间距为 2.0m 时，随着工作压力的增大，动能强度大于 $0.6W/m^2$ 的湿润面积增加幅度最明显。相同喷头间距下，50kPa 工作压力动能强度大于 $0.6W/m^2$ 的湿润面积占总湿润面积的比例最小，即 2.0～5.0m 喷头间距，50kPa 工作压力诱发地表径流的可能性最小。

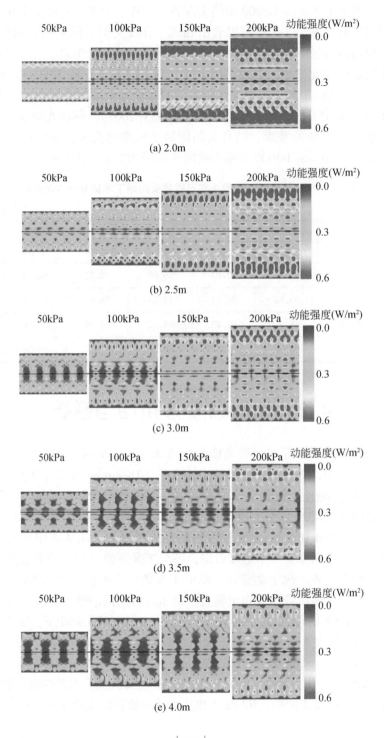

(a) 2.0m

(b) 2.5m

(c) 3.0m

(d) 3.5m

(e) 4.0m

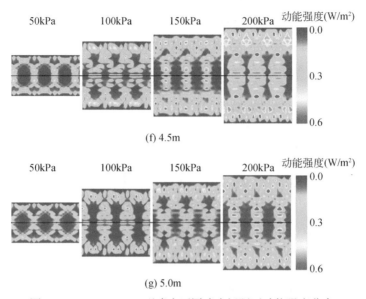

(f) 4.5m

(g) 5.0m

图 4-4　Nelson D3000 型喷头不同喷头间距下动能强度分布

表 4-2 列出了 Nelson D3000 型喷头各个工作压力下，不同喷头间距下的动能强度分布均匀系数。从表 4-2 中可以看出相同工作压力时，随着喷头间距的增大，动能强度分布均匀系数呈下降趋势。相同喷头间距时，随工作压力增大，动能强度分布均匀系数无明显的变化规律。动能强度分布均匀系数随工作压力及喷头间距变化规律与喷灌机水量分布均匀系数变化规律相似。

表 4-2　Nelson D3000 型喷头在不同喷头间距下动能强度分布均匀系数

（单位：%）

工作压力	喷头间距						
（kPa）	2.0m	2.5m	3.0m	3.5m	4.0m	4.5m	5.0m
50	90.20	86.94	74.78	88.97	70.51	66.06	79.84
100	79.92	95.10	79.81	82.91	77.68	83.92	67.89
150	93.17	87.82	89.55	81.81	81.36	73.58	86.22
200	91.49	90.77	88.23	85.72	86.46	80.71	80.03

4.4　平移式喷灌机横向水量及动能强度分布

平移式喷灌机的纵向指的是平行于平移式喷灌机的主输水管路方向，横向指的是平移式喷灌机垂直于供水管的方向。通过计算平移式喷灌机横向水量分布及动能强度分布，可以分析喷洒区域内单个点的喷洒水量分布及动能强度随时间变化规律。图 4-5 和图 4-6 分别绘出了 50kPa、100kPa、150kPa 和 200kPa 工作压力，喷头间距为 2.5m 时距平移式喷灌机供水管不同距离处的横向水量分布和动能强度分布曲线。图 4-5 中的喷灌强度和动能强度是叠加计算所选区域内，喷灌机横向上相同距离位置网格数据的平均值。

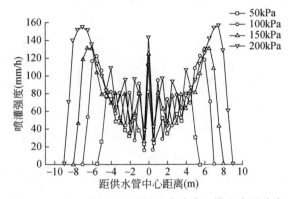

图 4-5　2.5m 喷头间距时平移式喷灌机横向水量分布

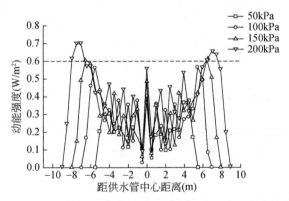

图 4-6　2.5m 喷头间距时平移式喷灌机横向动能强度分布

从图 4-5 可以看出，供水管正下方喷灌强度出现峰值，随着距供水管距离的增加喷灌强度逐渐降低，然后在距离供水管 2.0m 处开始逐渐增大，在接近喷洒范围末端处达到最大值，50kPa、100kPa、150kPa 和 200kPa 工作压力下喷灌强度最大值分别为 76.5 mm/h、123.24 mm/h、131.77 mm/h 和 156.81mm/h，最后在喷洒范围末端降低为 0。从图 4-6 可以看出动能强度变化趋势与喷灌强度相似。在四个工作压力下，仅有 200kPa 时出现动能强度大于 0.6W/m²，其他工作压力

下均小于 $0.6\mathrm{W/m^2}$，即 2.5m 喷头间距时，50kPa、100kPa 和 150kPa 工作压力下发生地表径流的可能性较小，200kPa 发生地表径流的可能性大于其他三个工作压力。

　　将图 4-5 和图 4-6 平移式喷灌机横向上的喷灌强度及动能强度曲线进行积分，以平移式喷灌机灌溉一次的水量为 20mm 确定平移式喷灌机的行走速度，即确定了喷洒区域内单个点被平移式喷灌机灌溉一次的时间，得到喷洒区域单个点的喷灌强度随喷洒时间的变化趋势。

　　图 4-7 和图 4-8 分别绘出了平移式喷灌机喷洒时，喷洒区域内单个点被喷洒时喷灌强度和动能强度随喷洒时间变化的曲线图。从图 4-7 中可以看出随着工作压力的升高，灌溉水量为 20mm 时需要的时间逐渐减少，即平移式喷灌机行驶速度越快。50kPa 时需要 25min，200kPa 时需要 12.5min。图 4-8 中动能强度变化规律与图 4-7 中喷灌强度变化规律类似。

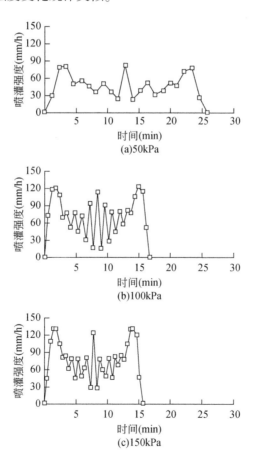

(a)50kPa

(b)100kPa

(c)150kPa

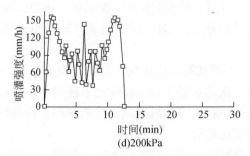

(d)200kPa

图4-7 平移式喷灌机喷洒时喷洒区域内单个点喷灌强度随时间变化

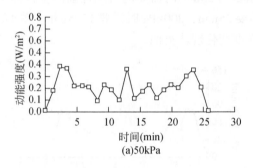

(a)50kPa

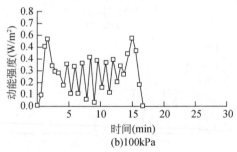

(b)100kPa

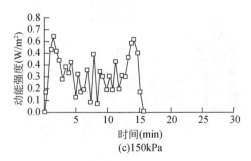

(c)150kPa

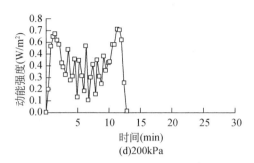

图 4-8　平移式喷灌机喷洒时喷洒区域内单个点动能强度随时间变化

表 4-3 列出了 50kPa、100kPa、150kPa 和 200kPa 工作压力喷头间距为 2.5m 时，平移式喷灌机横向上喷灌强度及动能强度的平均值。从表 4-3 中可以看出，随着工作压力的升高，喷灌强度和动能强度平均值均增大，四个工作压力下，动能强度平均值均未超过 0.6W/m²。

表 4-3　平移式喷灌机横向喷灌强度和动能强度平均值（喷头间距 2.5m）

工作压力（kPa）	喷灌强度（mm/h）	动能强度（W/m²）
50	44.76	0.204
100	69.90	0.267
150	74.97	0.308
200	94.30	0.391

4.5　平移式喷灌机地下水量分布均匀度

4.5.1　平移式喷灌机行走速度

平移式喷灌机所采用的喷头为 Nelson D3000 型喷头蓝色喷盘折射式喷头，喷嘴直径为 7.2mm，在工作压力一定的情况下，平移式喷灌机喷幅和平移式喷灌机出流量为定值，此时平移式喷灌机行走速度对平均灌水量有直接的影响。平移式喷灌机在一段时间内的灌水量可按下式计算：

$$M = Qt = nqt \tag{4-3}$$

式中，t 为灌溉持续时间（h）；M 为 t 时间段内喷洒水量（m³）；Q 为平移式喷灌机出流量（m³/h）；q 为单喷头流量（m³/h）；n 为喷头个数。

平移式喷灌机在 t 时段内的喷洒面积为

$$S = S_L V t \tag{4-4}$$

式中，S 为喷灌面积（m²）；S_L 为平移式喷灌机喷幅（m）；V 为平移式喷灌机行走速度（m/h）。

当平移式喷灌机行走速度较小时，平均灌水量较大；随平移式喷灌机行走速度增加，平均灌水量相应减小。本书研究平移式喷灌机跨度较小，所配置喷头型号相同，因此当平移式喷灌机稳定工作时，各喷头实际工作压力基本相同，其平均灌水量为

$$m = \frac{M}{S} = \frac{1000nq}{S_L V} \tag{4-5}$$

式中，m 为平移式喷灌机一次灌水量（mm）。

单喷头流量随工作压力的变化而改变，对室内试验采集的数据进行回归分析，得出单喷头工作压力流量关系式，如图4-9所示。

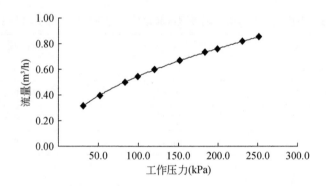

图4-9　工作压力与流量关系曲线图

$$\bar{Q} = 0.0595 P^{0.4818}, \quad R^2 = 0.9998 \tag{4-6}$$

式中，$\bar{Q}$ 为平均出流量（m³/h），P 为喷头入口压力（kPa）。

由式（4-5）和式（4-6）可得该喷灌机一次灌水量计算公式，即

$$m = \frac{59.5nP^{0.4818}}{S_L V} \tag{4-7}$$

在本书中，平移式喷灌机行走速度为30m/h，平移式喷灌机喷幅为33m，喷头数为9个，根据式（4-7）计算得到平移式喷灌机灌水量见表4-4，利用雨量筒实测得到的灌水量见表4-4。从表4-4可以看出，在相同行走速度时灌水量随工作压力增大而增大，模拟值和实测值相对误差小于5%。

表 4-4　灌水量计算值与实测值对比

工作压力（kPa）	平均灌水量（mm）		相对误差（%）
	模拟值	实测值	
40	12.668	12.233	3.6
60	15.400	15.824	2.7
80	17.690	17.273	2.4
100	19.698	19.821	0.6
120	21.506	21.657	0.7

利用 SPSS 软件对表 4-4 数据进行配对样本 T 检验（表 4-5），检验结果显示两尾检验差异水平 sig 为 0.865，大于 0.5，模拟值与实际值差异性极不显著，有 99% 的把握认定模拟值与实测值没有差别，说明模拟值较为准确。重新安排式（4-7），可以得到灌水定额一定的条件下，平移式喷灌机行进速度计算公式：

$$V = \frac{59.5nP^{0.4818}}{S_L m} \tag{4-8}$$

表 4-5　配对样本 T 检验结果

项目	配对差异					t	自由度	差异水平（两尾检验）
	均值	标准差	平均数标准误	99% 置信区间				
				下界	上界			
配对 $V_{模拟值} - V_{实测值}$	-0.0308	0.3795	0.1697	-0.812	0.7506	-0.18	4	0.865

式（4-8）为平移式灌机行走速度与工作压力、灌水定额关系式，从式（4-8）中可以看出，平移式喷灌机行走速度受喷头个数，喷灌工作压力及灌水定额等因素的制约。

4.5.2　地表喷灌水量分布

在 40kPa、60kPa、80kPa、100kPa 和 120kPa 五个工作压力水平下，距离平移式喷灌机不同位置处的喷水量分布如图 4-10 所示。从图 4-10 可以看出，随着距离平移式喷灌机中心变远，喷水量总体有减小趋势，不同工作压力下水量分布趋势变化基本一致；平移式喷灌机中心位置处水深变化值不大，在靠近喷洒支管外端处喷洒水量显著降低，喷灌支管最外端第二个测量点，喷灌水量较大。在 40kPa 工作压力下，降水量变化较为剧烈，水量降低拐点为喷灌支管 10m 处；当工作压力大于80kPa时，降水量变化幅度相对较小，距喷灌中心点12m处，喷灌水量开始降低；120kPa工作压力下水量分布最为均匀，水量降低位置在距中心点13m处。

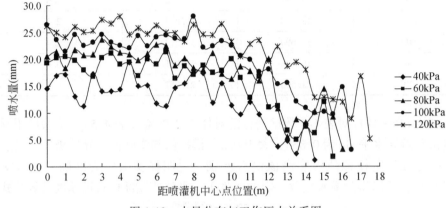

图4-10　水量分布与工作压力关系图

利用SPSS软件对地面喷灌水量试验数据进行统计量分析，结果见表4-6。从表4-6可以看出，工作压力升高时均值增加，表明平均灌水量随工作压力升高呈上升趋势。偏度系数小于0，峰度系数大于0，表示负偏差值较大，该分布为尖峰左偏分布。方差与全距随工作压力的上升而增大，反映了数据离散趋势增强；40kPa工作压力下，最小喷灌水量为1.21mm，最大为19.40mm，变异系数为0.39，表明该工作压力下不同位置喷灌水量相对较低，而各测量点数据变化幅度较大；当工作压力达到120kPa时，喷灌水量最小值和最大值都有所增加，全距较40kPa增大，而变异系数为0.27，说明测量点喷灌水量较高，但变化幅度不大。

表4-6　地面喷灌水量 Frequencies 统计特征表

工作压力（kPa）	样本数	均值（mm）	均值标准误	中位数（mm）	标准差	方差	偏度系数	峰度系数	最大值（mm）	最小值（mm）	全距	变异系数
40	90	12.23	0.87	13.52	4.74	22.48	−0.85	0.03	19.40	1.21	18.19	0.39
60	96	15.82	0.94	17.69	5.33	28.40	−1.25	0.52	21.33	1.75	19.58	0.34
80	99	17.27	0.94	18.81	5.41	29.30	−1.19	0.41	23.66	3.19	20.48	0.31
100	102	19.82	1.00	22.45	5.85	34.18	−1.17	0.66	27.98	3.14	24.83	0.29
120	118	21.66	0.96	24.34	5.74	32.99	−1.34	0.97	28.02	5.16	22.86	0.27

4.5.3 喷后6h土壤含水率分布

停止喷洒6h后，测定地面下15cm的土壤含水率，距离平移式喷灌机中心点不同位置处的土壤含水率如图4-11所示。由图4-11可以看出，喷后6h，不同工作压力下距离喷头不同位置处土壤含水率变化幅度较小，随工作压力增加土壤水分分布趋于均匀。在40kPa工作压力下，土壤含水率最小值与最大值为20.9%和32.2%，变幅较大，距喷灌中心点11m处，土壤含水率开始降低；工作压力为120kPa时，土壤含水率变化最小，在距离中心点13m外，喷灌水降低较为明显（图4-10），而土壤含水率变化相对较小。

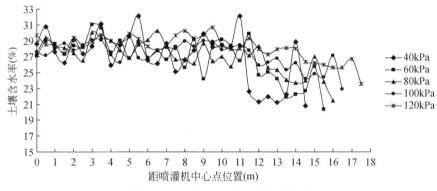

图4-11 喷后6h土壤含水率分布图

表4-7为喷后6h土壤含水率统计特征表，从表4-7中可以看出，土壤含水率均值变化范围为26.90%~28.19%，变幅相对较小，表明不同喷灌压力下测得的土壤含水率值相对集中。标准差与全距随工作压力的增加而减小，数据离散趋势减弱。当喷灌工作压力小于60kPa时，土壤含水率变异系数大于10%，属中等变异。

表4-7 喷后6h土壤含水率Frequencies统计特征表

工作压力 （kPa）	样本数	均值 （%）	均值标 准误	中位数 （%）	标准差	方差	偏度 系数	峰度 系数	最大值 （%）	最小值 （%）	全距	变异 系数
40	90	27.09	0.59	28.03	3.21	10.29	-0.59	-0.43	32.17	20.87	11.30	0.12
60	96	26.90	0.46	27.42	2.60	6.75	-0.79	0.12	31.07	20.40	10.67	0.10
80	99	27.07	0.35	27.20	2.02	4.08	-0.78	0.50	30.27	21.50	8.77	0.07
100	102	27.31	0.27	27.78	1.57	2.46	-1.02	0.73	29.47	22.90	6.57	0.06
120	118	28.19	0.25	28.35	1.51	2.28	-0.98	1.32	30.70	23.53	7.17	0.05

4.5.4 喷后24h土壤含水率分布

图4-12为喷后24h土壤含水率分布图。从图4-12中可以看出喷后24h水分在土壤中得到充分扩散。40kPa喷灌工作压力下，土壤含水率变化幅度相对较大，而相比喷后6h（图4-11）有明显改善，距中心点11m外土壤含水率降低值不明显；土壤水分在二次分布过程中受重力势和土壤基势双重作用，在60～120kPa时，土壤含水率变化幅度较小，而在喷灌支管最外端，受喷灌水量分布的影响，土壤含水率相对较小。

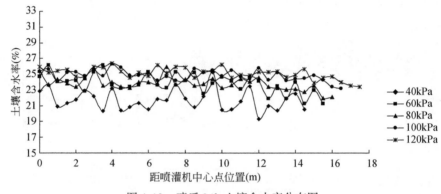

图4-12 喷后24h土壤含水率分布图

由表4-8可知，标准差随工作压力的增加不断减小，样本之间的差异性降低，均值代表性较强。土壤含水率全距变化范围为2.97～5.93，变化幅度相比喷后6h明显减小，表明样本数据集中趋势较为显著。土壤中的水分经过充分入渗，土壤含水率样本均值相比喷后6h有所减小，40kPa工作压力下降幅最大。不同工作压力下土壤含水率变异系数小于10%，属于弱变异。

表4-8 喷后24h土壤含水率Frequencies统计特征表

工作压力（kPa）	样本数	均值（mm）	均值标准误	中位数（mm）	标准差	方差	偏度系数	峰度系数	最大值（mm）	最小值（mm）	全距	变异系数
40	90	21.72	0.24	21.62	1.31	1.71	0.70	0.44	25.27	19.33	5.93	0.06
60	96	23.82	0.22	23.95	1.23	1.52	-0.22	-0.02	26.17	21.27	4.90	0.05
80	99	23.83	0.15	23.73	0.86	0.74	0.45	1.23	25.97	21.97	4.00	0.04
100	102	24.89	0.12	24.91	0.71	0.50	-0.22	0.43	26.53	23.15	3.38	0.03
120	118	25.12	0.12	25.20	0.72	0.52	-0.41	-0.07	26.40	23.43	2.97	0.03

4.5.5 地下土壤含水率均匀度分析

利用克里斯琴森公式（Christiansen，1942）计算喷灌均匀度和土壤含水率均匀度。

$$Cu = \left[1 - \frac{\sum_{i=1}^{n} |x_i - \bar{x}|}{n\bar{x}} \right] \times 100 \qquad (4\text{-}9)$$

式中，n 为总测点个数；x_i 为第 i 个测点降水量；$\bar{x}$ 为 n 个雨量筒平均水深，其中，

$$\bar{x} = \frac{\sum_{i=1}^{n} x_i}{n}$$。

通过分析得出喷灌均匀度与土壤含水率均匀度变化如图 4-13 所示，从图 4-13 中可以看出，在 40~120kPa 工作压力下喷灌均匀度及土壤水分分布均匀度变化趋势基本相同，均随工作压力的增加而增大；同一工作压力下喷灌均匀度、喷后 6h 土壤含水率均匀度和喷后 24h 土壤含水率均匀度依次增大。当工作压力为 40kPa 时，Cu 值为 0.696，喷灌均匀性较差，经土壤二次分布后水量分布均匀性显著提高，喷后 6h 和喷后 24h 分别达到 0.906 和 0.953；80kPa 工作压力下 Cu 值为 0.754，喷后 6h 和喷后 24h 土壤含水率分布均匀性分别达到 0.942 和 0.974；120kPa 工作压力较 40kPa 工作压力下喷灌均匀度、喷后 6h 土壤含水率均匀度和喷后 24h 土壤含水率均匀度相对变化值分别为 13.3%、5.9% 和 2.6%，可以看出在较大的工作压力变化幅度下，喷灌均匀度相对变化值略大，而土壤含水率均匀度相对变化较小。由于作物能够直接吸收利用的水分为根区土壤中的水

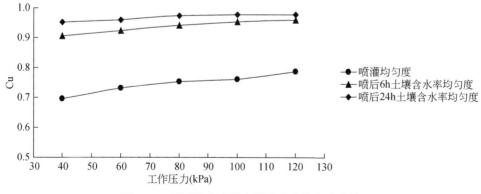

图 4-13　喷灌均匀度及土壤含水率均匀度变化

分，提高土壤含水率均匀度为喷灌最终目标，在 40kPa 工作压力下喷灌均匀度较低，而水分在土壤中通过再分布，能达到较为理想的均匀度，能够被作物有效利用。

参 考 文 献

Bautista-Capetillo C F, Salvador R, Burguete J, et al. 2009. Comparing methodologies for the characterization of water drops emitted by an irrigation sprinkler. Transactions of the ASABE, 52 (5): 1493-1504.

Christiansen J E. 1942. Irrigation by Sprinkling. California Agricultural Experiment Station Bulletin 670. Berkeley, CA: University of California.

King B A, Bjorneberg D L. 2012. Droplet kinetic energy of moving spray-plate center-pivot irrigation sprinklers. Transactions of the ASABE, 55 (2): 505-512.

Thompson A L, Regmi T P, Ghidey F, et al. 2001. Influence of Kinetic Energy on Infiltration and Erosion. Honolulu, Hawaii: International Symposium on Soil Erosion Research for the 21st Century.

第5章 | 基于流道夹角优化的低压折射式喷头研发

低压折射式喷头以其抗风性强等优点，成为一种广泛应用于国内外移动式喷灌机组的重要组件，目前国内外的研究，主要集中于市场上已有的低压折射式喷头类型的水力性能测试与评价，但是通过喷盘流道夹角的设计，研究流道出射角、截面形状和流道个数对低压折射式喷头水力性能影响的研究比较少。本章通过设计出不同流道夹角的低压折射式喷头喷盘，测试其单流道水量分布，分析其水力性能指标，提出流道出射角、截面形状和流道个数对低压折射式喷头水力性能的影响规律，从而为低压折射式喷头流道结构的改进优化与研究开发提供一定参考。

5.1 流道出射角对水量分布的影响

本节研究的低压折射式喷头的结构图如图 5-1 所示，主要组成部件包括喷嘴、喷盘及喷盘帽等，其中，喷盘主要由流道、中心锥、折射锥、挡水柱等部件组成，如图 5-2 所示，流道出射角为 θ。因为尼尔森公司生产的 Nelson D3000 系列低压折射式喷头的蓝色喷盘为单一结构流道，且其流道出口形状为下窄上宽的倒三角形，在喷盘三维结构设计和试件加工制造时简单易行，因此以其为本体展开研究。

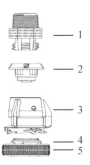

图 5-1　低压折射式喷头结构示意图

注：1-接头，2-喷嘴，3-支架，4-喷盘，5-喷盘帽

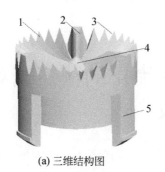
(a) 三维结构图

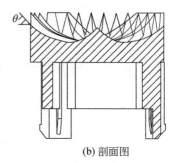
(b) 剖面图

图 5-2　喷盘结构示意图

注：1-折射锥，2-挡水柱，3-流道，4-中心锥，5-固定支爪

为简化试验工作量，总共设计出七个喷盘，其流道出射角 θ 分别为 –45°、–30°、–15°、0°、15°、30° 及 45°。为了避免其他喷盘结构参数对喷头水力性能评价指标的影响，并且有利于喷盘的结构设计和试件制造，在喷盘结构设计时，将流道的总个数均设计为 30 个，喷盘的中心锥角均设为 100°，喷盘的折射面设为平滑弧形，在逆时针方向每 120° 角范围内，设置 10 个流道、9 个折射锥和 1 个挡水柱，流道尾部出口断面均为形状和面积相同的等腰三角形（高为 3.8mm、底边长为 4mm），同时为了与尼尔森公司生产的 Nelson D3000 系列低压折射式喷头及其他标准组件配套，七个喷盘的其他结构参数均相同。在 Pro/ENGINEER 5.0 绘图软件中建立喷盘三维结构模型，采用激光快速成型技术，以光敏树脂作为试件材料，对喷盘试件进行加工制作。

5.1.1　流道出射角对单流道水量分布的影响

对 Nelson 24# 红色喷嘴（喷嘴直径为 4.76mm），在 50kPa、100kPa、150kPa 工作压力下的喷嘴压力–流量关系测试，得到喷嘴相应工作压力下对应的流量，而喷头流量取决于喷头流量系数、喷嘴出口断面积和工作压力三个因素，用公式可表示为

$$q = 3600\mu A_d \sqrt{2gh_z} \tag{5-1}$$

式中，q 为喷头流量（m³/h）；μ 为喷头流量系数；A_d 为喷嘴的出口面积（m²）；h_z 为工作压力（kPa）。

根据式（5-1），得出喷头流量系数公式：

$$\mu = \frac{79.847q}{d_2^2 \sqrt{h_z}} \tag{5-2}$$

式中，d_2 为喷嘴出口直径（mm）。

根据试验测试与式（5-1）和式（5-2）计算，得到 Nelson 24# 喷嘴的工作压力、喷头流量、喷头流量系数，见表 5-1。

表 5-1　Nelson 24#喷嘴的工作压力、喷头流量、喷头流量系数

喷头流量（m³/h）	喷嘴直径（mm）	工作压力（kPa）	喷头流量系数
0.626	4.76	50	0.986
0.888	4.76	100	0.989
1.082	4.76	150	0.993

由表 5-1 可以看出，Nelson 24# 红色喷嘴（喷嘴直径为 4.76mm）的喷头流量系数均高于 0.98，而喷头流量系数一般推荐为 0.85～0.95（李世英，1995），这说明采用此喷嘴进行试验，所得试验数据有效。

对设计的七个流道出射角喷盘喷头的实际水流出射角测试结果见表 5-2。

表 5-2　七个流道出射角对应的实际水流出射角

流道出射角（°）	-45	-30	-15	0	15	30	45
实际水流出射角（°）	-39.21	-25.65	-9.21	16.55	20.76	34.21	48.43

从表 5-2 可以看出，Nelson D3000 系列低压折射式喷头的实际水流出射角略微大于喷盘的流道出射角，这是由于在设计的流道出射角 θ 不存在设计误差的情况下，对于 Nelson D3000 系列蓝色喷盘的低压折射式喷头，其流道的弧线，自喷盘中心沿径向向外到边缘略微有下凹，且流道出口断面为倒三角形状，从而使经过流道的水流在流道出口断面的上液面升高所致。

低压折射式喷头在工作时，水流由供水管路和接头流入喷嘴，经喷嘴而出打击喷盘中心锥，通过喷盘流道对水流进行第一次消能和碎裂，在流道尾部分散成出射角为 θ 的多股小型射流抛向空中，在空气中作纵横向扩散运动而进行第二次碎裂，最终以水滴形式喷洒至地表，低压折射式喷头的喷洒效果与水流喷盘中的第一次碎裂有很大关系，因此喷盘流道结构对低压折射式喷头的工作性能有重要影响，直接影响了单流道水量分布。

根据单流道水量分布测试的点喷灌强度数据，采用 Surfer 8.0 软件，先由"网格—数据"命令进行点喷灌强度数据的网格化，为避免插值结果中出现负值的点喷灌强度值，符合实际点喷灌强度值的范围，经筛选，选取反距离插值法作为网格化方法，再由"地图—影像图"命令，绘制得到单流道水量分布图，如图 5-3 所示（杨路华等，2004；王波雷等，2008）。

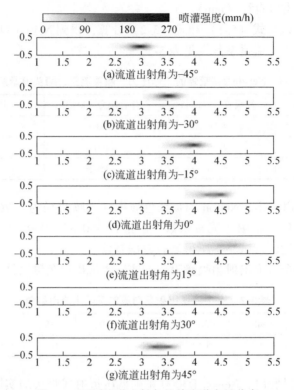

图 5-3　不同流道出射角的单流道水量分布

注：横坐标为各测点与喷头距离（m），纵坐标为单流道水量分布宽幅（m）

从图 5-3 可以看出，各流道出射角低压折射式喷头的单流道水量均呈椭圆状，并且在距离喷头中心较近处和喷洒射程中部区域的水量少，水量大部分集中于距离喷头中心 0.5～1.5m 的狭长状区域内，但是单流道水量的扩散程度有差异，主要集中区域所在位置距喷头先变远后靠近。

喷灌强度是评价喷头灌溉质量的重要性能参数之一，过高的喷灌强度值，容易引发地表积水，增加产生径流的概率，并且可能造成土壤结皮和侵蚀。根据各距离径向点处的点喷灌强度数据，计算在径向上距离喷头中心相同距离位置处三个点喷灌强度的平均值，确定为径向上各测点处喷灌强度，如图 5-4 所示。

从图 5-4 可以看出，流道出射角为 -45°、-30°、-15°、0°、15°、30° 和 45° 时，在径向上点喷灌强度峰值分别为 98.53 mm/h、90.93 mm/h、79.60 mm/h、59.33 mm/h、40.40 mm/h、48.00 mm/h 和 67.47mm/h。

射程影响了低压折射式喷头配置于移动式喷灌机组的经济性，喷头流量相同时，喷头的射程越远，喷灌强度越低，组合喷头间距越大，使用的喷头个数就越

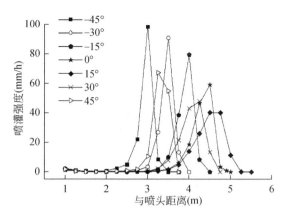

图 5-4　不同流道出射角的单流道喷灌强度

少，从而降低了喷灌系统的运行成本，亦提高了喷头的适用性。当流道出射角为 −45°、−30°、−15°、0°、15°、30° 和 45° 时，对应的射程分别为 3.5m、4m、4.5m、5m、5.5m、4.75m 和 3.75m。

在径向上，将点喷灌强度值大于 10mm/h 的区域，设为有效径向湿润范围。根据各距离径向点处的点喷灌强度数据，使用三次样条插值法，分别得到近喷头处和喷洒射程尾部处点喷灌强度值为 10 mm/h 所对应的距喷头中心的距离，两者相减得到的长度值，即确定为有效径向湿润范围。当流道出射角为 −45°、−30°、−15°、0°、15°、30° 和 45° 时，对应的有效径向湿润范围分别为 0.62m、0.70m、0.74m、0.82m、1.19m、0.94m 和 0.81m。

在径向喷洒方向上，流道出射角从 −45° 增大至 15° 时，射程增长了 2m，径向点喷灌强度峰值降低了 59%，有效径向湿润范围增加了 91.94%，但流道出射角从 15° 增加到 45° 时，射程减小了 1.75m，径向点喷灌强度峰值增加了 67%，有效径向湿润范围减小了 31.93%。

在沿垂直于喷头射程径向上，随流道出射角的增大，单流道中心水量与边缘水量喷灌强度的差值呈先减小后变大的变化趋势，并且水量影像图的形状以凹陷、外突、凹陷渐变，这是因为当流道出射角从 −45° 增大至 15° 时，水流喷洒高度增加，沿水平方向运动时间增长，扩散和碎裂更加剧烈，因此沿径向和垂直于径向上的单流道水量分布逐渐变均匀，但流道出射角继续增至 45° 时，水流由于地球引力和空气阻力等作用，其雾化程度增加，水滴直径减小，单流道水量分布反而变得不均匀。

5.1.2　流道出射角对单喷头水量分布的影响

根据各径向点处的点喷灌强度数据，在 Excel 软件中，对径向上单流道距离喷头相同距离位置处的三个点喷灌强度值求和，将喷盘中心设为正交坐标系的原点，选取任意一条单流道所处位置为 x 轴的正向，那么其他位置单流道与 x 轴正向的夹角值即可以确定，根据这些角度值和单流道水量分布实测数据，应用正弦函数和余弦函数进行乘法计算，即可得到在正交坐标系下，其他喷洒位置处的单流道水量分布数据，进而确定单喷头水量分布，但是由于单喷头水量分布数据非网格状，因此需要采用 Surfer 8.0 软件，将单喷头水量分布数据先由"网格—数据"命令进行原始数据的网格化，然后由"地图—影像图"命令，绘制出不同流道出射角的单喷头水量分布图，如图 5-5 所示，其中，D_x 为喷灌机供水管方向上距喷头中心的距离，D_y 为垂直于喷灌机供水管方向上距喷头中心的距离。

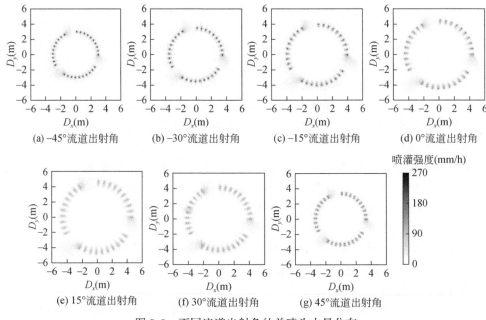

图 5-5　不同流道出射角的单喷头水量分布

从图 5-5 可以看出，各条状的单流道水量形成的单喷头水量呈圆环形，在距离喷头中心较近处和喷洒域的中部出现了漏喷现象，这是因为喷盘折射锥和固定支爪的阻碍作用，相邻单流道间和固定支爪位置处的喷洒水量较少。流道出射角为−45°时，单喷头喷灌强度峰值最高，射程最小且水量分布很集中，这对于组合喷灌很有利，而流道出射角增到 15°时，喷灌强度峰值减小，射程增加，喷灌强度值之间的差异减小，水量分布变均匀；但流道出射角继续增加到 45°时，喷灌强度峰值增大，射程减小，单喷头水量分布却变得集中，这是因为由各单流道水量组成了单喷头水量，那么单喷头水量分布就会受到单流道水量分布的影响，从而随着流道出射角的增加，单喷头水量分布的变化趋势为先均匀后集中。

5.1.3 流道出射角对组合水量分布的影响

将 Surfer 8.0 软件中插值得到的单喷头水量分布网格化数据，通过"网格—提取"命令提取出来，选取低压折射式喷头推荐常用的组合间距 3.0m，在 Excel 软件中，将单喷头水量分布进行直接组合叠加，再采用 Surfer 8.0 软件绘制影像图，得到不同流道出射角低压折射式喷头的组合水量分布图，如图 5-6 所示，其中，D_x 为喷灌机供水管方向上距喷头中心的距离，D_y 为垂直于喷灌机供水管方向上距喷头中心的距离。

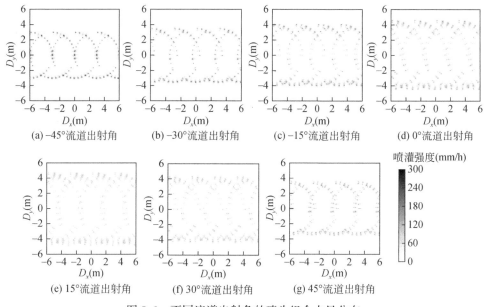

图 5-6 不同流道出射角的喷头组合水量分布

从图 5-6 可以看出，经过对圆环形单喷头水量分布的组合叠加，形成的组合水量分布呈相套的圆环形，并且因为单喷头水量分布由于组合叠加，在喷洒区域内距离喷头中心较远处存在重复喷灌，均呈现出两排组合喷灌强度峰值，且喷洒域中部的组合喷灌强度值大，当流道出射角从 -45° 增大至 15° 时，沿输水管路垂直方向，喷洒区域内距离喷头中心较远处的组合喷灌强度峰值小，而喷洒域中部的水量增加，喷灌湿润面积增大，但流道出射角继续增加到 45° 时，组合水量分布变得集中，这是因为相同喷头组合间距下，随流道出射角的增大，射程先增加而后减小，单喷头水量分布呈先均匀后集中的变化趋势所致。

5.1.4　流道出射角对组合均匀性的影响

喷头组合喷洒均匀性系数作为喷灌水量分布均匀程度的评价指标之一，一般先通过单喷头水量分布叠加，计算得出组合喷头水量分布数据，再根据如式（5-3）所示的克里斯琴森计算公式得到组合均匀性系数（Cu）（Christiansen，1942）。

$$Cu = \left(1 - \frac{\sum_{i=1}^{n} |h_i - \bar{h}|}{n\bar{h}} \right) \times 100 \tag{5-3}$$

式中，Cu 为组合均匀性系数（%）；n 为喷洒区域内典型叠加区域中组合喷灌强度的个数；h_i 为典型叠加区域中各组合喷灌强度（mm/h）；$\bar{h}$ 为喷洒区域内典型叠加区域中组合喷灌强度的算术平均值（mm/h）。

采用 Surfer 8.0 软件，使用"网格—提取"命令，提取出组合水量分布数据，以图 5-6 中喷头所在位置作为坐标中心，对数据中 12m×12m 对称组合叠加区域的水量分布数据，采用 Christiansen 计算法，求出组合喷头均匀性系数 Cu，得到流道出射角为 -45°、-30°、-15°、0°、15°、30° 和 45° 时，对应的喷洒组合均匀性系数分别为 38.85%、46.55%、61.98%、75.58%、77.76%、74.77% 和 67.90%，即随流道出射角的增大，喷洒组合均匀性系数先增大而后减小；负角度的流道出射角喷头组合均匀性系数相较而言小于正角度。

较远的射程、较低的喷灌强度峰值及较高的组合均匀性系数，是喷头产品在设计和研究开发中所期望得到的优良水力性能，为此低压折射式喷头应选用适宜的流道出射角，以达到增大低压折射式喷头适用范围的目的。

5.2　流道出口截面形状对水量分布的影响

流道出口截面形状是影响水量分布的主要因素，试验结果表明，如果喷头出口截面形状选择得当，可以有效地降低峰值喷灌强度。折射式喷头在喷洒过程中，出口处挑射水流形式与坝体窄缝水流类似，而流道出水截面形状是影响喷洒水量分布和射程的主要因素。如果流道出水截面形状选择得当，可以有效地增大水分的扩散，防止水量集聚对作物和土壤的破坏。另外，出水截面形状对喷头喷洒射程也有很重要的影响。因此，喷头设计过程中，应首先选择合适的出口截面形状。

5.2.1　流道出口截面形状

折射式喷头结构设计延续了市面上常见的喷头结构类型，主要包括喷盘支架

（连接喷嘴和喷盘的结构）和喷盘，本小节主要研究的是喷盘结构的设计。图 5-7（a）为折射式喷头支架结构图，喷盘支架上部为带内螺纹的喷嘴安装口，内径为 26mm，螺距为 2mm，可配套 Nelson D3000 型喷头系列不同型号喷嘴；支架下部为喷盘底座，喷盘底座内径为 30mm，喷盘安装在喷盘支座上，并由喷盘卡槽进行固定。图 5-7（b）为喷盘结构样。喷盘结构主要包括折射锥及过水流道，其中折射锥底面直径为 10mm，锥高为 4mm；喷盘直径为 31mm，底座外径为 30mm。图 5-7（c）为喷头装配图。

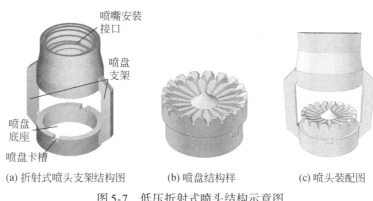

(a) 折射式喷头支架结构图　　　(b) 喷盘结构样　　　(c) 喷头装配图

图 5-7　低压折射式喷头结构示意图

　　在试验时发现，普通非旋转折射式喷头在工作过程中，如果工作压力过大或者喷嘴直径较大，流道过水能力较弱，水流不能很好地在流道内运动，分水效果达不到预期，这样会使若干条的射流水束在出水口处汇聚，造成水流扩散不均匀、局部喷灌强度增大、射程降低等一系列问题。为了增大流道的过水能力，在流道设计过程时特将流道结构分为三段，即汇流段、收缩段和出流段，结构如图 5-8 所示。由于流道在喷盘上呈环状阵列分布，这样会使流道进水口较窄，汇流段上游的附壁水流不能很好地分开，为了增大汇流效果，特将汇流段长度所占比例增大，使得水流在汇流段下游彻底分开。在流道收缩段，附壁水流水面线升高，流速增大，当水流通过出流段时，流速达到最大，这样的设计既能将各流道水流分开，又能提高射流流速，增大了喷头射程。

　　由于折射式喷头流道出口处出射水流形式与坝体窄缝水流类似。因此选取坝体水流研究中常用水流出口截面形状，将流道出口截面形状设置为矩形、"V"形、"Y"形、垛口形和五边形，五种流道出口截面形状，如图 5-9 所示（李桂芬等，1988）。

　　一般来说，随着喷头工作压力的增大，射流流量和流速都会相应地增加，另外喷嘴直径增大，也会提高射流流速和出流量，因此在设计流道出口截面形状的过程中，应考虑合适的流道出口截面面积，以保证射流水不会在流道出口上边界

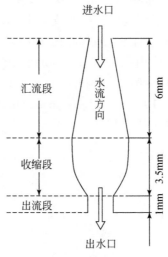

图 5-8   流道结构图

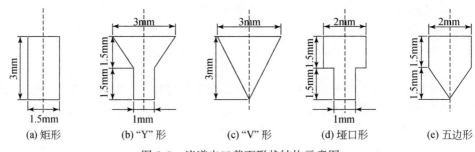

图 5-9   流道出口截面形状结构示意图

溢出。为保障流道出口有效的过水，以 44# 喷嘴（直径为 8.73mm）的极限工况下设计流道出口截面面积。由于设计的喷头为低压喷头，设计的正常工作压力不应大于 100kPa，表 5-3 为试验测定的 Nelson D3000 型喷头配备 44# 喷嘴直径、低工作压力（工作压力小于 200kPa）下对应的喷嘴流速、流量及出口流速关系，以此为参照进行设计。

表 5-3   Nelson D3000 型喷头水力性能参数表

工作压力（kPa）	喷嘴出流量（m³/h）	喷嘴出流速度（m/s）	出口出射速度（m/s）	速度损失率（%）
35	1.44	6.70	6.19	7.60
70	2.05	9.52	9.14	3.99
100	2.46	11.41	10.97	3.83

工作压力（kPa）	喷嘴出流量（m³/h）	喷嘴出流速度（m/s）	出口出射速度（m/s）	速度损失率（%）
124	2.74	12.72	12.17	4.33
150	3.02	14.01	13.58	3.07
171	3.23	14.97	14.44	3.55
193	3.43	15.92	15.16	4.77

从表 5-3 可以看出，工作压力小于 200kPa 时，流道出口处的速度损失一般不大于喷嘴出流速度的 8%，为保险起见，现以 10% 速度损失率进行设计。则不同工作压力下流道出口截面保证面积计算式为

$$S = \frac{Q_c}{3600 \cdot V_c} \tag{5-4}$$

式中，S 为流道出口截面面积（m²）；Q_c 为单流道流量（m³/h）；V_c 为流道出口流速（m/s）。其中：

$$Q_c = Q_n/m \tag{5-5}$$
$$V_c = V_n \times (1 - 10\%) \tag{5-6}$$

式中，Q_n 为喷嘴流量（m³/h）；m 为流道个数（个）；V_n 为喷嘴出口处流速（m/s）。

其中：

$$V_n = \frac{Q_n}{3600 \cdot S_n} \tag{5-7}$$

式中，S_n 为喷嘴截面面积（m²）。

过水断面结构和流道出口截面形状已经确定，在流道出口截面形状优选时，固定流道个数 m 为 18，将表 5-3 数据代入可知，流道出口截面面积 S 不应小于 3.7mm²。为安全起见，设定流道出口截面面积为 4.5mm²，并设计出五种截面类型的喷盘，其截面形状如图 5-9 所示，喷盘结构如图 5-10 所示。

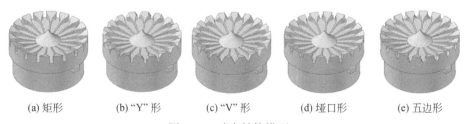

| (a) 矩形 | (b) "Y" 形 | (c) "V" 形 | (d) 垭口形 | (e) 五边形 |

图 5-10　喷盘结构模型

5.2.2 流道出口截面形状对峰值水量的影响

试验测定了 1m 和 2m 安装高度，30kPa、50kPa、60kPa、80kPa 和 100kPa 工作压力下单流道水量分布，为了分析方便，本节选择了 30kPa、60kPa 和 100kPa 三个典型工作压力下单流道水量分布图。图 5-11 为 1m 安装高度下水量分布图。从图 5-11 中可以看出，相同流道出口截面形状下，当喷头工作压力较小时，水量分布较为集中，射程相对较小，30kPa 工作压力下矩形、"Y"形、"V"形、垭口形和五边形的峰值水量分别为 196.4 mm/h、189.2 mm/h、310.8 mm/h、174.8 mm/h 和 195.6mm/h，峰值强度较大；随着工作压力的增加，水量集聚的现象有所缓解，当工作压力增大至 60kPa 时，五种流道出口截面形状的峰值水量分别为 133.6mm/h、124.4mm/h、181.6mm/h、130.8mm/h 和 154.8 mm/h，峰值水量分别降低了 31.98%、34.25%、41.57%、25.17% 和 20.86%；当喷头工作压力增大至 100kPa 时，五种流道出口截面形状峰值水量分别比 30kPa 降低了 60.90%、62.79%、46.33%、56.29% 和 54.19%，水量分布扩散最为均匀，这

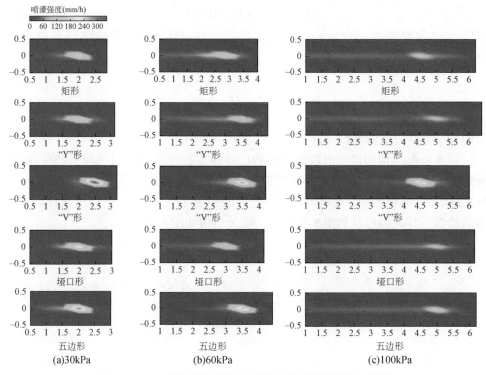

图 5-11　1m 安装高度不同工作压力下单流道喷洒水量图

注：横坐标为距喷头距离（m）；纵坐标为单流道水量分布宽幅（m）

是因为工作压力增大后，射流水舌的出射速度增大，水束与空气的相互作用增强，加速了水束的碎裂，这样就导致峰值水量的降低，由此表明，提高喷头工作压力有助于水分的扩散。从图 5-11 中还可以看出，当工作压力为 30kPa 时，"V"形流道出口截面形状水分扩散最不均匀，其次是矩形，再次是五边形，"Y"形和垭口形水分扩散较为充分；当工作压力为 60kPa 时，峰值强度由大到小的流道出口截面形状的排列顺序依次为"V"形、五边形、矩形、垭口形和"Y"形，当工作压力为 100kPa 时，峰值强度由大到小的排列顺序基本无变化。另外，通过分析 1m 安装高度、50kPa 和 80kPa 工作压力下不同流道出口截面形状的水量分布可知，峰值强度的变化规律与 60kPa 及 100kPa 工作压力下的变化基本相同。

图 5-12 为 2m 安装高度下不同流道出口截面形状的单流道水量分布云图，通过与图 5-11 对比可知，其峰值变化规律基本与 1m 安装高度下的变化规律相同，"V"形流道出口截面形状的流道喷射出的水峰值强度均大于其他流道出口截面形状，30kPa 工作压力下，流道出口截面形状为矩形、"Y"形、垭口形和五边形时，与"V"形流道出口截面相比，峰值水量分别减小 18.08%、20.98%、15.40% 和 11.61%，60kPa 工作压力下，峰值水量与"V"形相比降低了 20.62%、44.35%、39.83% 和 30.51%，100kPa 工作压力下降低了 38.89%、

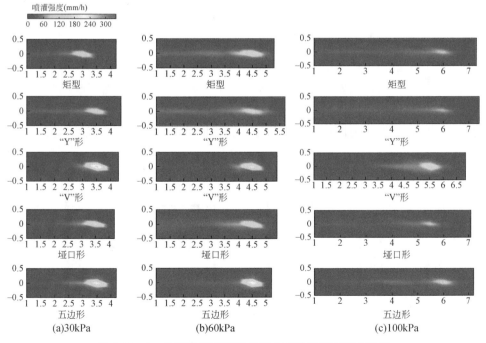

图 5-12　2m 安装高度不同工作压力下单流道喷洒水量图
注：横坐标为距喷头距离（m），纵坐标为单流道水量分布宽幅（m）

50%、46.03%和24.20%，由此可知，2m安装高度、相同工作压力下，流道出口截面形状为"Y"形时，峰值水量降低最为明显，其次是垭口形流道；另外，当工作压力为50kPa及80kPa时，"Y"形流道出口截面形状的流道峰值水量相比其他流道出口截面形状降低的幅度也是最大的。

由以上分析得知，不同安装高度与工作压力下，与其他流道出口截面形状相比，首先选择"Y"形流道出口截面形状，可有效地降低峰值喷灌强度，其次可选垭口形流道出口截面形状。除此之外，"V"形流道出口截面形状会产生较高的峰值水量，在喷头设计中，若以峰值水量作为流道出口截面形状优选的标准，应避免选择"V"形流道出口截面形状。

5.2.3　流道出口截面形状对喷头射程的影响

当工作压力增大后，喷头喷洒射程也会相应地增大，但是增大幅度各不相同，由于喷头的喷灌射程也是评价喷头优劣的重要指标，因此，除了从水量分布的形式对流道出口截面形状进行选型以外，还应对相同工况下不同流道出口截面形状的流道喷洒射程进行分析。图5-13为1m和2m安装高度、30～100kPa工作压力下五种流道出口截面形状的喷洒射程柱状图，从图5-13中可以看出，当安装高度为1m，工作压力低于50kPa时，"V"形流道出口截面形状的喷洒射程较大，其次是"Y"形流道出口截面形状；随着工作压力的增大，"V"形流道出口截面形状的射程相比其他流道出口截面形状射程较小，"Y"形流道出口截面形状反而最大。当喷头安装高度增大后，"Y"形流道出口截面形状的喷洒射程均大于其他流道出口截面形状。综合以上分析可知，"Y"形流道出口截面形状的射程相比较其他流道出口截面形状较大，当以喷头喷洒射程为优选目标对流道

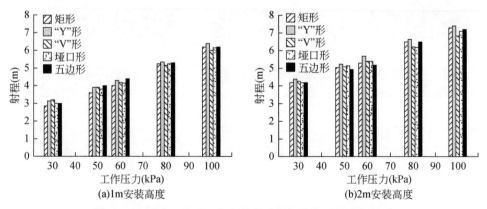

图5-13　不同工况下五种流道出口截面形状下的喷洒射程

出口截面形状进行优选时，设计工作压力低于 50kPa 应选择 "V" 形和 "Y" 形流道出口截面形状，当喷头设计工作压力在 50 ~ 100kPa 时，应首先选择 "Y" 形流道出口截面形状的流道。

5.2.4 流道出口截面形状对水分扩散的影响

水分扩散系数可较好地反映射流水束在空气中的扩散效果，在分析流道出口截面形状对喷灌水力性能的影响时，可用此指标作为一项评判标准。水分扩散系数是一个不大于 1 的无量纲数，该值越接近 1，说明水分扩散越充分，越不易产生水分集聚的现象。根据试验测得的流道流量、单流道喷洒控制面积以及单流道峰值水量值，计算出不同流道出口截面形状在不同工况下的水分扩散系数。图 5-14 为两种安装高度、不同工作压力各流道喷洒水分扩散系数的变化。从图 5-14 中可以看出，当喷头安装高度为 1m 时，不同工作压力下 "V" 形流道水分扩散系数最大，其次是五边形流道，矩形和 "Y" 形流道的水分扩散系数较小，由此可知，1m 安装高度下 "V" 形和五边形流道射流出的水束扩散不是特别均匀，矩形和 "Y" 形及垭口形流道射流出的水束扩散较为均匀。当喷头安装高度增大至 2m 时，相同工作压力下同样是 "V" 形和五边形流道射流出的水束扩散不够充分，而 "Y" 形和垭口形流道射流出的水束扩散较为均匀。由此可知，在以水分扩散系数作为评判标准对流道进行选型时，应优先选择 "Y" 形和垭口形流道。

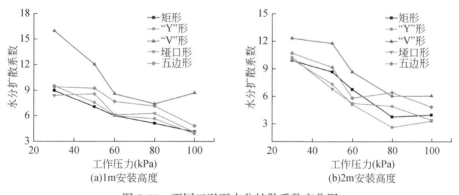

图 5-14　不同工况下水分扩散系数变化图

5.3 流道个数对水量分布的影响

在相同工况下折射式喷头流道出口截面形状为 "Y" 形时水分不易集聚，扩散较为充分，且射程较大，因此选定 "Y" 形流道出口截面形状。在折射式喷头设计过程中，除了流道出口截面形状，喷头流道个数也是影响喷头水力性能的重要参数。相关研究指出，流道个数增多会降低喷灌强度峰值，但是会对喷头射程产生一定的影响，因此研究流道个数对单流道喷灌强度峰值及喷灌射程的具体影响，以最低喷头喷灌强度，增大喷头喷灌射程为目标，设计出合理的流道个数。

5.3.1　流道个数对喷灌强度峰值的影响

图 5-15 为不同工况下测得的喷灌强度峰值柱状图，其中图 5-15（a）~图 5-15（c）为 1m 安装高度，30kPa、60kPa 和 100kPa 工作压力下五种类型喷头喷洒出的喷灌强度峰值，从图中可以看出，当喷盘射流角度相同时，不同工作压力下，喷灌强度峰值均随着喷盘上的流道个数的增加而呈现出降低的趋势，30kPa 工作压力下，0° 出射角的喷盘当流道个数从 10 条增大至 26 条时，喷灌强度峰值从 262.4mm/h 降低至 149mm/h，降幅达到 43.21%；对于 40° 出射角的喷盘，当流道个数从 10 条增大至 26 条时，喷灌强度峰值由 207.2mm/h 降低至 121.8mm/h。另外，随着射流角度的增大，相同流道个数的喷盘峰值强度呈现降低的趋势，当流道个数为 10 条时，0°~40° 出射角下喷灌强度峰值分别为 262.4 mm/h、237 mm/h、240.8 mm/h、227.2 mm/h 和 207.2mm/h；流道个数为 26 条时，喷灌强度峰值分别为 149 mm/h、132.2 mm/h、136 mm/h、125.2 mm/h 和 121.8mm/h，降低效果都较为明显。另外随着工作压力的增大，相同流道个数和相同出射角度的喷盘喷洒出的喷灌强度峰值也呈现降低的趋势，0° 出射角 10 条流道的喷盘，当工作压力为 30kPa、60kPa 和 100kPa 时，喷灌强度峰值分别为 262.4mm/h、184.9mm/h 和 115.4mm/h。当喷头安装高度增大至 2m 时，喷灌强度峰值的变化规律与 1m 安装高度下的变化规律相同，见图 5-15（d）~图 5-15（f）。由此可见，随着喷盘出射角度的增大和喷盘流道个数的增加，喷灌强度峰值均呈现出降低的趋势，这是因为喷盘流道个数的增加，单个流道射流出的水量就会相应地降低，这样就会有利于射流水束在空中的碎裂，水量集中的现象一定程度上就会得到改善；当喷盘出射角度增大后，射流水束在垂直向上的方向上有一个初速度，射流水束经过一段上升的时间，然后再落下，这样就增加了射流水束在空气中的运动时间，加速了水束的碎裂，因此一定程度上也会减小喷洒水量过于集中的现象。

由喷灌强度峰值与工作压力、安装高度的关系可知，流道喷灌强度峰值（R_p）与喷头工作压力（P）、喷头安装高度（H）均成幂函数关系，为了进一步分析流道个数、出射角度对喷灌强度峰值的具体影响，采用 SPSS 软件的回归分析，分别对相同工况下流道个数（n）、出射角度（α）与喷灌强度峰值的函数关系进行估计，探求不同工况下哪种函数模型可以较好地描述喷灌强度峰值的变化。由于出射

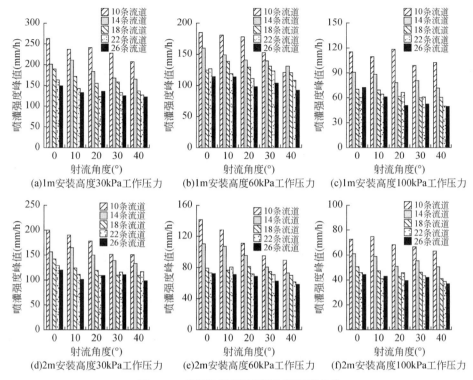

图 5-15 不同工况下喷灌强度峰值变化

角度包含非正数值（0°），无法计算对数模型、幂函数模型、倒数模型和"S"模型，通过对线性、二次、三次、复合、增长、指数、Logistic 等模型的分析，其 1m 安装高度、30kPa 工作压力下模型的相关性分析结果见表 5-4。从表 5-4 中可以看出，当工作压力为 30kPa 时，不同流道个数下的喷灌强度峰值与出射角度的线性、二次和三次模型拟合度都较高，说明该工况下可用线性、二次或者三次模型表达喷灌强度峰值与出射角度的关系。

表 5-4 30kPa 工作压力下流道出射角度与喷灌强度峰值曲线估计（1m 安装高度）

模型	流道条数：10 条		流道条数：14 条		流道条数：18 条		流道条数：22 条		流道条数：26 条	
	R^2	F	R^2	F	R^2	F	R^2	F	R^2	F
线性	0.893	24.454	0.823	13.245	0.919	31.475	0.888	5.415	0.858	15.121
二次	0.971	8.315	0.979	4.654	0.966	11.419	0.913	7.935	0.897	6.041
三次	0.991	11.074	0.991	15.392	0.968	9.390	0.923	3.512	0.927	2.889
复合	0.890	24.195	0.831	14.745	0.912	31.231	0.632	5.154	0.845	16.411
增长	0.890	24.195	0.831	14.745	0.912	31.231	0.632	5.154	0.845	16.411
指数	0.890	24.195	0.831	14.745	0.912	31.231	0.632	5.154	0.845	16.411
Logistic	0.890	24.195	0.831	14.745	0.912	31.231	0.632	5.154	0.845	16.411

为了说明线性关系式可以描述喷灌强度峰值与流道出射角度的关系，通过 SPSS 分析 1m 和 2m 安装高度、不同工作压力下喷灌强度峰值的线性和二次模型的回归系数，其结果见表 5-5。从表 5-5 中可以看出，线性模型和二次模型预测喷灌强度峰值时，回归系数都比较大，表明不同工况下峰值水量与出射角度均可用二次或者线性关系进行表达，相同工况下，二次模型 R^2 值均高于线性模型，表明用二次模型表达更为准确，但是由于二次模型关系较为复杂，线性关系式已经满足精度的需要，因此用线性关系式进行描述喷灌强度峰值与出射角度的关系，其关系式 $R_p(\alpha)$ 可表示为

$$R_p(\alpha) = A_1\alpha + A_2 \tag{5-8}$$

式中，A_1、A_2 为待定系数；α 为出射角度（°）。

表 5-5　不同工作压力下喷盘流道个数与喷灌强度峰值曲线估计

工作压力（kPa）	模型	1m 安装高度					2m 安装高度				
		10 条流道	14 条流道	18 条流道	22 条流道	26 条流道	10 条流道	14 条流道	18 条流道	22 条流道	26 条流道
30	线性	0.893	0.823	0.919	0.888	0.858	0.942	0.868	0.974	0.805	0.402
	二次	0.971	0.979	0.966	0.913	0.897	0.979	0.988	0.978	0.997	0.973
50	线性	0.653	0.934	0.884	0.387	0.983	0.990	0.964	0.688	0.565	0.710
	二次	0.654	0.980	0.913	0.389	0.991	0.999	0.999	0.816	0.628	0.719
60	线性	0.990	0.969	0.685	0.438	0.782	0.988	0.977	0.770	0.845	0.986
	二次	0.992	0.989	0.752	0.736	0.783	1.000	1.000	0.817	0.873	0.994
80	线性	0.648	0.815	0.602	0.728	0.892	0.877	0.952	0.586	0.915	0.352
	二次	0.781	0.852	0.618	0.739	0.936	0.958	0.989	0.666	0.995	0.441
100	线性	0.508	0.875	0.890	0.988	0.962	0.886	0.729	0.751	0.463	0.731
	二次	0.529	0.883	0.970	0.995	0.971	0.938	0.746	0.830	0.832	0.816

采用相同的方法分析不同出射角度下喷盘流道个数与喷灌强度峰值的关系，通过分析发现当流道个数与喷灌强度峰值呈二次或者三次关系时，相关度较高，其他模型满足不了精度的要求，考虑到模型的简洁性，可用二次模型关系式描述喷灌强度峰值与流道个数的变化规律，则 $R_p(n)$ 的关系可表示为

$$R_p(n) = B_1n^2 + B_2n + B_3 \quad R_p(\alpha) = A_1\alpha + A_2 \tag{5-9}$$

式中，B_1、B_2、B_3 为待定系数；n 为流道个数（个）。

喷灌强度峰值与安装高度（H）、工作压力（P）的函数关系式 $R_p(H, P)$ 为

$$R_p(H, P) = C_1H^{C_2}P^{C_3} \tag{5-10}$$

式中，C_1、C_2、C_3 为待定系数；H 为喷头安装高度（m）；P 为喷头工作压力（kPa）。

则建立喷灌强度峰值与出射角度、流道个数、安装高度及工作压力的复合函数关系有以下形式：

$$\begin{cases} f(\alpha, \, n, \, H, \, P) = \left[R_p(\alpha) \times R_p(n) \right] H^{C_2} P^{C_3} \\ \qquad\qquad\qquad 或 \\ f(\alpha, \, n, \, H, \, P) = \left[R_p(\alpha) + R_p(n) \right] H^{C_2} P^{C_3} \end{cases} \tag{5-11}$$

即

$$\begin{cases} R_p = (A_1\alpha + A_2) \cdot (B_1 n^2 + B_2 + B_3) H^{C_2} P^{C_3} \\ \qquad\qquad\qquad 或 \\ R_p = (A_1\alpha + B_1 n^2 + B_2 n + AB) H^{C_2} P^{C_3} \end{cases} \tag{5-12}$$

式中，R_p 为喷灌强度峰值（mm/h）；H 为喷头安装高度（m）；P 为喷头工作压力（kPa）；n 为流道个数（个）；α 为出射角度（°）；其余为待定系数。

采用 SPSS 软件对目标函数进行拟合，分别对式（5-11）和式（5-12）进行非线性拟合，图 5-16 为模型模拟值与实测值的对比图，从图 5-16 中可以看出，拟合的相关系数 R^2 均大于 90%，拟合度较高，两种函数表达形式均可以用来预测特定工况下喷灌强度峰值。

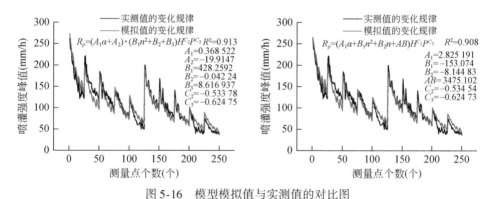

图 5-16　模型模拟值与实测值的对比图

5.3.2　流道个数对喷头射程的影响

图 5-17 为不同工况下单流道喷洒射程的变化曲线图，其中图 5-17（a）～图 5-17（c）为 1m 安装高度，30kPa、60kPa 和 100kPa 工作压力下不同流道个数和不同射流角度的喷盘射程变化，图 5-17（d）～图 5-17（f）为 2m 安装高度，30kPa、60kPa 和 100kPa 工作压力下不同流道个数和不同射流角度的喷盘射程变化。从图 5-17（a）～图 5-17（c）中可以看出，随着射流角度的增大，相同流道个数的喷盘喷洒距离均呈现先增高后降低的变化趋势。另外，当流道出射角度相

同时，随着流道个数的增加，喷盘喷洒距离均降低。另外，当流道个数和出射角度相同时，随着喷头工作压力的增大，喷盘喷洒距离均增大。当喷头安装高度增大至 2m 时 ［图 5-17（d）～图 5-17（f）］，各流道喷洒射程的变化规律与 1m 安装高度下射程的变化规律相同，并且相同工况下，随着喷头安装高度的增大，喷头的喷洒射程增大。分析影响喷头的内部因素，主要是射流角度和流道个数的影响，射流角度增大，喷头喷洒射程呈现先增后降的变化规律，这是因为随着射流角度的增大，水束在空中的运动时间增大，这样有助于水平喷洒距离的增大，而

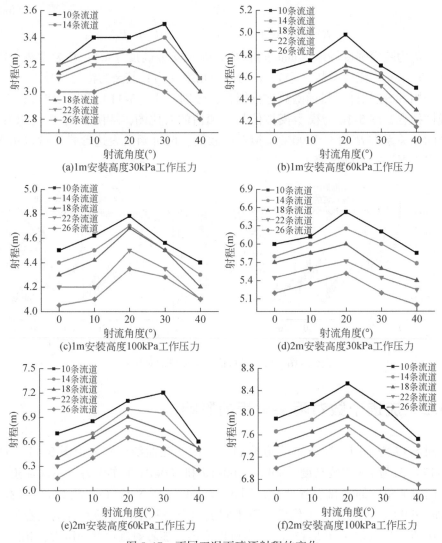

图 5-17　不同工况下喷洒射程的变化

当射流角度达到一定程度后，由于水束在水平方向上的分速度降低，导致了水平射程减小。随着流道个数的增加，喷头喷洒射程降低，这是因为流道个数增加后单个流道喷洒水的流量减小，流速降低，导致喷头喷洒射程的降低。

采用相同的分析方法，对相同工况下喷盘出射角度 α 与射程的函数关系进行估计，探求不同工况下喷洒射程的函数关系式。其 1m 安装高度，30kPa 工作压力下的估计结果见表 5-6，从表 5-6 中可以看出，当出射角度与喷洒射程呈二次或者三次的关系时，相关度较高。

表 5-6　30kPa 工作压力不同工况下喷盘出射角度与喷洒射程曲线估计分析（1m 安装高度）

模型	流道条数：10 条		流道条数：14 条		流道条数：18 条		流道条数：22 条		流道条数：26 条	
	R^2	F	R^2	F	R^2	F	R^2	F	R^2	F
线性	0.009	0.028	0.019	0.059	0.08	0.261	0.439	2.348	0.333	1.5
二次	0.81	4.25	0.692	2.25	0.898	8.825	0.997	286	0.869	6.636
三次	0.893	2.778	0.865	2.143	0.985	22.475	1	765	0.952	6.667
复合	0.012	0.036	0.023	0.07	0.087	0.285	0.444	2.396	0.342	1.557
增长	0.012	0.036	0.023	0.07	0.087	0.285	0.444	2.396	0.342	1.557
指数	0.012	0.036	0.023	0.07	0.087	0.285	0.444	2.396	0.342	1.557
Logistic	0.012	0.036	0.023	0.07	0.087	0.285	0.444	2.396	0.342	1.557

对不同工况下喷盘出射角度与喷洒射程进行二次和三次模型关系式的相关系数分析，其结果见表 5-7，从表 5-7 中可以看出，采用三次模型可较好地描述喷盘出射角度与喷洒射程的关系，考虑到函数表达式的简洁性，本书采用二次模型描述喷盘出射角度与喷洒射程的关系，其表达式 $L(\alpha)$ 为

$$L(\alpha) = A'_1 \alpha^2 + A'_2 \alpha + A'_3 \tag{5-13}$$

式中，A'_1、A'_2、A'_3 为待定系数；α 为出射角度（°）。

表 5-7　不同工况下喷盘出射角度与喷洒射程曲线估计分析

工作压力（kPa）	模型	1m 安装高度					2m 安装高度				
		10 条流道	14 条流道	18 条流道	22 条流道	26 条流道	10 条流道	14 条流道	18 条流道	22 条流道	26 条流道
30	二次	0.810	0.692	0.898	0.997	0.869	0.783	0.784	0.788	0.786	0.789
	三次	0.893	0.865	0.985	1.000	0.952	0.904	0.885	0.897	0.906	0.909
50	二次	0.781	0.834	0.964	0.928	0.975	0.787	0.911	0.836	0.854	0.857
	三次	0.927	0.967	0.993	0.954	0.983	0.907	0.931	0.838	0.855	0.869

续表

工作压力 (kPa)	模型	1m 安装高度					2m 安装高度				
		10条流道	14条流道	18条流道	22条流道	26条流道	10条流道	14条流道	18条流道	22条流道	26条流道
60	二次	0.868	0.857	0.866	0.660	0.749	0.995	0.800	0.920	0.867	0.916
	三次	0.869	0.869	0.915	0.824	0.889	0.995	0.838	0.928	0.886	0.924
80	二次	0.929	0.927	0.860	0.825	0.911	0.874	0.878	0.896	0.824	0.897
	三次	0.958	0.949	0.945	0.927	0.930	0.881	0.879	0.967	0.833	0.899
100	二次	0.751	0.822	0.942	0.913	0.954	0.955	0.924	0.836	0.915	0.819
	三次	0.995	0.984	0.945	0.942	0.966	0.956	0.938	0.838	0.916	0.821

采用相同的方法分析流道条数与喷洒射程的关系，结果表明当流道条数与喷灌强度峰值呈线性、二次及三次的关系时，拟合度较高，本书采用最简洁的线性模型描述喷灌强度峰值与流道条数的关系，其可表示为

$$L(n) = B'_1 n + B'_2 \tag{5-14}$$

式中，B'_1、B'_2 为待定系数；n 为流道条数（条）。

射流长度与喷头安装高度 H、工作压力 P 的函数关系式为

$$L(H, P) = C'_1 H^{C'_2} P^{C'_3} \tag{5-15}$$

式中，C'_1、C'_2、C'_3 为待定系数；H 为喷头安装高度（m）；P 为喷头工作压力（kPa）。

建立喷灌强度峰值与出射角度、流道条数、安装高度及工作压力的复合函数关系有以下形式：

$$\begin{cases} T(\alpha, n, H, P) = [L(\alpha) \times L(n)] H^{C'_2} P^{C'_3} \\ \text{或} \\ T(\alpha, n, H, P) = [L(\alpha) + L(n)] H^{C'_2} P^{C'_3} \end{cases} \tag{5-16}$$

即

$$\begin{cases} L = (A'_1 \alpha^2 + A'_2 \alpha + A'_3) \cdot (B'_1 n + B'_2) H^{C'_2} P^{C'_3} \\ \text{或} \\ L = (A'_1 \alpha^2 + A'_2 \alpha + B'_1 n + B_2' + AB') H^{C'_2} P^{C'_3} \end{cases} \tag{5-17}$$

式中，L 为喷洒射程（m）；H 为喷头安装高度（m）；P 为工作压力（kPa）；n 为流道条数（条）；α 为流道出射角度（°）；其余为待定系数。

采用相同的方法对目标函数进行非线性拟合，图 5-18 为喷洒射程实测值与模型模拟值的对比图，从图 5-18 中可以看出，喷洒射程两种函数表达形式回归系数均大于 0.960，拟合度较高，可用这两种表达式预测不同工况下喷洒射程的变化。

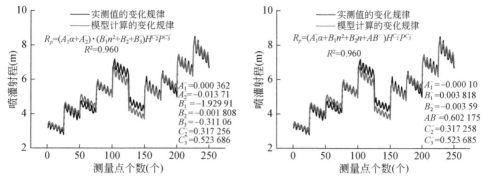

图 5-18 喷洒射程实测值与模型模拟值的对比图

5.3.3 喷盘流道条数设计

从以上分析可得出峰值水量、喷洒射程与喷头安装高度、工作压力、流道条数及流道出射角度的函数关系式。在设计喷头过程中，为了降低喷灌水量对土壤及作物的冲击，避免产生打击伤害，应将喷灌强度峰值降到最低；为了增大单喷头控制面积，应提高喷头射程。因此，降低喷灌强度峰值，应对峰值水量函数求最小值；提高喷洒射程，应对喷洒射程函数求最大值。

采用 MATLAB 工程计算软件，在固定喷头安装高度和工作压力条件下，以流道条数和流道出射角度为自变量，以喷灌强度峰值和喷洒射程为因变量，分别对峰值水量分布函数求最小值，对喷洒射程函数求最大值，通过计算得出结果如下：

当喷灌强度峰值最低时：$n = 27.0910$，$\alpha = \text{null}$。

当喷洒射程最大时：$n = \text{null}$，$\alpha = 18.9$。

计算结果表明，在以喷灌强度峰值最低为设计目标时，最优的流道条数为27 条，由于喷灌强度峰值随着流道出射角度的增大线性降低，因此流道出射角度越大越好。当以喷洒射程最大为设计目标时，最佳的流道出射角度为 18.9°，由于喷洒射程随着流道条数的增加而减小，因此流道条数越少越好。综合喷灌强度峰值最小和喷洒射程最大两个优选标准，在喷盘设计过程中，可确定喷盘最优流道条数为 27 条，最佳设计角度为 18.9°。

图 5-19 是喷头安装高度分别为 1m 和 2m、工作压力为 30～100kPa（10kPa间距测试工作压力）下单个喷灌强度峰值模拟值与实测值的对比。从图 5-19 中可以看出，当喷头安装高度为 1m 时，30kPa 工作压力测得的单流道水量喷灌强度峰值偏差最大，其值为 15.80%，80kPa 工作压力下测得的偏差最小，最小值为 3.27%。当喷头安装高度增大至 2m 时，实测值与模拟值的偏差在高工作压力

下相对较大，最大值达到21.80%，产生大偏差的主要原因一个可能是回归的喷灌强度峰值函数模型不是特别精确，导致在计算喷洒水量喷灌强度峰值时的数值不是特别精准；另一个可能是采用激光快速成型技术制作喷盘时制造偏差造成的，除此之外，在喷头水力性能测试过程中，工作压力的波动产生的测量误差造成的。总体来说，设计出的新型低压喷盘喷洒水量喷灌强度峰值与预测值相符合，表明拟合的喷灌强度峰值函数基本上能够满足设计需求，以喷灌强度峰值最小为设计目标方法是可行的。

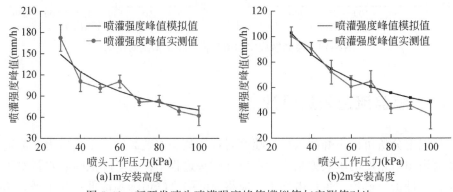

图5-19　新开发喷头-喷灌强度峰值模拟值与实测值对比

图5-20是低压喷头在两种安装高度下喷洒射程的实测值与模拟值的对比。图5-20中显示，两种安装高度下喷洒射程实测值与模拟值基本相符，实测值最大偏差为−6.08%，最小偏差为0.2%。在与上节喷灌强度峰值的偏差对比可以看出，喷洒射程偏差远小于喷灌强度峰值偏差，主要原因还是在回归函数模型的过程中，喷洒射程模型的回归系数高于喷灌强度峰值模型的回归系数。从结果来看，拟合的喷灌射程模型能够满足喷盘设计的需要，以喷洒射程最大为设计目标方法也是可行的。

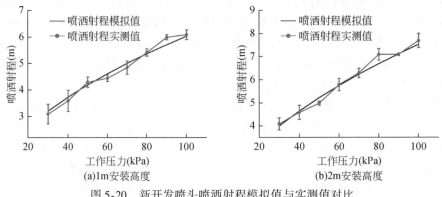

图5-20　新开发喷头喷洒射程模拟值与实测值对比

从以上分析可以看出，设计出的新型低压喷盘能够满足喷灌强度峰值最小、喷洒射程最大的设计目标，然而评判一个喷头的好坏，不仅要看喷灌强度峰值还要看喷洒射程，由于本书所设计的喷盘满足移动喷洒需要，其移动条件下单喷头水量分布直接决定了喷灌机喷洒质量，因此有必要分析该喷头在移动条件下水量分布特性。图 5-21 为 1m 和 2m 安装高度下，30kPa、60kPa 和 100kPa 工作压力下移动单喷头单侧相对水量分布特性，从图 5-21 中可以看出，不同工况下单喷头水量相对分布变化较大，这说明喷头在移动喷洒过程中，在垂直于移动方向上水量分布变化较为剧烈，水量分布极度不均匀，说明该喷盘在移动水量分布方面，还需要进行进一步的改进。

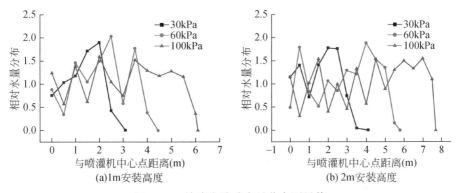

图 5-21　单喷头移动水量分布测量值

5.4　基于流道夹角的低压折射式喷头设计及水力特征

一般来说，针对移动式喷灌设备上配备的低压喷头，其单喷头在移动条件下水量呈矩形、梯形或者三角形分布时为最佳，这样可以方便喷头间距的布置，提高喷洒均匀度，在低压喷头设计时，应以水量分布最佳为目标进行设计。

5.4.1　流道夹角设计思路

在流道结构的设计过程中，选定了"Y"形的流道出口截面形状及其截面的具体尺寸，在给定流道条数的情况下，在 360°，流道间最小夹角和最大夹角可以通过求解几何模型的方法计算得出。在计算单喷头整体移动水量分布时，可通过计算单侧水量分布来反映该喷头整体水量分布特性，因此可选定第一象限和第四象限作为典型进行设计。由 5.3.3 节得出最优的流道条数为 27 条，为奇数，由于流道条数和喷头移动水量分布在平行于移动喷头方向上对称分布，因此需要在 y 轴正方向设定一条流道，其余 13 条流道通过试算的方法进行布设，如图 5-22 所示。由于流道出口截面宽度为 3mm，流道条数为 27 条，因此应首先分析布设 27 条流道时所允许的最大流道出口截面宽度，以便分析流道出口截面宽度为 3mm 时是否超出了要求；其次应分析流道间夹角 α 的约束范围，以便在喷头设计过程中将流道在喷盘上进行完整地布设。由于喷盘直径为 31mm，可知布设 27 条流道时所允许的最大流道出口截面宽度为 3.6mm，设计宽度小于最大允许宽度，因此流道出口截面宽度为 3mm 时合理；当第一象限和第四象限的 14 条流道紧密布置时，通过解结合模型得出，允许流道间最小夹角为 11°，最大夹角为 26°，因此在试算过程中，任意两条流道之间的夹角应为 11° ~ 26°。

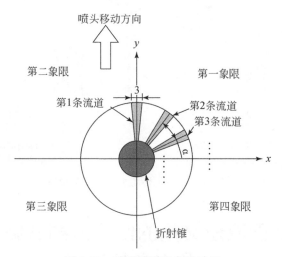

图 5-22　喷头流道夹角设计图

图 5-23 为开发喷头过程中夹角优化设计时的试算流程图，首先确定第一象限和第二象限流道条数为 14 条（平行于 y 轴正方向一条），然后选定其他 13 条流道的角度（与 x 轴正方向之间的夹角），定好夹角范围后，将一个工况下（工作压力和安装高度）单流道水量分布数据输入程序中，经过计算得出在设计流道下单喷头单侧移动水量分布，通过分析判定该角度下水量是否呈现出三角形分布形式，如果是则固定各个流道夹角，变换其他工况进行计算。如果不是则再次改变流道间夹角重复上述步骤进行计算。变换工况后，重新分析其移动条件下单侧水量分布形式，如果水量依然呈现三角形的分布形式，则试算结束，确定各个流道的夹角；如果水量分布不是呈现三角形分布，则重复上述步骤，进行试算。

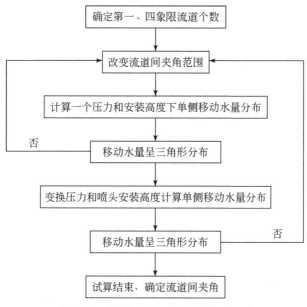

图 5-23　流道夹角设计时试算流程图

5.4.2　流道夹角设计过程

1. 固定初始计算工况

采用软件对流道夹角试算时，首先要对单流道水量分布测量过程中的雨量筒的尺寸、布设的排数、雨量筒的布置间距及雨量筒布设的最小距离和最大距离（距离喷头中心点，软件涉及的长度单位均为 cm，对基本参数进行设置）。在试算过程中，首先将 1m 安装高度、30kPa 工作压力作为初始计算工况，分析该工况下最佳的流道角度设计方案。在设计水量分布试验时，采用自记雨量筒作为水量分布的计量工具，自记雨量筒的直径为 15.2cm，根据单流道水量分布的宽度调整雨量筒布设排数，本书在测量过程中平行于射流方向并行布设 5 排。根据喷头喷洒射程布设雨量筒列数，每列雨量筒布置间距为 50 cm，1m 安装高度、30kPa 工作压力下最末端雨量筒距离喷头中心点位置为 310cm（即喷头喷洒射程为 310cm），基本参数设定如图 5-24 所示。

设定好基本参数之后即可生成水量分布记录表，如图 5-25 所示，可将该工况下单流道水量分布实测数据填入表格中，也可以将保存有水量分布数据的 Excel 文件直接导入到程序中。其中，"坐标"列为雨量筒所在的列距喷头中心点

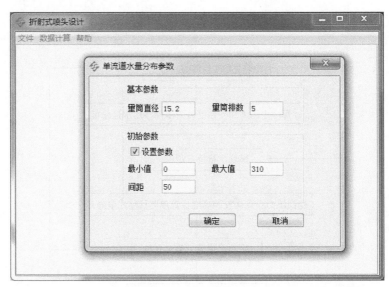

图 5-24　基本参数设置

的距离（单位为 cm），"量筒 1" ~ "量筒 5" 列为 5 排雨量筒所测得的单位时间内水量分布数据。如果在试验过程中对于水量分布较为集中的区域加密布设了雨量筒，可根据雨量筒实际布设情况点击右键添加和删除列坐标，以完善水量分布的信息。图 5-25 为 1m 安装高度、30kPa 工作压力下实测的水量分布数据。

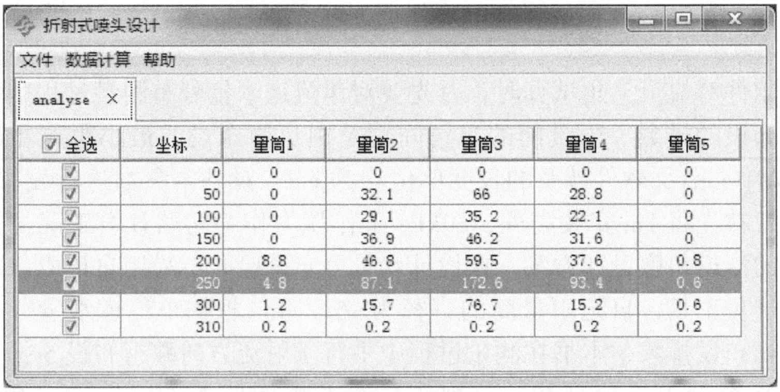

☑全选	坐标	量筒1	量筒2	量筒3	量筒4	量筒5
☑	0	0	0	0	0	0
☑	50	0	32.1	66	28.8	0
☑	100	0	29.1	35.2	22.1	0
☑	150	0	36.9	46.2	31.6	0
☑	200	8.8	46.8	59.5	37.6	0.8
☑	250	4.8	87.1	172.6	93.4	0.6
☑	300	1.2	15.7	76.7	15.2	0.6
☑	310	0.2	0.2	0.2	0.2	0.2

图 5-25　水量分布数据导入

试验测得的水量分布数据为特定点的数据，为了得到各排任意位置处水量分布数据，需对每排实测水量进行插值，插值间距选择 1cm，为了防止负数的出现，通过调试确定局部插值参数为 10，图 5-26 为经过插值后水量分布数据。

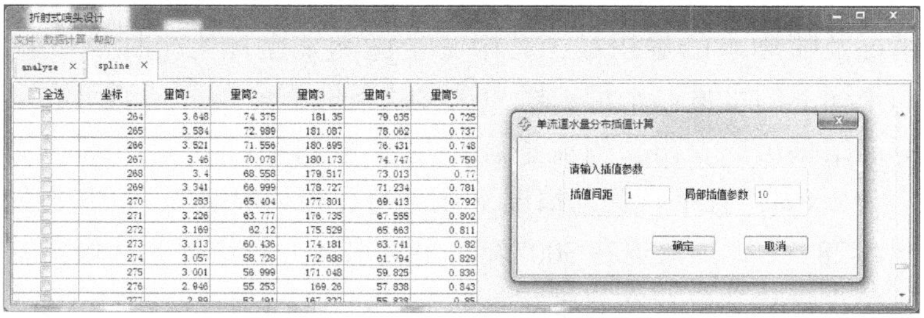

图 5-26 单流道水量局部插值

经分析，确定流道间夹角的范围为 11°～26°，经过软件反复试算（图 5-27），确定了 1m 安装高度、30kPa 工作压力下一系列适用角度，可建立该工况下流道角度设定数据库，作为计算其他工况下的水量分布时的备选。图 5-27 为其中的一种布设方式，其中第一象限布设了六条流道，角度分别为 24°、35°、46°、57°、68°和 79°；*y* 轴正方向（即 90°角）布设一条流道，*x* 轴正方向布设一条（即 360°角）；第四象限布设六条流道，角度分别为 276°、288°、300°、320°、338°和 349°。

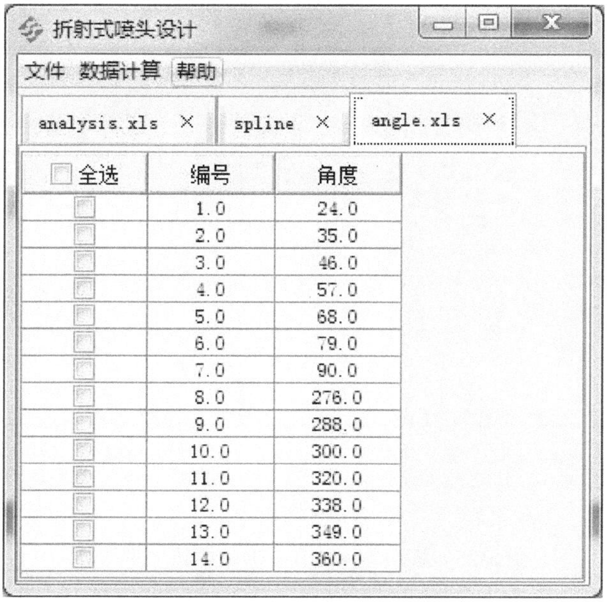

图 5-27 流道夹角试算

设定好试算角度后，启动软件的计算程序，可计算出该流道在不同旋转角度下水量分布的坐标化数据及移动条件下该角度喷洒的水在垂直于行走方向（即 *x*

轴）的累积量，如图 5-28 所示，图 5-28（a）为流道在 24°旋转角下不同排雨量筒的分布情况及喷洒水的累积量，其中 x 坐标和 y 坐标为坐标点位置，雨量筒 1～5 为不同坐标下的水量，水量一栏为在移动条件下该角度喷洒水在 x 轴的累积量。从计算的结果可以看出，当流道旋转角度为 24°时，移动条件下该流道在 x 轴坐标投影为 2.8m，且平行移动情况下该流道在距离喷头 2.3m 左右处累积的水量最多。图 5-28（b）为流道在 300°旋转角时水量分布情况，从输出结果可以看出，该旋转角水量移动分布在 x 轴坐标投影为 1.6m，平行移动情况下该流道在距离喷头 1.2m 位置处累积的水量最多。

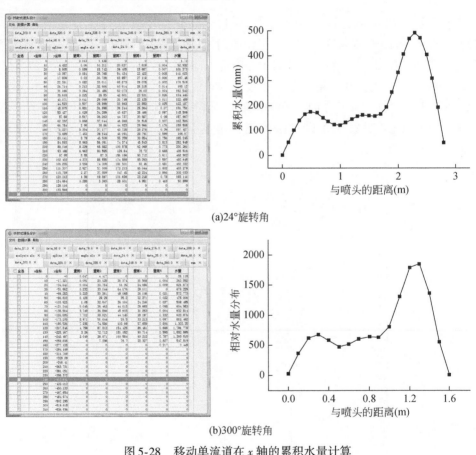

(a)24°旋转角

(b)300°旋转角

图 5-28　移动单流道在 x 轴的累积水量计算

图 5-29 为该试算角度（14 条流道）下单喷头移动条件下单侧的累积水量，其中累积间距为 0.1m，从累积水量分布图可以看出，在设定的角度下喷头水量分布基本呈现三角形分布形式，在距离喷头 1m 范围内水量分布呈现震荡的情况，但是震荡不是特别剧烈，基本满足该工况下的设计要求。

图 5-29　移动条件下单侧的累积水量计算

2. 改变计算工况

在选定初始计算工况下，按照设定角度对移动水量分布进行试算，试算通过后，固定该角度，并改变试算的工作压力，分析不同工作压力下水量分布是否依然呈现出三角形的分布形式。如图 5-30 为 1m 安装高度，60kPa 和 100kPa 工作压力下初始水量分布数据，将两种工况下水量分布数据导入到计算程序中，重复上述步骤进行试算。

☐全选	坐标	量筒1	量筒2	量筒3	量筒4	量筒5
☐	0.0	0.0	17.3	28.3	16.3	0.0
☐	50.0	0.0	27.4	48.3	26.3	0.0
☐	100.0	0.0	38.5	56.0	27.2	0.0
☐	150.0	8.1	33.1	46.1	44.4	6.6
☐	200.0	8.8	54.3	76.0	38.0	17.7
☐	250.0	12.3	83.5	97.1	60.3	15.9
☐	300.0	16.9	82.9	110.8	67.2	14.6
☐	350.0	17.1	44.0	93.0	56.7	10.2
☐	400.0	4.5	10.0	14.3	7.1	3.2
☐	445.0	0.2	0.2	0.2	0.2	0.2

(a) 60kPa

全选	坐标	量筒1	量筒2	量筒3	量筒4	量筒5
	0.0	0.0	0.0	0.0	0.0	0.0
	50.0	0.0	4.2	6.6	4.6	0.0
	100.0	0.0	6.5	7.5	8.3	0.0
	150.0	0.0	5.2	13.3	4.3	0.0
	200.0	3.2	5.4	16.5	6.4	0.0
	250.0	4.8	18.6	17.5	15.1	0.6
	300.0	4.7	23.1	23.7	17.1	0.7
	350.0	5.2	22.8	23.8	18.2	6.2
	400.0	17.5	34.7	35.8	28.7	9.2
	450.0	10.6	49.6	62.4	38.9	13.1
	500.0	9.6	31.1	38.8	19.2	9.7
	550.0	7.3	14.3	25.7	11.9	7.2
	600.0	5.4	4.1	12.2	5.8	2.8
	610.0	0.2	0.2	0.2	0.2	0.2

(b) 100kPa

图 5-30　1m 安装高度 60kPa 和 100kPa 工作压力初始水量分布计算

图 5-31 为 1m 安装高度，60kPa 和 100kPa 工作压力下移动水量分布计算结果。从图 5-31（a）可以看出，当工作压力为 60kPa 时，在该设定角度下单喷头移动水量依然呈现出三角形分布形式，且在喷头不同位置处水量分布没有出现剧烈变化的情况。图 5-31（b）为 100kPa 工作压力下计算出的移动水量分布曲线，从图 5-31（b）中可以看出，该工作压力下水量分布虽然呈现出三角形的分布趋势，但是在距离喷头 0.5m 位置处水量分布出现剧烈下降的情况，虽然与预期有一些误差，依然在可接受的范围内。

(a) 60kPa

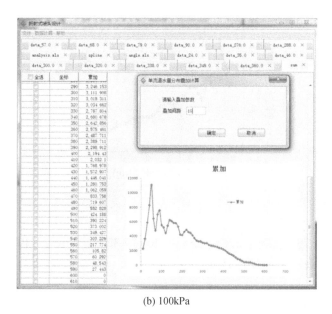

(b) 100kPa

图 5-31　1m 安装高度 60kPa 和 100kPa 工作压力移动水量分布计算结果

　　通过上述分析可知，在改变工作压力后，根据所设定的流道夹角计算出的单喷头移动水量分布均呈现三角形的分布形式，为了分析其他高度下该喷头喷洒效果，通过改变喷头安装高度和工作压力，继续对该设定角度进行检验。检验时设定喷头安装高度为 2m，喷头工作压力分别为 30kPa、60kPa 和 100kPa，图 5-32 为经过处理后的检验结果图，为了消除累积水量数量级较大的问题，采用相对水深表示移动条件下累积水量的变化情况。从图 5-32 中可以看出，三种工作压力下水量分布均呈现出三角形的分布形式，1m 安装高度下，当工作压力为 30kPa 和 100kPa 时，在距离喷头 0.5m 和 1m 范围内，水量分布出现震荡的情况，但变化不是特别剧烈，因此当流道在第一象限和第四象限的角度分别为 24°、35°、

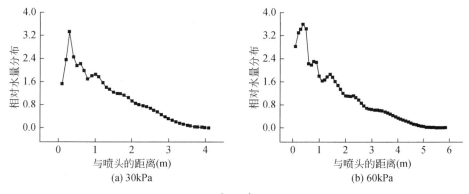

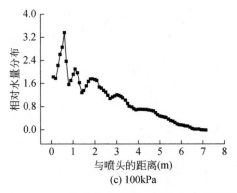

图 5-32　2m 安装高度移动水量分布计算结果

46°、57°、68°、79°、90°、276°、288°、300°、320°、338°、349°和 360°时，也适用于 2m 安装高度下的喷灌作业。

5.4.3　流道夹角定型

通过上述分析可知，当喷头设计的流道在第一象限和第四象限的角度分别为 24°、35°、46°、57°、68°、79°、90°、276°、288°、300°、320°、338°、349°和 360°时，在 1m 和 2m 安装高度下，水量分布均呈现三角形的分布形式，因此可以采用该角度对低压折射式喷盘进行设计，将该角度沿 y 轴对称，则可以得出其余 13 条流道在第二象限和第三象限的角度。喷盘流道夹角布置如图 5-33 所示。

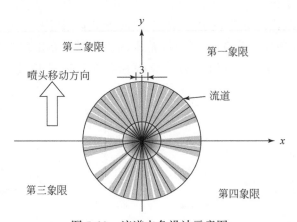

图 5-33　流道夹角设计示意图

5.4.4 低压折射式喷头水力特征

1. 水滴直径

图 5-34 为研发的低压折射式喷头与 Nelson D3000 型喷头在 1～2m 安装高度、50～100kPa 工作压力下测得的最大水滴直径对比图。从图 5-34 （a）中可以看出，1m 安装高度下，当工作压力为 50kPa、70kPa 和 100kPa 时，设计喷头喷洒出的水滴最大直径分别为 3.44mm、3.19mm 和 3.24mm，Nelson D3000 型喷头最大水滴直径分别为 3.84mm、3.73mm 和 3.50mm，设计喷头喷洒最大水滴直径小于 Nelson D3000 型喷头；当工作压力为 90kPa 时，设计喷头水滴直径稍大。图 5-34 （b）是喷头安装高度为 1.5m 时两种喷头最大水滴直径对比图，图中显示，50kPa 和 90kPa 工作压力下 Nelson D3000 型喷头喷射出的水滴直径较大，只是在压力为 70kPa 时稍小一些，100kPa 工作压力下两个喷头喷洒出的水滴直径基本无明显差异。图 5-34 （c）为 2m 安装高度下两种喷头喷洒水滴直径对比图，从图中可以看出，50kPa、70kPa、100kPa 工作压力下，设计喷头喷洒出的水滴直径均较小。从以上分析可知，总体看来，任意安装高度和工作压力下，设计喷头喷洒的水滴直径普遍小于 Nelson D3000 型喷头。

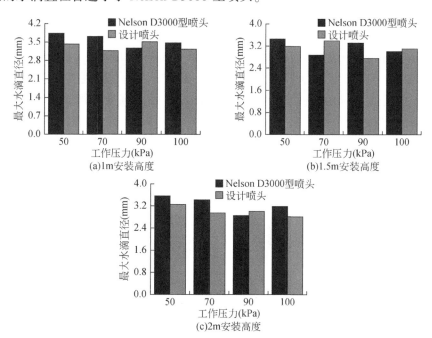

图 5-34   设计喷头和 Nelson D3000 型喷头在不同安装高度和工作压力下喷洒最大水滴直径对比

喷头喷洒出的水滴直径小说明该喷头喷洒出的水舌碎裂较为充分，由于 Nelson D3000 型喷头喷洒出的水滴直径较大，容易对作物和土壤产生打击伤害，所以在选择该喷头作为喷灌喷头时，一般都选用直径较小的喷嘴，尽可能让喷洒水舌碎裂充分，产生直径较小水滴。与 Nelson D3000 型喷头相比，在相同工况下设计喷头喷洒出的水舌碎裂较为充分，水滴直径较小，说明采用该喷头进行喷灌时，会降低喷灌水滴对作物和土壤的打击伤害概率。但是由于碎裂水滴直径小，在有风的环境下进行喷灌作业时，有可能产生较大的蒸发飘移损失。

2. 喷灌强度峰值

一般来说，喷灌强度峰值过大是产生土壤侵蚀的主要因素，喷灌强度峰值越小，喷头性能越优。为了检验设计喷头喷灌强度峰值，通过与 Nelson D3000 型喷头在相同工况下进行对比进行分析。图 5-35 为 1~2m 安装高度、50~100kPa 工作压力下两种喷头的喷灌强度峰值对比图。从图 5-35 中可以看出，任意安装高度下，设计喷头的喷灌强度峰值均远小于 Nelson D3000 型喷头。在喷头安装高度为 1m 时，设计喷头最大喷灌强度峰值出现在 50kPa 工作压力的工况下，其值为 71.2mm/h，远小于 Nelson D3000 型喷头 104.8mm/h 最小喷灌强度峰值值。随着安装高度的增加，由于射流水束的充分扩散，设计喷头喷灌强度峰值进一步降低，但是在喷头安装高度为 1.5m、工作压力为 50kPa 和 90kPa 时，设计喷头喷灌强度峰值的测量值分别为 75.2mm/h 和 50.4mm/h，稍微大于 1m 安装高度下 71.2mm/h 和 49.6mm/h 的喷灌强度峰值，可能是由于测量误差造成的，但是在该高度下，设计喷头的喷灌强度峰值依然小于 Nelson D3000 型喷头的喷灌强度峰值。当喷头安装高度继续增大至 2m 时，设计喷头的峰值强度依然较 Nelson D3000 型喷头小，只是这种差异没有 1m 和 1.5m 安装高度下那么显著，这可能是由于安装高度的提升促使 Nelson D3000 型喷头水束的充分碎裂，缩小了差距。

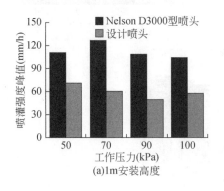
(a)1m安装高度

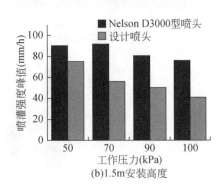
(b)1.5m安装高度

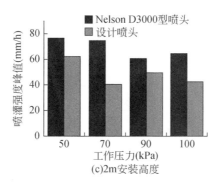

图 5-35　设计喷头和 Nelson D3000 型喷头在不同安装高度和工作压力下喷灌强度峰值对比

　　从两种喷头喷灌强度峰值的对比结果来看，设计喷头的喷灌强度峰值明显较低，在低工作压力喷灌时，选用该喷头实施喷灌作业，大大降低了土壤侵蚀的概率，其表现出了较好的喷灌性能。

　　3. 喷头射程

　　喷洒射程是衡量喷头性能优劣的重要指标，图 5-36 为不同工况下设计喷头与 Nelson D3000 型喷头喷洒射程的对比图。从图 5-36 中可以看出，设计喷头的喷洒射程在任意工况下均大于 Nelson D3000 型喷头。当喷头安装高度为 1m 时，50～100kPa 工作压力下设计喷头的喷洒射程较 Nelson D3000 型喷头高出 8.89%、9.10%、2.39% 和 5%，并且随着喷头安装高度的增大，设计喷头表现出的喷洒射程远的优势越来越显著，当喷头安装高度为 2m 时，50～100kPa 工作压力下设计喷头喷洒射程较 Nelson D3000 型喷头分别提高了 12.45%、10.34%、14.29% 和 13.85%。

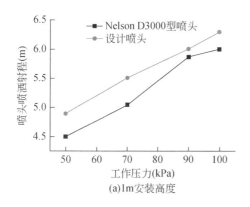
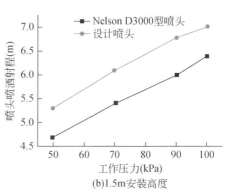

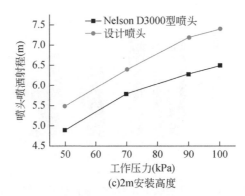

(c)2m安装高度

图5-36　设计喷头和Nelson D3000型喷头在不同安装高度和工作压力下喷洒射程对比

　　喷头射程的增大意味着喷灌过程中喷头的控制面积增大，对于移动式喷灌设备来说，相同工作压力下配备的喷头喷洒射程也增大，装备的喷头个数就会相应地减小，降低了喷头的成本投入；另外，一方面可以减少喷灌支管的孔口出流个数，降低喷灌机的制造成本。因此，从喷洒射程来看，设计喷头的喷洒射程较远，水力性能较为优越。

　　从单喷头喷洒水滴直径的范围、喷灌强度峰值和喷洒射程的分析结果可以看出，与Nelson D3000型喷头相比，设计喷头的水滴直径较小，喷灌强度峰值较低，喷洒射程较大，采用该喷头实施低压喷灌作业时，一定程度上会降低喷灌水滴对作物和土壤的打击伤害概率，减小土壤侵蚀，降低喷灌成本，该喷头表现出较为优越的水力性能，可装配于移动式喷灌设备。

5.4.5　低压折射式喷头移动喷灌水量分布及均匀性

　　从上述分析结果来看，新设计的低压喷头水力性能优势较为明显，可应用于喷灌作业，而喷头组合喷灌时水力性能具体如何还不得而知，因此，为了检验该喷头在移动式喷灌时喷洒水力性能，应对喷头组合喷灌均匀度和蒸发飘移损失进行分析，探讨不同工况下喷头组合喷洒效果。由于组合条件下喷灌均匀度测量较为烦琐，且蒸发飘移损失很难测量，因此本书采用自行设计的低压折射式喷头水量分布与均匀度计算软件，先对Nelson D3000型喷头的喷灌均匀度进行模拟，并与实测值进行了对比。在满足模拟精度的前提下，采用该软件在不同工况下对Nelson D3000型喷头和新开发出的喷头水量分布特性、组合喷灌均匀度及蒸发飘移损失进行模拟。模拟选用的喷嘴直径为4.76mm（24#喷嘴），喷头安装高度为1m、1.5m和2m共三个高度，由于Nelson D3000型喷头在工作压力小于50kPa时不能正常工作，因此模拟选择的工作压力为50kPa、60kPa、70kPa、80kPa、

90kPa 和 100kPa 六个压力，模拟选择的风速分别为 2m/s、4m/s 和 6m/s 三个风速，模拟组合喷灌均匀度时，喷头叠加间距为 1m、2m、3m、4m 和 5m 共五个组合间距。

采用软件对设计喷头和 Nelson D3000 型喷头在不同工况下的喷灌均匀度进行了计算，图 5-37（a）为 50kPa 工作压力、不同风速下设计喷头与 Nelson D3000 型喷头在不同布置间距下喷灌均匀度变化情况。图 5-37（a）中显示，当风速为 2m/s 时，不同计算工况下设计喷头喷灌均匀度显著高于 Nelson D3000 型喷头，随着风速的增加，设计喷头喷灌均匀度的优势慢慢减弱，当风速为 4m/s 时，喷头安装间距为 1m、喷头安装高度为 1m 和 1.5m 时，Nelson D3000 型喷头喷灌均匀度分别为 86.21% 和 85.23%，稍大于设计喷头 85.86% 和 85.13% 的喷灌均匀度。风速继续增大至 6m/s 时，喷头布置间距为 1m 和 4m 时，设计喷头的喷灌均匀度相比 Nelson D3000 型喷头较小。整体看来，50kPa 工作压力下设计喷头喷灌均匀度相比 Nelson D3000 型喷头较高，尤其在喷头布置间距为 1～3m 的工况下，设计喷头喷灌均匀度十分稳定，没有出现急剧减小的情况，只有当喷头布置间距为 4m 时，设计喷头组合喷灌均匀度较低，这是由于 50kPa 工作压力下喷头的喷洒射程较小，在水量累积时会出现喷灌均匀度降低的情况。

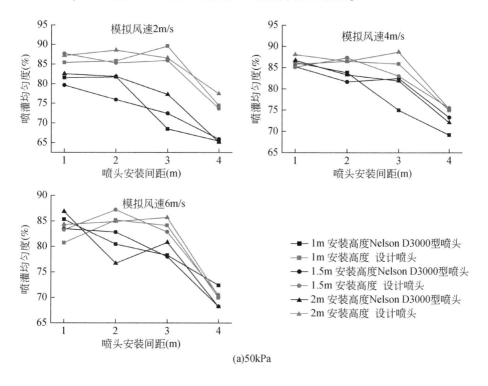

(a)50kPa

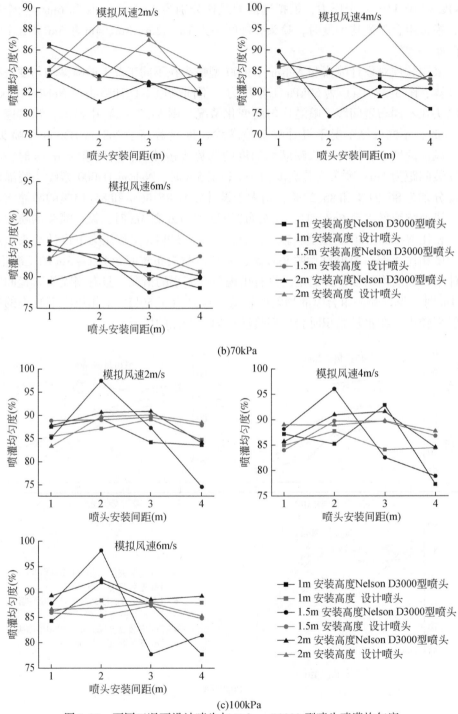

(b)70kPa

(c)100kPa

图5-37　不同工况下设计喷头与 Nelson D3000 型喷头喷灌均匀度

图 5-37（b）为 70kPa 工作压力下设计喷头与 Nelson D3000 型喷头喷灌均匀度的对比图。整体看来，与 Nelson D3000 型喷头相比，设计喷头在不同工况下的喷灌均匀度相对较高，并且喷头组合间距在 1~4m，随着喷头间距的增大，喷灌均匀度没有出现急剧降低的情况。图 5-37（c）为 100kPa 工作压力下的喷灌均匀度对比图，从图 5-37（c）中可以看出，设计喷头在有风的条件下工作时，其喷灌均匀度与 Nelson D3000 型喷头相比已没有显著的优势，这是因为 100kPa 工作压力属于 Nelson D3000 型喷头正常工作压力，该喷头在正常工作压力下水力性能较优，而设计喷头正常工作压力为 30~100kPa，与 Nelson D3000 型喷头相比，该喷头在小于 100kPa 工作压力下水力性能较优。

从上述喷灌均匀度对比结果来看，与 Nelson D3000 型喷头相比，设计喷头在工作压力小于 100kPa 时，组合喷灌均匀度相对较高；当喷灌设备的工作压力小于 50kPa 运行时，由于喷头喷洒射程的限制，为了保证较高的喷灌均匀度，喷头布置间距应小于 3m；该喷头在不同工况下喷灌均匀度值较为稳定，随着喷头布置间距的增大，喷灌均匀度值没有出现急剧降低的情况。总体看来设计喷头在低工作压力下组合喷灌均匀度相对 Nelson D3000 型喷头较优。

5.4.6 喷灌蒸发飘移损失

蒸发飘移损失影响因素较多，其中喷洒水滴直径、大气温湿度和风速等环境因素都会对其产生影响。本书在分析蒸发飘移损失时，以单喷头为研究对象，模拟了不同风速、工作压力及安装高度下设计喷头与 Nelson D3000 型喷头的蒸发飘移损失，图 5-38 为设计喷头与 Nelson D3000 型喷头的蒸发飘移损失对比结果。图 5-38 中显示，不同安装高度下设计喷头的蒸发飘移损失均高于 Nelson D3000 型喷头，这是由于设计喷头喷洒水碎裂较为充分，雾化度相对较高，当在有风条件下实施喷灌作业时，雾化度较高的喷头喷洒出的小直径水滴很容易受风的影响，吹离目标喷洒区域，产生飘移损失。

另外，从图 5-38 中可以看出，随着风速的增大，设计喷头的蒸发飘移损失随之增大，这是由于风速增大后小直径水滴受风的拖拽效果增大，较多的水被吹离目标喷灌区域。当风速相同时，蒸发飘移损失随着工作压力的增大呈现增高的趋势，这是因为工作压力增大后，水滴在空中的碎裂更为充分，导致在近喷头处水量增多，在水量分布模拟时，近喷头处水量对应的水滴直径较小，小直径水滴受风的作用效果较为明显，使小直径水滴对应的水量飘移出目标区域，结果使蒸发飘移损失量增加。另外随着喷头安装高度的升高，相同风速下蒸发飘移损失均增大，产生这种现象的主要原因是安装高度的提升使喷洒水滴在空气中的飞行时

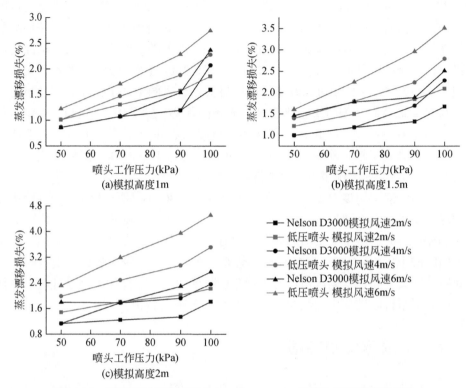

图 5-38 不同工况下设计喷头与 Nelson D3000 型喷头的蒸发飘移损失

间增长，受风的作用持续增加后，较大直径水滴飘移出目标区域，蒸发飘移损失量增加。

从蒸发飘移损失的模拟结果来看，与 Nelson D3000 型喷头相比，设计喷头在有风的环境下工作会造成较大的蒸发飘移损失，其性能不如 Nelson D3000 型喷头，因此在选择设计喷头实施喷灌作业时，应尽量避开有风的天气。

5.5 多喷盘低压折射式喷头设计及水力特征

单一喷盘低压折射式喷头具有唯一流道出水口的缺陷，即喷头主要水量大多集中分布在喷头射程尾部，常常导致出现喷洒区域局部地区喷灌强度值过高，而这不仅会使部分农作物灌溉过量，同时农作物枝叶表面很有可能受到过高的水滴打击力而减产，而且会增加地表径流和土壤侵蚀的可能性。以 5.1～5.4 节研究为基础，本小节研究开发出三喷盘低压折射式喷头，该喷头具有近似三角形的单喷头径向水量分布，能够缓解单喷盘低压折射式喷头喷洒区域局部地区喷灌强度值过高的问题，达到喷洒更加均匀的效果。

5.5.1　三喷盘低压折射式喷头结构设计

三喷盘低压折射式喷头主要由喷嘴、上喷盘、中喷盘、下喷盘和支架等组成，其结构如图 5-39 所示。进水口直径为 9.92mm，喷嘴直径为 7.74mm，喷嘴锥段长为 26mm，外径为 23mm，外螺纹的螺距为 1.8mm，螺距截面形状为等腰三角形，上、中喷盘流道出口截面形状均设为倒等腰梯形，上、中、下喷盘引流弧面的半径均设为 30°，下喷盘中心锥的锥角设为 120°。在 Pro/ENGINEER 5.0 绘图软件中建立喷盘的三维结构模型，采用激光快速成型技术，以光敏树脂作为试件材料，对喷盘试件进行加工制作。

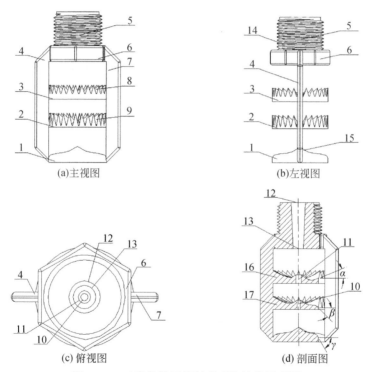

图 5-39　三喷盘低压折射式喷头结构示意图

注：1-下喷盘，2-中喷盘，3-上喷盘，4-第一支架，5-喷嘴，6-连接件，7-第二支架，8-上喷盘流道，9-中喷盘流道，10-中喷盘通孔，11-上喷盘通孔，12-进水口，13-出水口，14-外螺纹，15-中心锥，16-上喷盘挡水锥，17-中喷盘挡水锥，α-上喷盘水流出射角，β-中喷盘流道出射角，γ-下喷盘流道出射角

在三喷盘低压折射式喷头结构设计方案的定型过程中，设计的思路是：三个

喷盘的流道出射角不同,从上到下依次减小,使得三部分水流形成了距喷头中心远近不同的喷洒区域;上、中喷盘的轴心处分别开设通孔。该喷头在工作时,水流自喷嘴引入后分为三部分,一部分从上喷盘流道喷出,部分穿过上喷盘通孔从中喷盘流道喷出,剩下部分水流从下喷盘喷出,并且喷嘴直径、上喷盘中心通孔直径与中喷盘中心通孔直径的比例决定了水流的过截流面积,即三股水流的喷洒水量。

将水流通过喷嘴、各喷盘中心圆孔后的喷盘实际喷洒水量,以圆面积的形式,定义为喷盘截流面积。那么,上、中喷盘通孔直径的计算方法具体如下,若预先设定,上喷盘截流面积:中喷盘截流面积:下喷盘过水面积=a:b:c,则根据式(5-18),可以求出上喷盘通孔直径值 x 和中喷盘通孔直径值 y。

$$\frac{\left[\left(\frac{9.92}{2}\right)^2 - \left(\frac{x}{2}\right)^2\right]\pi}{a} = \frac{\left[\left(\frac{x}{2}\right)^2 - \left(\frac{y}{2}\right)^2\right]\pi}{b} = \frac{\left(\frac{y}{2}\right)^2\pi}{c} \tag{5-18}$$

式中,x 为上喷盘通孔直径(mm);y 为上喷盘通孔直径(mm)。

设定喷嘴、上、中喷盘通孔直径比例的不同方案,方案 1 的上喷盘截流面积:中喷盘截流面积:下喷盘过水面积=3:2:1,相应的方案 2 的比例为 2:1:1,方案 3 的比例为 4:1:2,方案 4 的比例为 7:2:1,再设定三个喷盘的水流出射角度,具体结构设计方案见表5-8。根据表5-8,在 Pro/ENGINEER 5.0 绘图软件中进行三喷盘低压折射式喷头的结构设计。

表5-8 三喷盘低压折射式喷头结构设计方案

方案序号	上喷盘			中喷盘			下喷盘	
	通孔直径(mm)	流道出射角(°)	流道条数(条)	通孔直径(mm)	流道出射角(°)	流道条数(条)	流道出射角(°)	流道条数(条)
1	5.04	45	28	2.92	0	28	−30	10
2	5.04	15	28	3.57	−30	28	−45	10
3	4.68	15	28	3.82	−15	28	−45	0
4	3.92	15	28	2.26	−45	28	−60	0

5.5.2 三喷盘低压折射式喷头结构优选

以三角形单喷头径向水量分布曲线为喷头水力性能优化目标,对根据表5-8设计的三喷盘低压折射式喷头进行试验,分别得到各方案的单喷头径向水量分布曲线,如图5-40所示。从图5-40可以看出,方案 2 的单喷头径向水量分布曲线呈双峰状，方案 1 的单喷头径向水量分布曲线主要集中在距喷头中心 1/2 喷洒区域，方案 3 的单喷头径向水量分布曲线呈单峰状，主要水量集中在距喷头中心近 1/3 处，方案 4 的单喷头径向水量分布曲线呈近似的三角形，这有利于组合喷灌，因此方案 4 为最优结构方案，即上喷盘通孔直径为 3.92mm、流道出射角为 15°、流道条数为 28 条，中喷盘通孔直径为 2.26mm、流道出射角为 -45°、流道条数为 28 条，下喷盘无流道、流道出射角为 -60°。

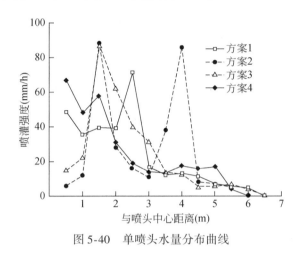

图 5-40 单喷头水量分布曲线

5.5.3 三喷盘低压折射式喷头移动喷灌水量分布

根据优选的三喷盘低压折射式喷头的单喷头径向水量分布数据，见表 5-9。

表 5-9 三喷盘低压折射式喷头的单喷头径向水量分布

与喷头中心距离（m）	0.5	1.0	1.5	2.0	2.5	3.0	3.5	4.0	4.5	5.0	5.5	6.0
喷灌强度（mm/h）	67.26	48.04	58.43	30.94	19.12	14.07	13.08	17.58	15.77	17.23	3.76	0.00

基于单喷头径向水量分布试验数据，以喷头结构为依据，将喷头水量分布做近似全圆处理，以喷头中心为正交坐标系的原点，采用 Surfer 8.0 软件，将单喷头水量分布数据进行网格化处理，得到以 0.5m 为网格长度单位、12m×12m 组合水量分布数据，沿垂直于喷灌机供水管方向上进行水量叠加，得到移动喷灌的纵向水量分布，该数据为以 0.5m 为长度单位、共 13 个水量分布数据离散点。根据单喷头纵向水量分布，选取低压折射式喷头常用的喷头组合间距 2.5m、3.5m、4.5m、5.5m，进行喷头组合叠加，具体的组合喷头个数、喷头组合叠加方法如图 5-41 所示。

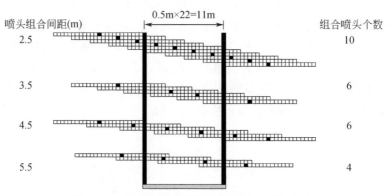

图 5-41　三喷盘低压折射式喷头组合叠加方法

根据图 5-41 的方法，对三喷盘低压折射式喷头进行组合，采用 Christiansen 喷灌均匀性系数公式，计算出喷头在不同喷头组合间距下的组合均匀性系数，见表 5-10。

表 5-10　两种喷头的组合均匀性系数

喷头组合间距（m）		2.5	3.5	4.5	5.5
三喷盘低压折射式喷头	组合均匀性系数（%）	99.15	98.58	86.83	88.26
	组合喷头个数（个）	10	6	6	4

从表 5-10 可以看出，三喷盘低压折射式喷头在移动式喷灌机上应用时，在不同喷头组合间距下，其组合均匀性系数比较高，皆大于 85%，满足《喷灌工程技术规范》（GB/T 50085–2007）的要求。但是，组合喷盘的结构相较于单喷盘的结构更加复杂，不利于喷盘模具制造进而大批量生产，有待从单喷盘结构入手进一步设计，从而研发水力性能更优良、结构更简单的低压折射式喷头。

参 考 文 献

李桂芬，高季章，刘清朝 . 1988. 窄缝挑坎强化消能的研究和应用 . 水利学报，（12）：1-7.

李世英 . 1995. 喷灌喷头理论与设计 . 北京：兵器工业出版社 .

王波雷，马孝义，苗正伟 . 2008. 基于 Surfer 软件的喷灌水量分布均匀性研究 . 人民黄河，30（3）：62-63.

杨路华，刘玉春，柴春玲，等 . 2004. 应用 Surfer 软件进行喷（微）灌均匀度分析 . 节水灌溉，（5）：14-16.

Christiansen J E. 1942. Irrigation by sprinkling. California agricultural experiment station bulletin 670. Berkeley, CA: University of California.

| 第6章 | 喷枪喷洒水量分布规律

为了应对日趋严峻的能源危机，从传统的中高压喷头向中低压甚至微压喷头领域发展正成为近年来全球范围内灌溉喷头的发展趋势（Lyle and Bordovsky，1981；Robles et al.，2017）。中远射程喷枪作为应用于卷盘式喷灌机的主喷头类型，其喷洒性能的好坏直接决定机组的灌溉质量。在工程应用中，生产厂家所提供的喷头喷洒水力参数往往过于粗略，只提供了喷头的流量与射程两个参数，用户在选择喷头的工作压力时因缺乏指导而存在盲目性，无法对机组作业过程中的喷洒均匀性和喷灌强度等技术指标进行考量，难以把握实际灌溉质量。

6.1 固定喷洒水量分布

定喷条件下的喷头径向水量分布数据是开展喷头水力性能研究的基础，是计算和模拟田间移动喷洒水量分布的基础和前提。定喷水量分布数据的准确性将直接影响到喷洒均匀度和喷灌强度等计算结果的精度。选取国内卷盘式喷灌机应用最广的四种大流量喷枪：50PYC 垂直摇臂式喷枪、HY50 叶轮式喷枪、PY40 摇臂式喷枪和 SR100 垂直摇臂式喷枪（图 6-1）进行无风条件下的喷洒试验，并对单喷头径向水量分布进行讨论。

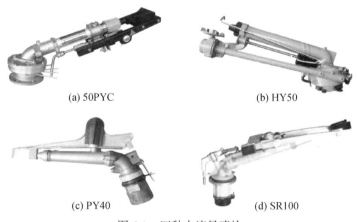

(a) 50PYC　　　　　　　　　　(b) HY50

(c) PY40　　　　　　　　　　(d) SR100

图 6-1　四种大流量喷枪

6.1.1 流量

喷头流量决定了卷盘式喷灌机组的单位生产率，是对机组进行经济技术分析的重要指标，往往也是喷头生产厂家给出的喷头关键技术参数之一。《喷灌机械原理·设计·应用》一书中指出，在一定的工作压力情况下，要用大流量，力争提高机组控制面积，以降低亩投资（许一飞和许炳华，1989）。图 6-2 给出的是本研究所涉及的四款喷头实测工作压力流量关系。从图 6-2 中可知，喷头流量均随工作压力的增大而增大，其工作压力流量拟合关系式均可用 $q=kh^x$ 来表示，式中，q 为喷头流量；k 为流量指数；h 为工作水头；x 为流态指数。

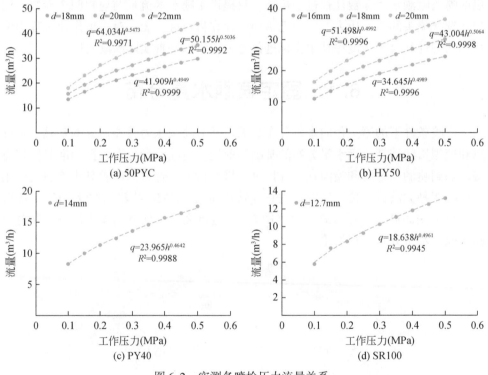

图 6-2　实测各喷枪压力流量关系

由图 6-2 中不同喷嘴直径下对应的拟合曲线系数可知，喷头的流量指数随喷嘴直径的增大线性增大，可由式 $x=4.7097d-41.724$ 表示，式中，d 为喷嘴直径；x 为水流的流态指数，该值反映了喷头的流量对工作压力变化的敏感程度，取值范围为 $0\sim1$。当喷射水流为全层流时，流态指数 x 等于 1，即流量与工作压力成正比；当喷射水流为全紊流时，流态指数 x 等于 0.5；当喷射水流有涡流存在时，流态指数

x 的值小于 0.5；流态指数 x 为 0 的情况一般只发生于滴灌工程中的压力补偿式灌水器中，表示灌水器的流量不受工作压力的影响。本研究中的各喷头流态指数 x 均位于 0.5 附近，说明喷洒水的出流状态为全紊流。根据流体力学孔口出流公式可知喷头的流量与工作压力之间的关系可表示为（严海军和金宏智，2004）

$$q = 3600\mu A_d \sqrt{2gh_z} \tag{6-1}$$

式中，q 为喷头流量（m^3/h）；μ 为喷嘴流量系数；A_d 为喷嘴出口断面面积（m^2）；h_z 为喷头工作压力（kPa）。

整理式（6-1）得出喷嘴流量系数公式：

$$\mu = \frac{79.847q}{d_2^2\sqrt{h_z}} \tag{6-2}$$

式中，d_2 为喷嘴出口直径（mm）；其他符号代表含义同式（6-1）。

由式（6-2）和实测喷头流量计算得到本研究中各喷头的喷嘴流量系数取值范围为 0.93～1.06。李世英（1995）在《喷灌喷头的理论与设计》中给出喷头的喷嘴流量系数推荐值为 0.85～0.95，该值的确定一般没有依据喷头的型号、喷嘴结构、加工精度等给出取值参考，因而给喷头理论流量的计算带来一定不便。本研究实测得到的卷盘式喷灌机常用的几款大流量喷枪流量系数最小值也在 0.93，说明这种大流量喷枪的加工精度较高，出流性能较好。建议可将大流量喷枪的流量系数取到李世英给出推荐范围的上限值，即 0.95。

6.1.2 射程

喷头射程同样是喷头的重要性能指标之一，它决定了湿润面积的大小和喷灌强度，并在喷灌系统的规划设计中确定最优喷头间距和管道间距，从而在保证合理均匀度的情况下尽量降低设备成本和能源消耗（干渐民和杨生华，1998），喷头射程对喷灌系统投资产生直接影响（脱云飞等，2006）。根据国家标准《喷灌工程技术规范》（GB/T 50083–2007），喷头射程一般是指降水强度为 0.3mm/h 的点到喷头中心的距离。统计各喷头在不同工作压力下的有效射程结果见表 6-1。

表6-1　各喷头在不同工作压力下的有效射程　　　　　（单位：m）

喷枪型号	喷嘴直径（mm）	工作压力								
		0.1MPa	0.15MPa	0.2MPa	0.25MPa	0.3MPa	0.35MPa	0.4MPa	0.45MPa	0.5MPa
50PYC	18	16.94	19.87	22.86	24.99	28.55	32.32	32.6	33.37	35.54
	20	16.07	21.99	27.28	29.18	30.91	34.51	34.85	36.21	37.25
	22	16.99	21.83	30.96	32.75	35.28	36.5	37.13	37.65	38.23

续表

喷枪型号	喷嘴直径（mm）	工作压力								
		0.1MPa	0.15MPa	0.2MPa	0.25MPa	0.3MPa	0.35MPa	0.4MPa	0.45MPa	0.5MPa
HY50	16	18.98	20.96	27.54	30.56	33.93	34.73	36.09	41.09	41.24
	18	18.98	21.57	25.18	31.42	31.83	35.34	39.58	41.92	43.32
	20	18.99	23.98	30.96	32.06	34.91	37.31	41.41	42.97	43.65
PY40	14	17	18.96	23.48	26.82	27.46	29.18	30.07	32.99	32.37
SR100	12.7	14.99	18.98	22.06	22.93	23.4	25.0	25.67	27.07	29.1

由表 6-1 可知，喷头射程随工作压力升高而增加，低工作压力区时喷头射程随工作压力的升高增幅很大，尤其是当工作压力小于 0.2MPa 时，当工作压力升高到一定程度后喷头射程的增速减缓。

图 6-3 为 50PYC 喷枪与 HY50 喷枪选用相同直径喷嘴时的喷头射程对比，HY50 喷枪的喷头射程普遍高于 50PYC 喷枪，幅度为 8.11% ~ 18.8%。这种现象可以从两方面进行解释，一是喷枪的机械结构：50PYC 喷枪属于垂直摇臂式喷头，HY50 喷枪属于叶轮式喷头。50PYC 喷枪的喷射主流直接冲击摇臂，通过偏心力作用提供侧向驱动力，而 HY50 喷枪的驱动水流从单独的小喷嘴出流，并冲击到喷嘴前的水涡轮上，喷射主流受此影响较小。对比可知，50PYC 喷枪喷射主流受摇臂影响产生的扰动更为强烈，动能损失更大，这在一定程度上影响了其喷头射程。另外，喷枪的旋转速度过快会引起喷头射程的急剧下降，通常采用的旋转角速度为 0.1 ~ 1r/min 时，其喷头射程要比喷头静止喷洒时的喷头射程减少5% ~ 15%，射程远、转速快的喷头，射程减少的百分数更大一些。通过观测和记录各喷枪的旋转周期可知，50PYC 喷枪的转速明显高于 HY50 喷枪的转速，进一步造成 50PYC 喷枪的喷头射程低于 HY50 喷枪的喷头射程。较大的喷头射程意味着更大的单机喷洒控制面积，组合喷洒时可以选择更大的组合间距，从而降低

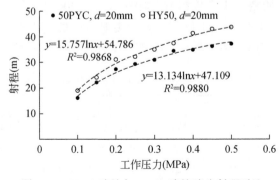

图 6-3　50PYC 喷枪与 HY50 喷枪喷头射程对比

机组整体运行时间和机组能耗。同时，在流量没有显著差异的前提下，增大喷头射程意味着平均喷灌强度的降低，有利于喷灌水分的入渗，不易产生地表径流。从喷头射程上看，国内一些厂家将 HY50 喷枪作为 50PYC 喷枪的替代产品是有一定依据的。

6.1.3 喷灌强度

喷灌强度是指单位时间喷灌在田面的水层深度，单位是 mm/min 或 mm/h。喷灌过程中的水量分布并不均匀，因此有点喷灌强度和平均喷灌强度之分。

在一块足够小的面积内所接受到的水深增量（Δh）与相应的极短时间增量（Δt）之比，称为土壤表面上一点的实际喷灌强度（ρ_i），即 $\rho_i = \Delta h / \Delta t$。目前在计算旋转式喷头的点喷灌强度时，为了克服旋转或其他原因造成瞬时点喷灌强度较大的差异，故时间增量 Δt 增大为旋转几圈或几次正反方向喷洒相等的一段时间 t，此时段的水深增量 Δh 变为 h，则点喷灌强度可近似写成：

$$\rho_i = h/t \tag{6-3}$$

平均喷灌强度 $\bar{\rho}$ 是指控制面积内各点喷灌强度的平均值。如果各点代表的面积很相近，则平均喷灌强度的计算如下：

$$\bar{\rho} = \frac{\sum\limits_{i=1}^{n} \rho_i}{n} \tag{6-4}$$

式中，n 为代表相同面积的点数。

前者侧重体现喷洒区域内各点的受水情况，而后者体现整个喷洒区域的平均受水情况。在喷灌系统的规划中，喷灌强度是影响喷洒效果至关重要的因素。过大的喷灌强度将会产生地表积水或径流，造成土壤冲刷，破坏土壤结构；喷灌强度过小时会降低喷洒效率，作物受水不足。

图 6-4 为各喷枪在不同工作压力下的平均喷灌强度，由图 6-4 可知，平均喷灌强度在 0.2MPa 工作压力下两侧表现出很强的差异性：当工作压力小于 0.2MPa 时，随喷头工作压力的升高平均喷灌强度迅速降低，说明此时喷头射程对工作压力的敏感性要显著高于流量对工作压力的敏感性程度；而当工作压力大于 0.2MPa 时，平均喷灌强度逐渐趋于平稳，这是因为流量随工作压力的增加值对喷灌控制面积随工作压力的增加值之间形成补偿。由图 6-4 可知，当工作压力高于 0.2MPa 时，各喷枪的平均喷灌强度普遍位于 5 ~ 10mm/h，其中 PY40 喷枪和 SR100 喷枪由于流量较低，其平均喷灌强度明显低于 50PYC 喷枪和 HY50 喷枪的平均喷灌强度。而对于 50PYC 喷枪和 HY50 喷枪，在工作压力高于 0.2MPa 时，

喷头类型和喷嘴直径对平均喷灌强度的影响并不显著。GB/T 50085-2007 中规定的各类土壤的允许喷灌强度见表6-2,仅从平均喷灌强度来看,上述喷头在做固定喷洒时,除了黏土的允许喷灌强度为8mm/h,有较大风险产生地表径流外,其余喷头均不会产生明显径流。

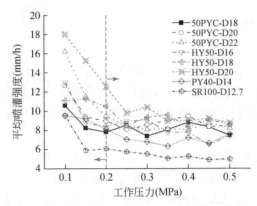

图 6-4　各喷枪在不同工作压力下的平均喷灌强度

表 6-2　各类土壤的允许喷灌强度

土壤类别	允许喷灌强度 （mm/h）
砂土	20
沙壤土	15
壤土	12
黏壤土	10
黏土	8

注:有良好覆盖时,表中数值可提高20%。

6.1.4　径向水量分布

喷头的径向水量分布一般通过布点测量的方法实测,受人力、物力等因素影响,实测点数目有限,测点外的喷灌强度需通过插值等数学手段来获得。Richards 和 Weatherhead（1993）采用了三次多项式预测喷洒径向各测点的喷灌强度;Simth 等（2008）在其研究中通过三次样条插值曲线来获得卷盘式喷灌机喷头的径向水量分布,并将其应用在 TRAVGUN（Smith et al.,2003）软件中。由于喷头的水量分布形状随工作压力等条件的变化存在一定规律,一些研究人员采用规则的简化形曲线描述其水量分布的形状,使计算过程变得简单。例如,

Rolim 和 Pereira（2005）采用三角形分布模拟喷头的径向水量分布形状；Prado 等（2012）分别用三角形、椭圆形和长方形描述喷头的径向水量分布，并讨论了不同分布形式下的卷盘式喷灌机组适宜运行参数；Kincaid（2005）也根据最大降水深度和平均降水深度的比值将喷头的水量分布划分为三角形分布、梯形分布和长方形分布。多种方法被用来描述喷头的径向水量分布，包括插值方法、曲线拟合及根据水量分布形状近似选取的简化形曲线等。上述各方法对水量分布的计算精度是否足够，应用过程中是否易于推广，缺少相关探讨。本节采用几种常见的插值和拟合方法获取喷头的径向水量分布逼近曲线，并计算卷盘式喷灌机的移动喷洒均匀度。通过对各方法下水量分布的计算精度及其应用简便性，确定出简单可行的定喷条件下喷头径向水量分布逼近方法。

1. 插值和拟合方法

假设喷头的实际径向水量分布满足函数 $f(x)$，函数形式未知，通过径向水量分布试验得到的是函数 $f(x)$ 上一组有序型值点列 y_i。希望通过这组型值点得到一条光滑曲线，使其尽可能逼近原始函数曲线 $f(x)$，通常采用的方法为插值和拟合方法。其中，插值方法要求生成的曲线通过每个给定的型值点，拟合方法要求生成的曲线靠近每个型值点，但不一定要求通过每个点。

（1）三次样条插值

三次样条插值多项式是由一组三次多项式组成的分段函数，它在节点 x_i（$a=x_0<x_1<x_2<\cdots<x_n=b$）所分成的每个小区间 $[x_i-1, x_i]$ 上是三次多项式，各段函数二阶可导可连续，使三次样条曲线光滑且各分段相互衔接。Smith 等（2008）将喷头径向水量分布曲线用三次样条曲线表示如式（6-5），当确定了样条拟合系数，该段的三次样条曲线表达式随之确定。

$$P(x) = \frac{360}{\theta}\left[\frac{(x-x_1)^3}{6\delta x}w_2 + \frac{(x_2-x)}{6\delta x}w_1 + \left(\frac{P_2}{\delta x} - \frac{w_2\delta x}{6}\right)(x-x_1)\right.$$
$$\left. + \left(\frac{P_1}{\delta_r} - \frac{w_1\delta_r}{6}\right)(x_2-x)\right] \tag{6-5}$$

式中，$P(x)$ 为距喷枪距离为 x 点处的平均喷灌强度（mm/h），x 点处在 x_1 和 x_2 之间；P_1 和 P_2 为 x_1 与 x_2 点处的平均喷灌强度（mm/h）；δ_r 为 x_1 和 x_2 之间的距离（m）；w_1 和 w_2 为样条拟合系数；θ 为喷枪辐射角（°）。

（2）拉格朗日插值

由于 $f(x)$ 函数在一系列型值点处的取值已知，设型值点的个数为 $n+1$，可构造 n 次多项式 $P_n(x) = a_0 + a_1x + a_2x^2 + \cdots + a_nx^n$，使 $P_n(x)$ 满足 $P_n(x_i) = y_i$，$i=0, 1, 2, \cdots, n$。该多项式即为拉格朗日插值多项式，由插值条件 $P_n(x_i) = y_i$，

$i=0,1,2,\cdots,n$，可得线性方程组，该方程组得到的系数行列式为范德蒙行列式（6-6），由于各插值节点 x_i 互不相同，可知 $P_n(x)$ 唯一确定。

$$\begin{cases} 1 \cdot a_0 + x_0 a_1 + \cdots + x_0^n a_n = y_0 \\ 1 \cdot a_0 + x_1 a_1 + \cdots + x_1^n a_n = y_1 \\ \qquad\qquad\qquad \vdots \\ 1 \cdot a_0 + x_n a_1 + \cdots + x_n^n a_n = y_n \end{cases} \tag{6-6}$$

拉格朗日插值公式的基本思想是将 $P_n(x)$ 的构造问题转化为 $n+1$ 个插值基函数 $l_i(x)$ 的构造，n 阶拉格朗日插值公式如下，当 $n=1$ 时为线性插值，当 $n=2$ 时为抛物线插值。

$$P_n(x) = \sum_{k=0}^{n} l_k(x) y_k = \sum_{k=0}^{n} \left(\prod_{\substack{j=0 \\ j \neq k}}^{n} \frac{x - x_j}{x_k - x_j} \right) y_k \tag{6-7}$$

拉格朗日插值法公式结构整齐紧凑，在各类工程领域节点区域数据和曲线图数据的检索和获取中得到了较为广泛的应用（Zheng and Chau，2003；Valimaki and Haghparast，2007）。

（3）多项式拟合

基于最小二乘法的多项式拟合是最常用的曲线拟合方法，Richard 和 Weatherhead（1993）采用此方法描述了喷枪的径向水量分布。喷枪的径向喷灌强度曲线被表述成 m 阶的多项式，如式（6-8）所示，其中，a_i 为多项式拟合系数。

$$p(x) = a_0 + a_1 x + a_2 x^2 + \cdots + a_m x^m = \sum_{i=0}^{m} a_i x^i \tag{6-8}$$

多项式拟合曲线的目标是得到拟合系数的值满足残差平方和最小，如式（6-9）所示：

$$Q = \min \sum_{i=0}^{n} \left[p(x_i) - y_i \right]^2 \tag{6-9}$$

对残差平方和求偏导得到

$$\frac{\partial Q}{\partial a_j} = 2 \sum_{i=0}^{n} \left(\sum_{k=0}^{m} a_k x_i^k - y_i \right) x_i^j = 0 \quad j = 0, 1, \cdots, m \tag{6-10}$$

将上述方程写成矩阵形式，拟合系数是一系列线性方程的解，如式（6-11）所示：

$$\begin{bmatrix} c_0 & c_1 & \cdots & c_m \\ c_1 & c_2 & \cdots & c_{m+1} \\ \vdots & \vdots & \ddots & \vdots \\ c_m & c_{m+1} & \cdots & c_{2m} \end{bmatrix} \begin{bmatrix} a_0 \\ a_1 \\ \vdots \\ a_m \end{bmatrix} = \begin{bmatrix} b_0 \\ b_1 \\ \vdots \\ b_m \end{bmatrix} \tag{6-11}$$

其中，

$$
\begin{cases}
c_k = \sum_{i=1}^{n} x_i^k, & (k = 0, 1, \cdots, 2m) \\
b_k = \sum_{i=1}^{n} y_i x_i^k, & (k = 0, 1, \cdots, 2m)
\end{cases}
\tag{6-12}
$$

（4）简化形曲线

分别取三角形和椭圆的外轮廓线作为描述喷头的径向水量分布的简化形曲线，分析采用简化形曲线径向水量分布形式下的水量计算精度。其中：

$$
P_{\text{triangle}}(x) = \begin{cases} ax + b & 0 \leqslant x \leqslant R \\ 0 & x > R \end{cases}
\tag{6-13}
$$

$$
P_{\text{elliptical}}(x) = \begin{cases} c \sqrt{1 - \dfrac{x^2}{d^2}} & 0 \leqslant x \leqslant R \\ 0 & x > R \end{cases}
\tag{6-14}
$$

式中，a、b、c、d 为拟合系数；R 为喷头射程（m）。

为了得到上式中的曲线拟合系数，假定不同径向曲线表达形式下喷洒区域和灌水总量都相同，即喷头射程及径向曲线和坐标轴围成的面积都相同。通过微元法得到灌水总量并通过待定系数法计算得到上式中的拟合系数。

2. 径向水量分布对比

选取国内常用的 50PYC 垂直摇臂式大流量喷枪进行了径向水量分布实测，试验在西北农林科技大学旱区农业节水研究院的喷灌试验场进行，三排水量筒以 30°夹角径向安放，水量筒间距为 2m，每条径向线上安置 20 个水量筒。对三条径向水量筒内的水深取平均值用于曲线的拟合。喷枪工作压力为 0.15MPa，0.3MPa 和 0.45MPa。试验期间风速范围为 0～1.5m/s，平均风速为 0.7m/s，风向为北和西北。分别采用三次样条插值法、拉格朗日插值法、最小二乘法多项式拟合（阶数=6）和简化形曲线对径向水量分布进行刻画，各曲线形式及与测点实测值的对比如图 6-5 所示。从实测径向水量分布数据来看，随喷头工作压力的变化，径向水量分布的形状发生显著差异。随工作压力的升高，径向喷洒水峰值由喷洒区域外侧转移至靠近喷头端，并随工作压力的升高继续变化为双峰分布的形式，其形式与 Solomon（1985）等通过聚类分析得到的喷头径向喷洒水量的三种典型分布形式相符。

从图 6-5 中可以看出三次样条插值曲线具有最高的拟合精度，无论是曲线的形式还是各点喷灌强度的预测值都与实测值非常接近；同样表现良好的是多项式拟合曲线，虽然在测点处取值与实测值略有差异，但其整体吻合较好。拉格朗日

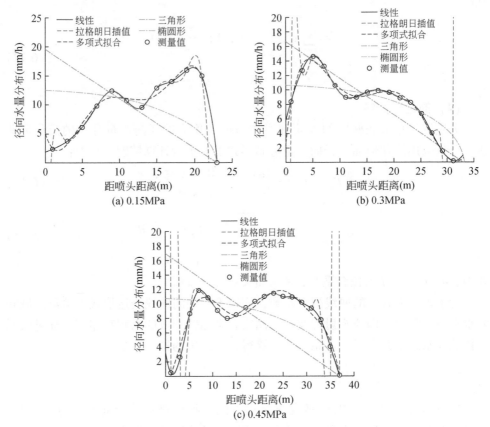

图 6-5　不同曲线形式下径向水量分布与实测值对比

　　插值曲线虽然在各测点处取值与实测值一致，但在插值区间靠近端点处出现剧烈震荡，两个实测点之间的插值喷灌强度有剧烈升高或降低现象，这显然与现实状况不符。这种在插值区间两端出现明显震荡的现象称为龙格现象（Fornberg and Zuev，2007）。

　　对于简化形式的径向水量分布曲线，根据水量统一和喷洒区域相同的原则得到曲线方程拟合系数见表 6-3。从图 6-5 可知，三角形和椭圆形径向水量分布曲线图形形式固定，不能体现出随工作压力的变化呈现径向降水峰值与波谷的变化，其所预测的径向水量分布与实际径向水量分布存在较大偏差。以喷头在 0.3MPa 工作压力下的径向水量分布为例，当采用三角形轮廓线描述径向水量分布时，靠近喷头处的喷灌强度被明显地过量预测，而在喷洒径向末端处的喷灌强度预测值则明显低于实测值。采用椭圆形轮廓线的水量分布预测与三角形曲线预测相反，在靠近喷头处的预测值低于实测值，而在末端预测值则明显高于实测值。

表6-3 三角形和椭圆形径向曲线拟合系数

曲线形式	拟合系数	工作压力（MPa）		
		0.15	0.3	0.45
三角形	a	−0.85	−0.5	−0.46
	b	19.65	16.61	16.92
椭圆形	c	12.51	10.57	10.77
	d	23	33	37

表6-4中进一步给出了不同工作压力下距喷头不同距离处各水量分布曲线计算值与实测值的对比，测点位置取各工况下喷头射程的0.2倍、0.4倍、0.6倍和0.8倍附近的实测点所在位置。从表6-4中可以看出，三次样条插值和拉格朗日插值曲线计算中严格通过各插值点，因而计算各点喷灌强度与实测值完全一致；基于最小二乘法多项式拟合曲线计算值与实测值之间存在一定差异，但偏差率均位于10%以内；采用三角形或椭圆形曲线得到的测点计算值仅有部分测点与实测值吻合，在径向水量分布曲线的两端往往存在巨大差异。

表6-4 不同工作压力下径向水量分布曲线计算值与实测值对比

工作压力（MPa）	距离（m）	实测（mm/h）	三次样条插值（mm/h）	多项式拟合（mm/h）	拉格朗日插值（mm/h）	椭圆形（mm/h）	三角形（mm/h）
0.15	5	6.16	6.16	6.48	6.16	12.21	15.38
	9	12.41	12.41	11.23	12.41	11.51	11.96
	15	12.84	12.84	11.64	12.84	9.48	6.84
	21	15.02	15.02	14.76	15.02	5.1	1.71
0.3	7	13.33	13.33	12.73	13.33	10.33	13.08
	15	9.70	9.70	9.21	9.70	9.41	9.06
	21	8.93	8.93	9.43	8.93	8.15	6.04
	29	1.60	1.60	1.70	1.60	5.04	2.01
0.45	9	10.88	10.88	10.10	10.88	10.45	12.81
	17	9.51	9.51	9.31	9.51	9.57	9.15
	25	11.04	11.04	11.41	11.04	7.94	5.50
	33	7.80	7.80	7.13	7.80	4.87	1.84

为进一步对比上述五种逼近方法在喷头径向水量分布上应用的计算精度，同

样对于图 6-5 所示工况，将三个实测点及其所对应的喷灌强度实测值去除，利用剩余实测点构建逼近曲线，并分别计算去除测点处的喷灌强度值。将计算结果与实测值进行对比，从而反映上述几种插值和拟合方法对缺失测点的预测准确度，结果见表 6-5。

表 6-5　实测值与预测值之间的对比

工作压力 （MPa）	距离 （m）	实测 （mm/h）	三次样条插值 （mm/h）	多项式拟合 （mm/h）	拉格朗日插值 （mm/h）	椭圆形 （mm/h）	三角形 （mm/h）
0.15	5	6.16	6.39	6.62	2.20	12.21	15.38
	11	10.74	10.69	11.40	9.89	10.98	10.25
	19	15.98	16.63	17.54	11.99	7.05	3.42
0.3	5	14.64	14.30	13.78	14.10	11.10	14.82
	15	9.70	9.54	9.08	9.56	9.85	9.12
	25	6.74	6.66	6.44	7.40	6.65	3.42
0.45	5	8.66	8.19	7.95	9.79	10.67	14.62
	17	9.51	9.46	8.58	9.59	9.57	9.10
	29	10.21	10.44	10.06	11.51	6.69	3.58

从表 6-5 中对缺失测点的预测情况来看，采用三次样条插值曲线的预测精度为 95% ~ 104%；最小二乘法多项式拟合曲线的预测精度为 90% ~ 108%；拉格朗日插值曲线的拟合精度为 36% ~ 113%；而三角形和椭圆形简化曲线的预测精度分别为 21% ~ 250% 和 44% ~ 198%。从表 6-5 可知三次样条插值和多项式拟合曲线较精准的预测缺失测点处的喷灌强度，预测偏差在 ±10% 以内。拉格朗日插值曲线在 0.3MPa 和 0.45MPa 时具有较高的预测准确度，但在 0.15MPa 工作压力下插值曲线发生波动，在 5m 处的预测值明显低于实测值，预测偏差达到 64%；而简化形曲线的整体预测水平较差，在径向水量分布的两端预测偏差尤为显著，0.15MPa 工作压力下三角形径向水量分布曲线在 5m 处的预测偏差甚至达到 250%。综合来看，拉格朗日插值曲线和简化形曲线均无法较准确地预测缺失测点的喷灌强度。

3. 径向水量分布形式对移动喷洒水量分布的影响

上文通过拟合、插值曲线或简化形曲线对喷头定喷条件下的径向水量分布形式进行描述，各曲线形式在模拟和预测径向水量分布的准确程度上存在差异。现将不同表达形式的径向水量曲线进一步应用于移动喷洒水量分布的模型计算，并通过模型计算与实测移动喷洒水量分布对比评价各径向水量分布曲线在实际应用中的适宜性和准确性。

在喷头定喷径向水量分布已知的情况下，参照葛茂生等（2016）提出的喷灌水量叠加计算方法得到垂直机行道方向各点的叠加灌溉水深。分别采用上述五种径向水量分布曲线计算叠加水深并与实测值进行对比。喷灌水深的实测试验在西北农林科技大学旱区节水农业研究院进行，试验过程参照标准 GB/T 27612.4—2011。沿垂直机组行走方向布设三排雨量筒，雨量筒间距和行距均为 2 m。型号为 JP75-300 的卷盘式喷灌机牵引 50PYC 喷枪以 30 m/h 的速度回收，喷嘴直径为 20mm，工作压力为 0.3 MPa，喷射角为 24°，喷枪辐射角为 270°。喷洒完成后采用称重法计算各雨量筒的喷洒水深度，以三排雨量筒的平均灌水深度作为该测点的灌水深度实测值。各测点喷灌水深的实测值和计算值如图 6-6 所示，实测值和计算值偏差率见表 6-6。

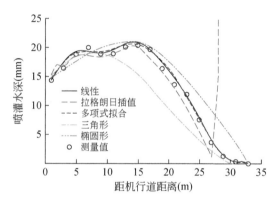

图 6-6　不同插值和拟合方法下垂直机行道各点计算灌溉水深和实测值的对比

注：50PYC 喷枪喷头，0.3MPa 工作压力，20mm 喷嘴直径，270°喷头辐射角，移动速度为 30m/h

表 6-6　不同插值和拟合方法下垂直机行道各点计算灌溉水深和实测值偏差率

（单位:%）

距离（m）	三次样条插值	拉格朗日插值	多项式拟合	三角形	椭圆形
1	2.04	7.54	2.58	6.23	2.59
3	7.07	1.78	7.49	4.55	−1.01
5	3.63	−0.05	2.09	−1.67	−5.52
7	−3.29	−6.65	−3.29	−4.83	−5.12
9	0.91	−2.70	2.64	0.58	5.83
11	3.95	0.34	5.00	−3.12	9.37
13	3.09	−0.77	2.20	−14.79	4.84
15	2.88	−0.17	1.05	−24.42	3.21

距离（m）	三次样条插值	拉格朗日插值	多项式拟合	三角形	椭圆形
17	−0.50	−7.91	−0.86	−33.25	3.29
19	5.82	−3.35	7.53	−34.59	13.29
21	7.41	−5.28	9.59	−38.51	21.33
23	−2.82	−18.77	−3.84	−48.64	19.57
25	3.41	−25.20	1.08	−46.62	56.41
27	6.61	−71.83	7.82	−41.30	147.44
29	−0.99	9955.87	2.01	−52.18	375.80
31	18.75	109426.44	−20.05	−97.65	1022.12

从图6-6中可知，根据同一组数据采用不同插值和拟合方法得到的灌水深度曲线存在较大差异，且与各点实测水深的一致性程度差异明显。其中，三次样条插值与多项式拟合得到的灌水深度曲线几乎重合，除最末端测点外均与实测灌水深相差较大，最大偏差率均控制在10%以内（由于最末端灌水深度很小，偏差率对实际灌水深度影响不大）。采用拉格朗日法得到的灌水深度曲线在靠近机行道的喷洒区域内尚与实测值吻合良好，但在喷洒末端先是快速降低，后急剧增加，靠近末端处的灌水深度计算值与实测值的偏差甚至可达成百上千倍，这是由于拉格朗日插值中的龙格现象所造成的计算灌水深度与实际喷洒状况严重不符。三角形径向水量分布计算的叠加水深在喷洒区域外端存在明显不足，亏缺比例从14.79%上升至喷洒末端的97.65%。与之相反，椭圆形径向水量分布计算则过高估计了喷洒区域外端的灌溉水深，超估比例从13.29%上升至375.8%，在喷洒区域末端甚至达到1022.12%。

葛茂生等（2016）在其文中给出了移动喷洒过程中各点灌水历时的计算方法，采用该方法计算得到不同插值和拟合方法下垂直机行道不同距离各测点的灌水历时［图6-7（a）］，其中各测点灌水历时变化整体变化规律一致，随距机行道距离的增加均为先增加后减小，不同插值和拟合方式下各测点灌水历时略有差距，其中拉格朗日插值法的灌水历时最短，三次样条插值和多项式拟合历时稍长一些，三角形分布和椭圆形分布的灌水历时最久，灌水历时的差距可直接影响到各测点的平均喷灌强度。将图6-7中的灌水深度除以灌水历时，得到各测点的平均喷灌强度，如图6-7（b）所示。除拉格朗日插值下的平均喷灌强度因龙格现象而在末端存在骤升之外，其他均随距机行道距离的增加而降低。采用三角形径向水量分布得到的移动喷洒条件下各测点平均喷灌强度依然近似为三角形分布；同样地，采用椭圆形径向水量分布得到的移动喷洒条件下各测点平均喷灌强度近

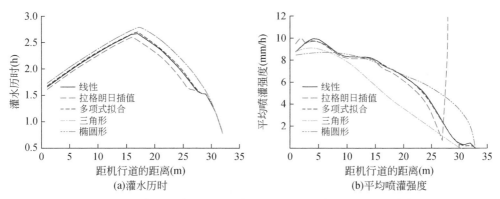

图 6-7　不同插值和拟合方法下垂直机行道各点灌水历时和平均喷灌强度

注：50PYC 喷枪喷头，0.3MPa 工作压力，20mm 喷嘴直径，270°喷头辐射角，移动速度为 30m/h

似为椭圆分布；采用三次样条插值曲线和多项式拟合曲线得到的平均喷灌强度曲线形状处于三角形与椭圆形之间。

6.1.5　喷洒均匀度

　　由各测点灌水深度可进一步计算移动喷洒均匀度，本书采用两个指标来描述移动喷洒均匀性，克里斯琴森均匀系数（Cu）和分布均匀系数（Du）。

　　图 6-8 为根据距机行道不同位置处移动叠加灌水深度计算得到的 Cu 值和 Du 值，由于采用拉格朗日插值得到的移动叠加灌水深度在末端产生剧烈震荡，与实际情况偏差较远，这里不再对采用该方法下的喷洒均匀度进行计算。多项式拟合曲线得到的计算 Cu 在 0.15MPa、0.3MPa 和 0.45MPa 下的取值分别为 76.3%、56.5% 和 71.8%，Cu 值均随工作压力的增加先升高后降低；采用三次样条插值得到的 Cu 值与多项式拟合曲线得到的 Cu 计算值几乎一致，为 76.4%、56.8% 和 72%。由于采用这两种方法得到的移动叠加水深和实测结果非常接近，该喷洒均匀系数也基本反映了卷盘式喷灌机单机移动喷洒下的实际喷洒均匀程度。而采用三角形径向曲线计算得到 Cu 在三个工作压力下的取值分别为 54.1%、55.1% 和 53.6%，工作压力的变化几乎对计算均匀度没有影响；同样地，采用椭圆形径向水量分布曲线计算得到的 Cu 值分别为 71.5%、70.8% 和 70.5%，无法体现出工作压力对喷洒均匀度的影响。不同径向水量分布曲线形式计算得到的 Du 值与 Cu 值的规律基本一致，采用多项式拟合得到三组工作压力下的 Du 取值分别为 57.7%、19.9% 和 48.5%，采用三次样条插值得到的 Du 值为 58.2%、20.3% 和 48.9%；而采用三角形径向曲线和椭圆形径向曲线得到的 Du 值则分别

为 21.8%、23.6%、21.5% 和 43.3%、45.2%、44.8%。此外从图 6-8 中可知，依照三角形径向水量分布曲线得到的 Cu 值和 Du 值一般低于实际值，而椭圆形径向水量分布计算得到的 Cu 值和 Du 值则高于实际值，从而对卷盘式喷灌机的移动喷洒效果产生悲观估计和乐观估计，无法对喷头水量分布变化趋势和峰值点取值进行准确刻画。

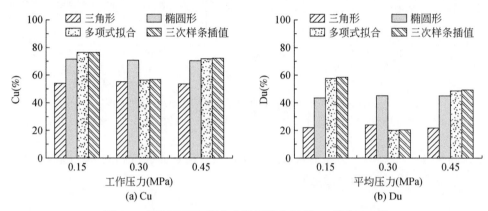

图 6-8　不同插值和拟合方法下单台机组 Cu 值和 Du 值

注：50PYC 喷枪喷头，0.3MPa 工作压力，20mm 喷嘴直径，270°喷头辐射角，移动速度为 30m/h

　　移动式喷灌机一般通过调整相邻喷洒组合间距以获得较高的喷洒均匀度，图 6-9 为各插值和拟合方法在采用不同组合间距时得到的移动喷洒均匀系数 Cu 值和 Du 值。均匀系数在不同插值和拟合方法下的总体变化趋势为随着组合间距的增加先增高后降低，但很明显地，为了取得较高的喷洒均匀系数，各插值和拟合方法下的适宜组合间距范围并不一致。以组合喷洒 Cu 值为例，假定要求的移动喷洒均匀系数 Cu 值不低于 80%，则当前工况下采用三角形分布计算得到的适宜组合间距为 0.5R~0.8R，椭圆形水量分布推荐组合间距为 0.2R~0.57R，而采用三次样条插值和多项式拟合得到的适宜组合间距与喷头的工作压力有关，当喷头工作压力为 0.15MPa 时，最低额组合均匀度也未能达到 80%，从而说明了该工作压力并不可取，当喷头工作压力为 0.3MPa 和 0.45MPa 时，适宜组合间距分别为 0.4R~0.7R 和 0.2R~0.4R。以喷头工作压力取 0.3MPa 为例，在移动喷洒均匀度计算中如果采用了三角形径向水量分布形式，则模型计算输出的叠加喷洒距离将小于实际所需距离；若采用了椭圆形径向水量分布形式，计算输出的叠加喷洒距离则会大于实际所需距离。图 6-9 中也列出了不同工作压力和叠加距离下 Du 的取值，其变化规律和 Cu 的变化规律基本一致。因而即便对同一种工况，采用不同的逼近手段来获取喷头径向水量分布曲线，对机组组合间距的选择和喷洒均匀度的影响是显著的。

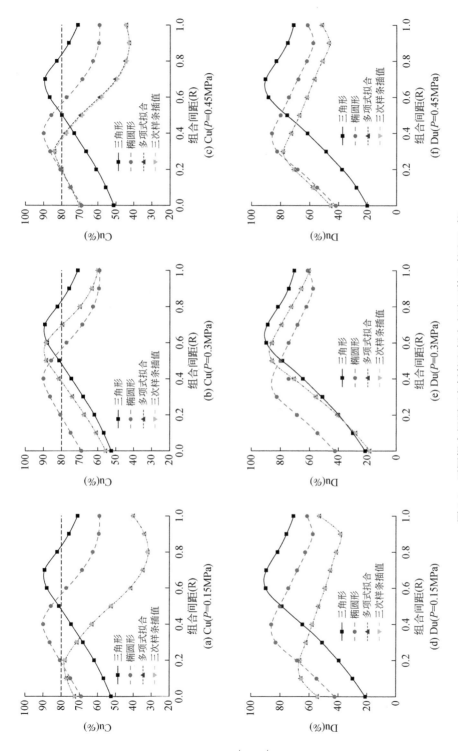

图 6-9　不同组合间距下各插值和拟合方法下的Cu值和Du值

注：50PYC喷头、20mm喷嘴直径、270°喷头辐射角，移动速度为30m/h

6.1.6　讨论

1. 几种插值和拟合方法的优劣性

三次样条插值方法精确度比较高，能够较真实地还原各测点喷灌强度。但三次样条插值自身特点是函数由与测点位置相关的一系列三次多项式组成。假定实测径向用于插值的点数为 n，则三次多项式的个数为 $(n-1)$，插值多项式系数的个数达到 4 $(n-1)$，如上文中采用的三次样条曲线进行的径向插值就包含了 15 个三次插值多项式和 60 个多项式系数；当测点位置发生改变或测点个数发生改变时，虽然整体径向水量分布形式不变，插值多项式系数却发生改变，难以被直接借鉴和使用；在由三次样条曲线的插值多项式反向还原喷头的径向水量分布时，要依次将各多项式与其在径向所在位置做对应，同样给应用带来不便。拉格朗日插值法虽然在部分范围内的插值精度尚可，但其在靠近两端处出现的龙格现象极大改变了原有的径向水量分布形式，这是不可接受的。而简化形径向水量分布形式虽然有一定的应用价值，但形式过于僵化，离真实的径向水量分布存在一定差距。

由上述研究可知，多项式拟合同样可以提供较高的径向水量分布还原度，仅由一个多项式即可刻画喷头在全喷洒范围内的径向水量分布，多项式系数的个数仅比多项式阶数多 1，其形式相对三次样条插值曲线简单许多。现有的大流量喷枪的产品手册上，一般只包含流量、射程等基础信息，除平均喷灌强度外用户很难从中得到更多有效信息。若在流量、射程等基础信息之上增加几个多项式系数，即可近似得到喷头在喷洒范围内的水量分布具体形式，进而求得固定和移动喷洒形式下的喷洒均匀度，其涵盖的信息量和指导意义将远大于厂家通常给出的喷头流量与射程参数。以美国尼尔森公司生产的 Big Gun SR100 喷枪为例，由厂家提供的喷头流量和射程数据仅可获得平均喷灌强度，表 6-7 为增加了多项式拟合系数的 SR100 喷枪工作参数表，由该表可以直接获得喷枪在不同工作压力下的径向水量分布，根据表 6-7 所示多项式拟合参数得到 SR100 喷枪在不同工作压力下的径向水量分布如图 6-10 所示。

表 6-7　SR100 喷枪工作参数和多项式拟合系数表 $(d=12.7\text{mm})$

| 喷枪 | 工作压力（MPa） | 流量（m^3/h） | 射程（m） | 径向水量分布拟合系数 | | | | | | | R^2 |
				$a_6 \times 10^{-6}$	$a_5 \times 10^{-4}$	$a_4 \times 10^{-4}$	a_3	a_2	a_1	a_0	
SR100	0.1	5.78	14.99	103.7	43.3	−0.677	4.966	−17.73	30.53	−14.83	0.995
	0.15	7.62	18.98	21.39	6.097	0.0003	−0.127	0.965	−0.883	1.759	0.99

喷枪	工作压力（MPa）	流量（m³/h）	射程（m）	径向水量分布拟合系数							R^2
				$a_6 \times 10^{-6}$	$a_5 \times 10^{-4}$	$a_4 \times 10^{-4}$	a_3	a_2	a_1	a_0	
SR100	0.2	8.34	22.06	26.05	18.63	0.049	-0.593	3.118	-5.172	4.076	0.962
	0.25	9.3	24.93	2.378	-2.024	0.006	-0.049	-0.115	2.94	-1.39	0.984
	0.3	10.28	23.4	-1.365	1.752	-0.079	0.158	-1.455	5.339	1.168	0.994
	0.35	8.08	25	3.907	3.539	-0.012	0.208	-1.667	5.416	1.93	0.997
	0.4	8.77	25.67	2.611	2.478	-0.009	0.155	-1.272	4.285	2.804	0.994
	0.45	12.53	27.07	-3.115	2.946	-0.011	0.185	-1.516	5.047	2.067	0.986
	0.5	13.19	29.1	1.988	1.914	-0.007	0.124	-1.034	3.553	3.285	0.979

注：喷枪做全圆喷洒，射流挑角为24°，a_i为径向水量分布各项拟合系数

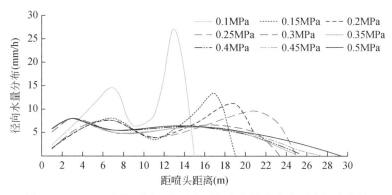

图6-10　SR100喷枪不同工作压力下径向水量分布多项式拟合曲线

　　喷头在0.1MPa工作压力下，由于喷射水流不能充分破碎，水量分布呈明显的双峰分布，射流导板将射流部分拦截并喷洒在近喷头端，另外部分水流集中喷洒在喷洒末端。0.15~0.25MPa工作压力范围内，径向水量分布形式随工作压力的升高呈现明显的过渡变化，水量分布的双峰值显著降低；而在工作压力为0.3MPa及以上范围内，径向水量分布形式趋于平缓，喷灌强度峰值不再有明显变化。该表除可用于确定适宜的工作压力，还可直接指导定喷或行喷条件下的喷洒均匀度计算，帮助使用者做出更合适的决策。

2. 多项式次数的选择

　　Richards和Weatherhead（1993）采用三次多项式来描述卷盘式喷灌机喷枪的径向水量分布，并进一步用来模拟有风条件下的移动水量分布；Smith等（2003）认为三次多项式拟合效果不好，在靠近机行道位置处往往错误地产生降

水峰值。一般来说，所提供数据的形状越复杂，对多项式拟合所需阶数越高。随工作压力的升高，喷头的径向水量分布形式往往由双峰分布过渡到相对平缓的曲线，双峰分布为各类线形中较复杂的一种。SR100 喷枪喷头在 0.25MPa 工作压力下的径向喷灌强度为典型的双峰分布，以该组实测喷灌强度为依据进行不同次数的多项式拟合，图 6-11（a）为一～五次拟合曲线与实测值对比，由图 6-11（a）可知，当拟合多项式次数较低时，拟合曲线不能有效逼近各测点的实测喷灌强度，次数为 1～5 的拟合曲线 R^2 值分别为 0.011、0.334、0.422、0.841 和 0.842，拟合效果随多项式次数的增加而增强，四次拟合多项式首次表现为双峰曲线，但整体拟合效果欠佳。图 6-11（b）为六～十次拟合曲线与实测值的对比，其中六次多项的确定系数 R^2 已达 0.962，具有足够高的拟合精度。随多项式次数的进一步增加，虽然对各测点的拟合精度略有增加，但拟合曲线上出现了更多的扭曲，震荡性增强。如图 6-11（b）中九次和十次拟合曲线在 21～23m 处的喷灌强度出现了剧烈下跌，甚至表现为负值，这显然与实际不符，而在 0～5m 的拟合喷灌强度也存在明显波动。由于各测点的喷灌强度实测值本身就存在一定测量误差，没必要为追求过高的拟合精度而选择较高的多项式次数，此举反而会增大曲线的震荡，造成拟合曲线的失真。因而拟合多项式的系数既不可过高又不可过低，本书推荐选择系数为 6。此外，为了避免实际喷灌强度曲线过于复杂而出现六次多项式曲线拟合精度不足的情况，设定拟合曲线的确定系数下限值为 $R^2=0.95$，当拟合曲线确定系数 R^2 低于 0.95 时，可以采用分段拟合的形式降低线形的复杂度，从而提高拟合精度。

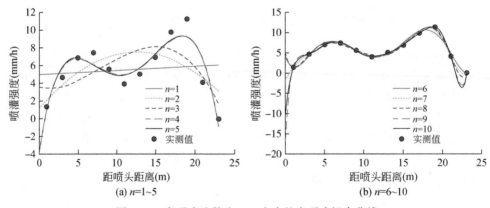

(a) $n=1\sim5$　　　　　　　　　　　(b) $n=6\sim10$

图 6-11　多项式阶数为一～十次的多项式拟合曲线

为了协助设计人员和用户对卷盘式喷灌机的田间优化管理，本研究对中国卷盘式喷灌机市场常用的四种大流量喷枪（PY40 喷枪、SR100 喷枪、50PYC 喷枪和 HY50 喷枪）在不同工作压力下的径向水量分布进行了测试，并基于最小二乘法进行了多项式拟合,将不同配置与工况下的多项式拟合系数计入表6-8,供使用者调用。

表6-8 常用喷枪喷洒水力性能参数表

喷枪类型	直径(mm)	工作压力(MPa)	流量(m³/h)	射程(m)	拟合系数							R^2
					$a_6 \times 10^{-6}$	$a_5 \times 10^{-4}$	$a_4 \times 10^{-4}$	a_3	a_2	a_1	a_0	
PY40	14	0.1	8.28	16.95	−341.4	160	−2960	2.531	−10.296	17.873	−3.774	0.965
	14	0.15	9.95	18.96	104.2	−70	1580	−1.793	9.758	−21.097	16.484	0.955
	14	0.2	11.39	23.48	6.85	−6.409	210	−0.31	1.983	−4.078	7.515	0.975
	14	0.25	12.39	26.82	5.591	−4.646	140	−0.205	1.231	−1.483	3.502	0.954
	14	0.3	13.64	27.46	3.125	−2.563	80	−0.091	0.307	1.207	3.87	0.987
	14	0.35	14.64	29.18	1.325	−1.305	50	−0.074	0.426	0.185	3.506	0.997
	14	0.4	15.75	30.07	1.486	−1.263	40	−0.044	0.054	1.778	4.469	0.998
	14	0.45	16.48	32.99	1.151	−1.121	40	−0.058	0.239	1.347	1.826	0.994
	14	0.5	17.61	32.37	1.082	−1.07	40	−0.06	0.296	0.893	3.677	0.982
SR100	12.7	0.1	5.78	14.99	103.7	43.3	−6770	4.966	−17.73	30.53	−14.83	0.995
	12.7	0.15	7.62	18.98	21.39	6.097	3	−0.127	0.965	−0.883	1.759	0.99
	12.7	0.2	8.34	22.06	26.05	18.63	490	−0.593	3.118	−5.172	4.076	0.962
	12.7	0.25	9.3	24.93	2.378	−2.024	60	−0.049	−0.115	2.94	−1.39	0.984
	12.7	0.3	10.28	23.4	−1.365	1.752	−790	0.158	−1.455	5.339	1.168	0.994
	12.7	0.35	11.08	25	3.907	3.539	−120	0.208	−1.667	5.416	1.93	0.997
	12.7	0.4	11.77	25.67	2.611	2.478	−90	0.155	−1.272	4.285	2.804	0.994
	12.7	0.45	12.53	27.07	−3.115	2.946	−110	0.185	−1.516	5.047	2.067	0.986
	12.7	0.5	13.19	29.1	1.988	1.914	−70	0.124	−1.034	3.553	3.285	0.979
50PYC	18	0.1	13.36	16.94	180.5	−100	2180	−2.183	10.225	−18.316	15.928	0.985
	18	0.15	16.43	19.87	23.53	−10	300	−0.268	0.773	1.265	5.236	0.995
	18	0.2	18.97	22.86	2.186	−87.05	−2.48	0.051	−0.783	4	5.497	0.993
	18	0.25	21.07	24.99	−4.716	4.224	−150	0.248	−2.119	7.998	7.14	0.996
	18	0.3	23.2	28.55	−1.883	1.906	−80	0.14	−1.283	4.761	6.806	0.995
	18	0.35	24.88	32.32	−0.199	0.424	−30	0.079	−1.035	5.798	1.004	0.99
	18	0.4	26.66	32.6	−1.18	1.376	−60	0.138	−1.473	6.611	2.533	0.994
	18	0.45	28.16	33.37	−0.981	1.21	−60	0.128	−1.372	5.959	4.956	0.993
	18	0.5	29.7	35.54	0	−10	570	−0.845	5.1	−9.707	5.907	0.976
	18	0.5	29.7	(15+)	−1.92	3.27	−220	0.792	−15.22	151.12	−599.1	0.999

续表

喷枪类型	直径 (mm)	工作压力 (MPa)	流量 (m³/h)	射程 (m)	拟合系数							R^2
					$a_6 \times 10^{-6}$	$a_5 \times 10^{-4}$	$a_4 \times 10^{-4}$	a_3	a_2	a_1	a_0	
50PYC	20	0.1	15.68	16.07	−386	210	−4310	4.389	−22.496	51.785	−29.25	0.999
	20	0.15	19.15	22.99	−1.63	0.794	60	−0.065	−0.093	3.54	−1.886	0.949
	20	0.2	22.64	27.28	7.17	−5.77	160	−0.19	0.771	0.844	0.937	0.958
	20	0.25	25.15	29.18	−85.4	50	−1140	1.273	−7.061	17.333	−3.853	0.994
	20	0.25	25.15	(15+)	−28.2	40	−2350	7.07	−116.41	993.47	−3427	0.97
	20	0.3	27.07	32.91	−0.847	1.13	−60	0.13	−1.418	6.748	1.542	0.97
	20	0.35	29.52	34.51	−0.133	0.233	−20	0.05	−0.746	4.827	−1.511	0.955
	20	0.4	31.66	34.85	−1.25	1.47	−70	0.146	−1.554	7.021	4.777	0.986
	20	0.45	33.5	36.93	−170	60	−750	0.265	0.699	−2.868	2.511	1
	20	0.45	33.5	(15+)	1.44	−2.24	140	−0.471	5.526	−79.407	303.8	0.998
	22	0.1	17.72	16.99	−810	390	−6940	5.814	−22.957	39.802	−17.3	0.999
	22	0.15	23.13	21.83	4.77	−5.52	210	−0.328	2.264	−4.703	5.82	0.959
	22	0.2	27.27	30.96	1.43	−1.48	60	−0.092	0.594	0.027	1.748	0.965
	22	0.25	29.98	32.75	−0.202	0.174	−7.60	0.022	−0.386	3.268	0.296	0.966
	22	0.3	32.79	35.28	−0.045	0.099	−7.84	0.028	0.483	3.58	2.598	0.978
	22	0.35	37.89	36.5	−0.556	0.678	−30	0.077	−0.908	4.356	6.892	0.979
HY50	16	0.1	10.91	18.98	−453.7	229.8	−4500	4.355	−21.73	50.88	−31.48	0.993
	16	0.15	13.47	24.96	0.108	0.099	−30.72	0.124	−1.706	8.463	−4.982	0.944
	16	0.2	15.69	27.54	5.303	−3.204	52.71	0.001	−0.811	5.274	−1.097	0.974
	16	0.25	17.34	30.56	−2.26	2.5	−109	0.231	−2.366	10.44	−5.804	0.957
	16	0.3	19.08	33.93	1.443	−1.562	62.36	−0.112	0.826	−0.9411	1.337	0.958
	16	0.35	20.36	34.73	−0.031	0.232	−20.82	0.07	−1.001	5.896	−2.684	0.968
	16	0.4	21.9	36.09	0.054	0.104	−13.42	0.049	−0.722	4.091	2.014	0.952
	16	0.45	23.67	41.09	−0.241	0.039	−24.05	0.07	−0.975	5.759	−1.929	0.947
	16	0.5	24.5	41.24	−0.096	0.241	−18.8	0.063	−0.981	6.442	−4.159	0.958
	18	0.1	13.47	18.98	−478.4	244.4	−4835	4.709	−23.41	53.68	−32.4	0.995
	18	0.15	16.3	21.57	−68.81	37.52	−793.8	0.828	−4.311	9.594	1.722	0.999
	18	0.2	19.07	25.18	−2.358	0.753	−0.279	−0.014	0.1	−0.3271	8.951	0.94
	18	0.25	21.32	31.42	0.16	−0.339	14.42	−0.02	0.065	0.134	7.209	0.947
	18	0.3	23.34	31.83	1.186	−1.101	36.14	−0.051	0.286	−0.3641	7.965	0.981
	18	0.35	25.39	35.34	0.132	0.013	−9.612	0.042	−0.654	3.913	2.829	0.946

续表

喷枪类型	直径（mm）	工作压力（MPa）	流量（m³/h）	射程（m）	拟合系数							R^2
					$a_6 \times 10^{-6}$	$a_5 \times 10^{-4}$	$a_4 \times 10^{-4}$	a_3	a_2	a_1	a_0	
HY50	18	0.4	27.03	39.58	−0.51	0.723	−38.97	0.099	−1.184	6.118	−0.793	0.971
	18	0.45	28.69	41.92	−0.472	0.705	−40.11	0.108	−1.395	7.956	−3.999	0.979
	18	0.5	30.25	43.32	−0.198	0.355	−23.63	0.073	−1.045	6.349	−1.48	0.971
	20	0.1	16.35	18.99	−345	183.9	−3786	3.84	−19.82	46.66	−26.37	0.999
	20	0.15	19.82	23.98	−61.33	40.54	−1032	1.287	−8.119	23.56	−15.87	0.991
	20	0.2	23.26	30.96	5.359	−4.242	114.5	−0.117	0.23	2.423	−0.257	0.954
	20	0.25	25.64	32.06	1.96	−1.74	55.02	−0.075	0.42	−0.666	8.6	0.962
	20	0.3	28.23	34.91	−0.847	1.126	−56.09	0.13	−1.418	6.748	1.542	0.97
	20	0.35	30.7	37.31	0.073	0.062	−10.28	0.039	−0.568	3.243	4.838	0.99
	20	0.4	32.53	41.41	−0.133	0.233	−15.73	0.05	−0.746	4.827	−1.511	0.955
	20	0.45	34.49	42.97	0.122	−0.103	0.936	0.012	−0.355	3.528	−1.576	0.982

注：受试验场地条件限制，部分工作压力下数据缺失

6.2　移动喷洒水量分布

6.1 节中讨论了卷盘式喷灌机定喷条件下的喷枪的喷洒水力特性，机组运行时喷枪在 PE 软管的牵引下进行移动喷洒，水量在机组移动方向进行叠加，喷洒均匀度易受机组运行参数的影响而变得不稳定，如图 6-12（a）为理想中的均匀水量分布，而实际水量分布却可能如图 6-12（b）所示，移动喷洒均匀度较差导致田间存在明显的过量灌溉和亏缺灌溉区域。本节提出一种卷盘式喷灌机组合喷洒均匀度简化算法，并在此基础上讨论机组运行参数对组合喷洒均匀度的影响，为提高机组的灌溉质量提供参考。

(a)理想水量分布　　　　　　　　　(b)实际水量分布

图 6-12　卷盘式喷灌机水量分布示意图

6.2.1 移动喷洒水量分布数学模型

1. 模型构建

(1) 移动水量叠加

喷枪在喷头车运行过程中做周期性旋转，实际喷洒区域为两种运动组合形成的有缺口的圆螺旋形重叠区域（许一飞和许炳华，1989），这给移动条件下喷洒水量的叠加计算带来一定困难。为简化计算，根据运动的相对性，假设喷枪位置固定，只绕原点 O 做周期性旋转喷洒。距机行道距离为 x 的点 M 沿机行相反方向运动，从刚开始受水的 M_{start} 点到脱离有效喷洒区域的 M_{end} 点完成受水过程，此过程中 M 点的受水量即为该点移动叠加总水量（图6-13）。

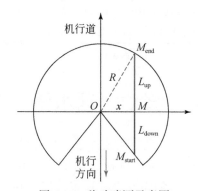

图 6-13　移动喷洒示意图

注：O 为喷枪位置，M 为测点位置，x 为测点到喷枪的距离，R 为喷枪射程，M_{start} 为起始受水点，
M_{end} 为终止受水点，L_{up} 和 L_{down} 为上下区域的受水距离

在此基础上提出两点假设：①每个旋转周期内落在 M 点的水量在该周期内均匀落下；②一个旋转周期内机组在机行方向的移动距离引起 M 点到喷枪距离的改变值可忽略不计。如图6-13所示，以 x 轴为界，将喷洒区域分为上侧半圆面和下侧扇形面。M 点在两个区域内的受水距离分别为 L_{up} 和 L_{down}，其中

$$L_{up} = \sqrt{R^2 - x^2} \tag{6-15}$$

式中，R 为喷枪射程（m）；x 为点 M 到机行道的距离（m）。

已知喷枪移动速度为 v，旋转周期为 t，喷枪在 1 个旋转周期的移动距离为 Δl。以 Δl 为单位长度，将 L_{up} 划分为 n 个计算单元，对各计算单元进行编号，其中

$$n = \text{INT}\left(\frac{L_{\text{up}}}{\Delta l}\right) + 1 \tag{6-16}$$

对于编号为 j 的计算单元，由假设可知该单元内各测点到喷枪的距离相同，则水平坐标轴到该单元的垂直距离为

$$l_v = j \cdot \Delta l \tag{6-17}$$

则 j 单元到喷枪的距离为

$$l_j = \sqrt{l_v{}^2 + x^2} = \sqrt{(j \cdot \Delta l)^2 + x^2} \tag{6-18}$$

j 单元处的喷灌强度 $p\ (l_j)$ 为

$$p(l_j) = \begin{cases} \sum a_i l_j^i & 0 \leqslant l_j \leqslant R \\ 0 & l_j > R \end{cases} \tag{6-19}$$

依次将 $j \in (0,\ n)$ 代入计算，求得各计算单元的喷灌强度 $p\ (l_j)$ 及其所对应的时间点 t_j，从而得到一系列 $P\text{-}t$ 关系点。对这些测点再次采用最小二乘法进行多项式拟合，可以得到降雨历时与喷灌强度的关系式。

$$p(t) = \sum b_i t^i \tag{6-20}$$

式中，t 为点 M 在喷洒区域内的时刻（h）；$p\ (t)$ 为 t 时刻喷灌强度（mm/h）；b_i 为各项拟合系数，$i = 0,\ 1,\ \cdots,\ 6$。

以 $p\ (t)$ 为被积函数，在 $0 \sim t_{\text{up}}$ 区间进行积分即可得到上半圆的喷灌水深，即

$$P_{\text{up}}(x) = \int_0^{t_{\text{up}}(x)} p(t)\,\mathrm{d}t \tag{6-21}$$

式中，$t_{\text{up}}\ (x)$ 为喷头车经过上半圆的时长（h），即

$$t_{\text{up}}(x) = \frac{\sqrt{R^2 - x^2}}{v} \tag{6-22}$$

同理，点 M 通过扇形面时的喷灌历时与喷灌强度的关系表达式也可由式（6-23）表示，喷灌水深 $P_{\text{down}}\ (x)$ 为

$$P_{\text{down}}(x) = \int_0^{t_{\text{down}}(x)} p(t)\,\mathrm{d}t \tag{6-23}$$

式中，$t_{\text{down}}\ (x)$ 为喷头车经过下扇形面的时长（h），即

$$t_{\text{down}}(x) = \begin{cases} \dfrac{x\tan\left(\dfrac{\alpha - 180}{2}\right)}{v}, & 0 \leqslant x < R\cos\left(\dfrac{\alpha - 180}{2}\right) \\[4mm] \dfrac{\sqrt{R^2 - x^2}}{v}, & R\cos\left(\dfrac{\alpha - 180}{2}\right) \leqslant x \leqslant R \end{cases} \tag{6-24}$$

式中，α 为喷枪的辐射角度（°）。

则点 M 的灌水总深度为

$$P(x) = P_{up}(x) + P_{down}(x) \qquad (6\text{-}25)$$

点 M 的灌水总历时为

$$t(x) = t_{up}(x) + t_{down}(x) \qquad (6\text{-}26)$$

通过上述模型可求得距机行道任意距离的测点一次降水过程中的灌水深度和灌水历时。

(2) 移动喷洒均匀度

通过上述模型可求得距机行道任意距离的测点一次降水过程中的灌水深度和灌水历时，进而可计算机组的移动喷洒均匀度，机组移动喷洒均匀度以克里斯琴森均匀系数 Cu 表示，公式如下：

$$Cu = 100 \left[1 - \frac{\sum\limits_m |P_s - \bar{P}|}{\sum\limits_m P_s} \right] \qquad (6\text{-}27)$$

式中，P_s 为各点灌水深度（mm）；$\bar{P}$ 为平均灌水深度（mm）；m 为测点个数。

2. 模型验证

为验证模型计算精度，对卷盘式喷灌机进行移动叠加水量验证试验。试验在西北农林科技大学旱区节水农业研究院进行，试验过程参照标准 GB/T 27612.3—2011，试验装置如图6-14所示。沿垂直机组行走方向布设三排雨量筒，雨量筒间距和行距均为 2 m。型号为 JP75-300 的卷盘式喷灌机牵引 PY40 摇臂式喷枪以 30 m/h 的速度回收，喷嘴直径为 14mm，工作压力为 0.2 MPa，喷射角为 24°，机组流量为 8.22 m³/h，喷枪辐射角为 180°。完成喷洒后采用称重法计算各雨量筒的喷洒水深度，以三排雨量筒的平均灌水深度作为该点的灌水深度实测值。从表6-8 中提取该工作条件下喷枪的水力参数并代入模型计算出各测点灌水深度，将实测值与计算值进行对比。

图6-14　移动水量分布叠加试验装置图

图 6-15（a）为 PY40 喷枪径向各测点的实测喷灌强度与拟合曲线，图 6-15（a）所示工况下喷枪径向水量分布呈马鞍型，在靠近喷枪和喷洒末端处存在两个喷灌强度峰值。采用最小二乘法进行曲线拟合可较准确模拟出这一水量分布特点，R^2 高达 0.976。图 6-15（b）为垂直机行方向各点叠加灌水深度的实测值与计算值，由图 6-15（b）可知实测值与计算值的吻合度较高，偏差最大测点出现在距机行道 7m 处，偏差率为 5.49%，其余各测点的实测值与计算值偏差率均在 5% 以内。从图 6-15（b）中可看出，实测灌水深度一般略低于计算值，除了拟合偏差和试验误差引起之外，还可能是由喷洒过程中的水量蒸发和漂移所引起（Yazar，1984；Dechmi et al.，2003；Playán et al.，2005）。总体来说所构建的简化模型具有较高的计算精度，可带入式（6-14）进一步计算移动喷洒均匀度。

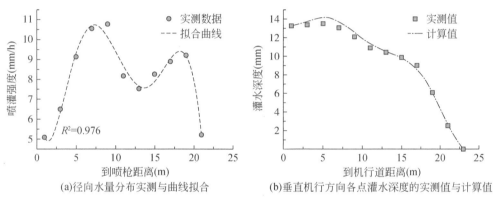

（a）径向水量分布实测与曲线拟合　　　（b）垂直机行方向各点灌水深度的实测值与计算值

图 6-15　PY40 喷枪径向喷灌强度及垂直机行方向各点灌水深度的实测值与模拟值对比

注：喷枪工作压力为 0.2MPa，机行速度为 30m/h，喷嘴直径为 14mm，射流出角为 24°，喷枪旋转角为 180°

6.2.2　工作压力对移动喷洒均匀度的影响

喷枪的工作压力会对其径向水量分布造成显著影响，而厂家给出的机组工作压力往往是一个范围，喷枪工作压力对移动喷洒均匀度影响的探讨相对欠缺。结合上文构建的简化计算模型，对国内卷盘式喷灌机最常用的 50PYC 垂直摇臂式喷枪在不同工作压力下的灌水深度进行了计算，结果如图 6-16 所示。从图 6-16 中可以看出，50PYC 垂直摇臂式喷枪在 0.1MPa、0.2MPa、0.3MPa 和 0.4MPa 工作压力下的灌水深度均近似呈梯形分布：靠近机行道处灌水深度较小，随距机行道距离的增加灌水深度快速增加并稳定在一定深度，在靠近喷洒末端处灌水深度迅速降低。喷枪的控制面积和平均灌水深度随工作压力的增大而增大，随工作压力的增加，喷枪射程依次为 16.94m、22.86m、27.84m 和 31.59m。四组工作压力下的灌水均匀系数依次为 64.9%、71.9%、73.8% 和 74.7%，灌水均匀系数随工作压力的增加略有提高；喷枪工作压力为 0.1MPa 时，喷洒均匀系数不足65%，此时喷洒水舌破碎不充分且射程较小，局部喷灌强度较大，易形成地表积水和径流，在实际生产中应予避免。

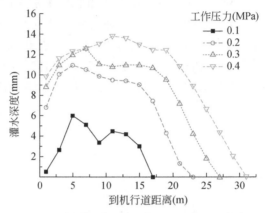

图 6-16　不同工作压力下垂直机行方向一次灌水深度

注：喷嘴直径为 18mm，射流角度为 24°，喷枪辐射角为 270°，机行速度为 40m/h

6.2.3　喷枪辐射角对移动喷洒均匀度的影响

为保证卷盘式喷灌机在收管过程中机行道的路面干燥，喷枪一般以扇形面进行喷洒，但对扇形角取值比较模糊。《喷灌机械原理·设计·应用》（许一飞和许炳华，1989）中推荐扇形辐射角的取值为 240°～300°，美国北卡罗来纳州立大学定义的典型辐射角为 180°～315°（Evans et al.，1999），而 Prado 等（2012）的研究表明辐射角度为 180°～230°时可获得较高的喷洒均匀度。结合本书构建模型对 50PYC 垂直摇臂式喷枪在不同辐射角度下的一次灌水深度进行计算，结果如图 6-17 所示。由图 6-17（a）可知，喷枪辐射角的取值对垂直机行道各测点灌水深度产生显著影响：当喷枪辐射角为 180°时，灌水深度呈三角形，近机行道各测点的灌水深度较大，随距机行道距离的增大，各测点灌水深度近似呈线性降低，移动喷洒均匀度系数为 61.4%。当喷枪的辐射角增大为 220°时，各测点灌水深度连线变成椭圆形，靠近机行道处的灌水深度较 180°辐射角时显著降低，远离机行道各测点的灌水深度显著增大，机组移动喷洒均匀度系数增大为 69.9%。当喷枪辐射角增大为 270°时，各测点灌水深度呈梯形分布，距机行道 15m 以内各测点灌水深度较接近，呈平滑直线，从距机行道距离 15m 处到喷洒末端灌水深度呈线性快速降低，机组灌水均匀系数为71.9%。不同辐射角度下的平均灌水深度均为6.25mm，即喷枪辐射角对灌水总量并无影响，仅对机组喷洒均匀度产生影响，随辐射角的增大，水量分布形状由三角形过渡为椭圆形，最终变成梯形分布。喷枪辐射角越小，均匀系数越低，该结果与Prado等（2012）的研究结论"辐射角度为180°~230°时可获得较高的喷洒均匀度"不相符，主要是因为本研究与Prado等研究中选用的喷枪类型与工作条件不同，导致其径向水量分布存在明显差异，因而叠加后的灌水均匀度随喷枪辐射角的变化规律存在不同。因此不同类型喷枪的适宜辐射角度不可一概而论，需结合实际径向水量分布来确定。

一次灌水过程不同辐射角度条件下各测点的灌水历时如图6-17（b）所示，由图6-17（b）可知，辐射角度对灌水历时的影响非常显著。当辐射角度为180°时，各测点的灌水历时随距机行道距离的增大而降低；当辐射角度为220°时，各测点灌水历时较为平稳，在喷洒射程末端略有下降；当辐射角度为270°时，各测点灌水历时随距机行道距离的增大先增大后减小。整体来看，各测点灌水历时随喷枪辐射角的增大而增大。灌水历时的增加可有效降低平均喷灌强度，有利于水分入渗，避免地表积水和径流的产生。结合图6-17（a）和图6-17（b）来看，当辐射角度为180°时，距机行道1m处的测点在0.57h内的灌水深度为9.43mm，平均喷灌强度达到16.54mm/h，这一强度高于绝大多数土壤的水分入渗速率（Li et al.，2009），较易产生地表的积水而形成径流。当喷枪辐射角增大到220°和270°时，该测点的灌水深度为7.84mm和6.62mm，灌水历时为0.58h和0.60h，相应的喷灌强度分别为13.5mm/h和8.0mm/h；特别是当喷枪辐射角为270°时，各点的灌水历时大幅度增加，较大程度降低了地表径流的

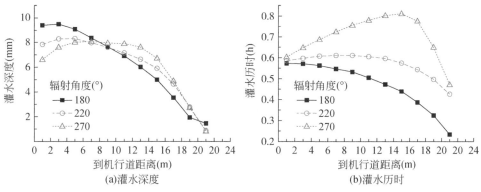

图6-17 不同喷枪辐射角下各测点灌水深度与灌水历时

注：喷嘴直径为18mm，射流角度为24°，行走速度为40m/h，工作压力为0.2MPa

发生概率。在保证机行道干燥的前提下，可优先选用较大的喷枪辐射角，以保证较高的喷洒均匀度和较低的喷灌强度。

6.2.4 旋转周期对移动喷洒均匀度的影响

喷枪工作压力的变化、摇臂转动惯量及配重安装位置等的变化都会改变喷枪的旋转周期（刘振超，2014）。汤攀等（2015）的研究表明增大喷枪工作压力和前移配重的安装位置会降低喷枪的旋转周期。本研究暂不考虑旋转周期变化对定喷条件下径向水量分布的影响，仅就旋转周期本身对机组的移动喷洒均匀度的影响进行讨论。将喷枪的旋转周期设定为20s、40s和60s，计算各测点灌水深度见图6-18。由图6-18可知，不同旋转周期下各测点的灌水深度完全一致，即当不考虑喷枪旋转周期变化对定喷径向水量分布的影响时，机组的移动喷洒均匀度与喷枪旋转周期无关。

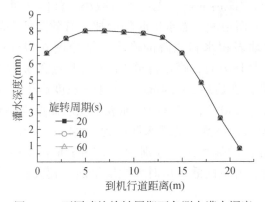

图 6-18　不同喷枪旋转周期下各测点灌水深度

注：喷嘴直径为18mm，射流角度为24°，喷枪辐射角为270°，行走速度为40m/h，工作压力为0.2MPa

6.2.5 组合间距对移动喷洒均匀度的影响

由图6-16可知，各工作压力下远离机行道的喷洒末端灌水深度均快速降低，造成单机组移动喷洒均匀度系数不高。因此相邻机组喷洒时应保证喷洒末端水量的叠加，以获取较高的移动喷洒均匀度（喻黎明等，2002）。分别取组合间距为喷枪射程的1.1倍、1.3倍、1.5倍、1.7倍和1.9倍进行叠加计算，组合灌水深度和灌水均匀度如图6-19所示。由图6-19可知，不同组合间距下的灌水深度存在明显差异，随组合间距的增大喷洒均匀度先升高后降低；当组合间距为1.1R

和 1.3R 时，相邻喷枪的喷洒水量大量叠加，叠加后的水量分布呈单峰分布，移动喷洒均匀度系数为 74.9% 和 76.2%；当组合间距增大为 1.5R 和 1.7R 时，末端水量叠加区间相对减小，水量亏缺点得到相邻喷枪的有效补充，移动喷洒均匀度系数相应提升为 86.2% 和 96.1%；随着组合间距的进一步增大，叠加后的移动喷洒均匀度系数反而降低，组合间距为 1.9R 时的移动喷洒均匀度系数减小为 82.9%。综合来看，当组合间距为 1.5R ~ 1.7R 时，组合移动喷洒均匀度系数均高于 85%，基本满足移动式喷灌对移动喷洒均匀度的要求。应当注意的是，当机组选择较小的组合间距时，会造成田间给水栓数目的增加，继而带来机组转运次数及管道拉伸次数的增加，从而降低机组的使用效率，因此组合间距不宜取值过小。

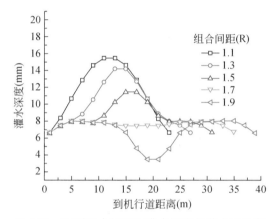

图 6-19　不同组合间距下灌水深度与灌水量分布
注：喷嘴直径为 18mm，射流角度为 24°，喷枪辐射角为 270°，
行走速度为 40m/h，工作压力为 0.2MPa

由上文可知，当工作压力固定时，运行参数中对机组移动喷洒均匀度产生主要影响的因素为组合间距与喷枪辐射角，考虑双因素下的机组移动喷洒均匀度如图 6-20 所示。从图 6-20 中可直观得到相邻机组组合间距和喷枪辐射角双重影响，组合移动喷洒均匀度最高可达 95% 以上，最低不足 65%，其中高组合均匀度的组合区域呈环状分布。考虑到机组运行效率，组合间距不宜过小，从利于灌溉水入渗考虑喷枪辐射角宜取大值，故可选定喷枪辐射角范围为 240° ~ 320°，组合间距为 1.4R ~ 1.7R（下图红框所框中范围）作为该工况下的机组运行参数。

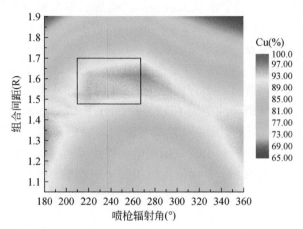

图 6-20　喷枪辐射角和组合间距对移动喷洒均匀度的影响

注：喷嘴直径为 18mm，射流角度为 24°，行走速度为 40m/h，工作压力为 0.2MPa；

Cu 是克里斯琴森均匀系数（%）

参 考 文 献

干渐民，杨生华 . 1998. 旋转式喷头射程的试验研究及计算公式 . 农业机械学报，29（4）：145-149.

葛茂生，吴普特，朱德兰，等 . 2016. 卷盘式喷灌机移动喷洒均匀度计算模型构建与应用 . 农业工程学报，32（11）：130-137.

李世英 . 1995. 喷灌喷头理论与设计 . 北京：兵器工业出版社 .

刘振超 . 2014. 垂直摇臂式喷头摇臂运动规律研究 . 镇江：江苏大学硕士学位论文 .

汤攀，李红，陈超，等 . 2015. 考虑配重的垂直摇臂式喷头摇臂运动规律及水力性能 . 农业工程学报，31（2）：37-44.

脱云飞，杨路华，柴春岭，等 . 2006. 喷头射程理论公式与试验研究 . 农业工程学报，22（1）：23-26.

许一飞，许炳华 . 1989. 喷灌机械原理·设计·应用 . 北京：中国农业机械出版社 .

严海军，金宏智 . 2004. 圆形喷灌机非旋转喷头流量系数的研究 . 灌溉排水学报，23（2）：55-58.

喻黎明，吴普特，牛文全 . 2002. 喷头组合间距、工作压力和布置形式对喷灌均匀系数的影响 . 水土保持研究，9（1）：154-157.

Dechmi F，Playan E，Faci J M，et al. 2003. Analysis of an irrigation district in northeastern Spain：II. Irrigation evaluation，simulation and scheduling. Agricultural Water Management，61（2）：93-109.

Evans R O，Sneed R E，Sheffield R E，et al. 1999. Irrigated acreage determination procedures for wastewater application equipment——hard hose traveler irrigation system. NC Cooperative Extension

Service publication AG-553-7. Raleigh，NC：North Carolina Cooperative Extension Service.

Fornberg B，Zuev J. 2007. The Runge phenomenon and spatially variable shape parameters in RBF interpolation. Computers & Mathematics with Applications，54（3）：376-398.

Kincaid D C. 2005. Application rates from center pivot irrigation with current sprinkler types. Applied Engineering in Agriculture，21（4）：605-610.

Li Y X，Tullberg J N，Freebairn D M，et al. 2009. Functional relationships between soil water infiltration and wheeling and rainfall energy. Soil & Tillage Research，104（1）：156-163.

Lyle W M，Bordovsky J P. 1981. Low energy precision application（LEPA）irrigation system. Transactions of the ASAE，24（5）：1241-1245.

Prado G D，Colombo A，Oliveira H F E D，et al. 2012. Water application uniformity of self-propelled irrigation equipment with sprinklers presenting triangular，elliptical and rectangular radial water distribution profiles. Engenharia Agrícola，32（3）：522-529.

Playán E，Salvador R，Faci J M. 2005. Day and night wind drift and evaporation losses in sprinkler solid-sets and moving laterals. Agricultural Water Management，76（3）：136-159.

Richards P J，Weatherhead E K. 1993. Prediction of raingun application patterns in windy conditions. Journal of Agricultural Engineering Research，54（4）：281-291.

Rolim J，Pereira L S. 2005. Design and Evaluation of Traveling-gun Systems：the Simulation Model TRAVGUN. Vila Real，Portugal：EFITA/WCCA Joint Congress on IT in Agriculture.

Robles O，Playán E，Cavero J，et al. 2017. Assessing low-pressure solid-set sprinkler irrigation in maize. Agricultural Water Management，191：37-49.

Smith R J，Foley J P，Newell G. 2003. Development of Diagnostic "Toolkits" for the Evaluation and Improvement of Mobile Sprinkler Irrigation Systems. Final report on RWUE project. Gatton：Queensland Department of Primary Industries.

Smith R J，Gillies M H，Newell G，et al. 2008. A decision support model for travelling gun irrigation machines. Biosystems Engineering，100（1）：126-136.

Solomon K H，Kincaid D C，Bezdek J C. 1985. Drop size distributions for irrigation spray nozzles. Transactions of the ASAE-American Society of Agricultural Engineers，28（6）：1966-1974.

Valimaki V，Haghparast A. 2007. Fractional delay filter design based on truncated Lagrange interpolation. IEEE Signal Processing Letters，14（11）：816-819.

Yazar A. 1984. Evaporation and drift losses from sprinkler irrigation systems under various operating conditions. Agricultural Water Management，8（4）：436-449.

Zheng J，Chau L P. 2003. A motion vector recovery algorithm for digital video using Lagrange interpolation. IEEE Transactions on broadcasting，49（4）：383-389.

第7章 | 喷枪喷洒降水动能强度分布规律

卷盘式喷灌机喷洒中存在较多高速运动的大直径水滴，这些水滴携带较大打击动能，改变土壤的入渗速率并对表层土壤产生侵蚀等（Morgan，1995；Shin et al.，2015；Kincaid et al.，1996），进而影响灌溉水利用效率和灌溉均匀度。本章对卷盘式喷灌机的降水动能分布进行研究，具体分为定喷降水动能分布和移动喷洒条件下的降水动能分布。

7.1 固定喷洒降水动能强度分布

目前关于喷头能量分布的研究大都以固定喷盘折射式喷头（King and Bjorneberg，2010；Yan et al.，2011；Ouazaa et al.，2014）、旋转喷盘折射式喷头（Kohl and Deboer，1990；Deboer and Monnes，2001；Deboer，2002）中尺寸摇臂式喷头（Stillmunkes and James，1982；Sanchez et al.，2011；Stambouli et al.，2014）为研究对象，以卷盘式喷灌机大流量喷枪（流量大于5L/S）为研究对象所开展的研究几乎没有（Sheikhesmaeili et al.，2016）。本节通过实测数据分析大流量喷枪的喷灌强度、水滴直径和速度的分布规律，在此基础上构建大流量喷枪的定喷打击动能计算模型，确定喷枪适宜工作条件，保证较高的灌水质量；同时为卷盘式喷灌机移动喷洒条件下的能量分布计算提供依据。

7.1.1 径向喷灌强度

通过室外的大流量喷枪的径向水量分布试验可以获得各喷枪在不同压力下的径向水量分布，图7-1给出了50PYC喷枪匹配20mm直径喷嘴时在0.15MPa和0.35MPa工作压力下的径向水量分布图。从图7-1中可以看出，水量分布的形式是随机无规律的，峰和谷的分布并不规则，既不是椭圆形也不是三角形。但是采用上述基于最小二乘法的多项式拟合能够良好地反映出径向水量分布特点，尽管依然存在一些小的偏差。两条拟合曲线的拟合系数分别达到0.981和0.971，显示出较高的拟合精度。因此，只要知道拟合多项式的拟合系数，就可以非常真实地反映出径向水量的实际分布。

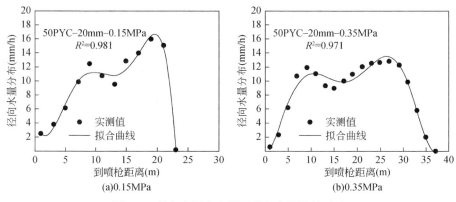

图 7-1 径向水量分布预测值与实测值的对比

图 7-2 给出了采用 2DVD 在某测点采集到的水滴直径成像,从图 7-2 中可以看出,同一时刻经过 2DVD 采样区的水滴由不同直径组成,从小于 0.5mm 到大于 6mm 的水滴都存在。其中 6mm 被认为是自然界中能够保持稳定而不发生破碎的水滴直径最大值 (Blanchard and Spencer, 1970; Mctaggartcowan and List, 1975)。关于到喷枪距离为 4m、8m、12m 和 16m 测点处的水滴直径、数目及体积组成的进一步分析如图 7-2 所示。这四测点处的水滴数目分别为 50 438、29 426、22 018 和 6588,相应的体积分别为 6730mm³、8710mm³、12 020mm³ 和 2910mm³。其中直径小于 1mm 的水滴数目占总水滴数目达到 90% 左右,但是这部分直径的水滴体积对总体积的贡献却仅为 10% ~ 50%。大直径水滴体积所占总体积的比例随到喷枪距离的增加而增加,这也反映出体积加权平均直径随到喷枪距离增加而增加的趋势。

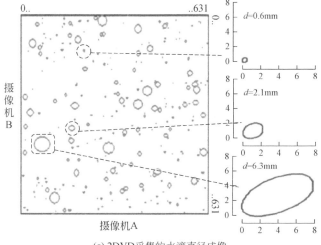

(a) 2DVD采集的水滴直径成像

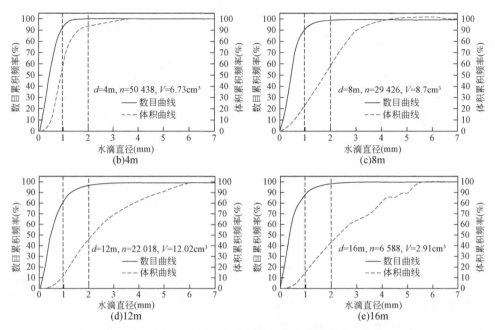

图7-2　2DVD 捕捉到的不同直径水滴及距喷头不同位置处 4m、8m、12m、16m 的直径数目与体积组成

　　分析到喷枪距离及工作压力对体积加权平均直径的影响，如图 7-3 所示。各喷枪工作压力下的体积加权平均直径均随到喷枪距离的增加呈指数增加，这一结果与 Montero 等（2003）的研究结论相一致。图 7-3 还给出了工作压力对体积加权平均直径的影响。图 7-3 所示为距喷枪距离为 4m、8m、12m、16m、20m 处测点在不同工作压力下的平均直径变化。结果显示工作压力对水滴直径有显著影响，平均直径值随工作压力的增加呈幂指数降低，这一规律也与其他研究人员的结论相一致（Chen and Wallender，1985），工作压力是影响喷灌水滴直径分布的重要因素（Montero et al.，2003）。同时考虑工作压力和距喷枪的距离对直径分布的影响，得到水滴直径分布的多元非线性拟合模型如下式所述：

$$d_v = 0.578 + 0.00774P^{-1.182}d^{1.302} \quad d \leqslant R_0 \quad R^2 = 0.921 \qquad (7\text{-}1)$$

式中，P 为工作压力（MPa）；d 为点到喷枪的距离（m）；R_0 为喷枪射程（m）。

$$R_0 = 13.389\ln(P) + 49.772 \qquad R^2 = 0.976 \qquad (7\text{-}2)$$

　　图 7-4 给出的是采用式（7-1）得到的水滴体积加权中值直径计算值和实测值之间的对比。两组数据表现出高度的一致性，围绕 1∶1 线紧密分布。使用式（7-3）来计算均方根误差（Chai and Draxler，2014），计算得到的 RMSE 为 0.2504，进一步验证了计算精度。

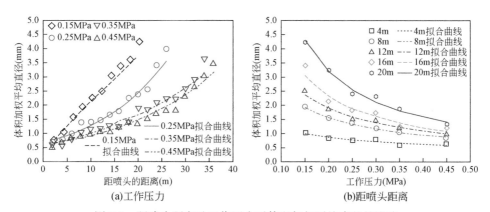

图7-3　距喷头距离及工作压力对体积加权平均直径的影响

$$RMSE = \sqrt{\dfrac{\sum\limits_{i=1}^{n}(X_{mea,i} - X_{cal,i})^2}{n}} \tag{7-3}$$

式中，n 为测试次数；$X_{mea,i}$ 为测试得到的平均直径（mm）；$X_{cal,i}$ 为计算得到的平均直径。

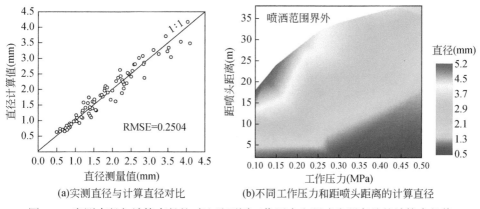

图7-4　实测直径与计算直径的对比及不同工作压力和距喷头距离处的计算直径值

由式（7-1）和式（7-2）得到的水滴直径分布云图见图7-4，随着工作压力的增加，喷枪射程逐渐增加，从0.1MPa时的17m增大到0.5MPa时的38m。当喷枪工作压力为0.1～0.25MPa时，喷洒末端的水滴体积平均中值直径相当大，可达4mm甚至更大。

7.1.2 水滴速度分布

通过 2DVD 可以获得每个水滴的直径和速度，从而可以获得每个测点处所有水滴的动能。在该点喷灌强度已知的前提下，可以通过计算得到该点的等效速度。尽管同一测点处不同直径水滴的速度存在很大差异（Ge et al.，2016），但等效速度这一概念可以被用来有效地描述喷枪的能量分布。

图 7-5 显示了各直径水滴在到喷枪不同距离处及不同工作压力下的等效速度，从图 7-5 中可以看出等效速度的取值仅与水滴直径有关，和喷枪的工作压力及该水滴到喷枪的距离无关，水滴直径越大，其等效速度越大。Atlas 和 Ulbrich（1978）曾对天然降雨水滴的收尾速度进行测试，并以指数函数来表示两者之间的关系，如图 7-5 中红色实线所示。

$$\mu_T(D) = 3.778D^{0.67} \tag{7-4}$$

式中，D 为雨滴的直径（mm）。

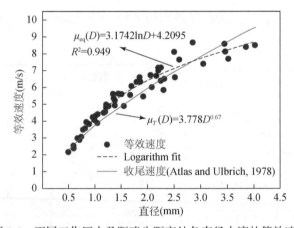

图 7-5 不同工作压力及距喷头距离处各直径水滴的等效速度

对比天然降雨水滴收尾速度和本研究中大流量喷枪水滴的等效速度可以发现两者之间有较强的一致性，尽管两种情况下水滴的生成机制与运动轨迹存在明显差异。这可能归因于喷灌水滴的水平向分速度对垂直方向速度因降落高度有限造成的不足提供了补偿（Ge et al.，2016）。从图 7-5 中可知，喷灌水滴的动能和天然降雨水滴的动能几乎一致，尽管喷灌水滴的降落高度相对较低；此外，仍然有一些直径的水滴等效速度与天然降水情况下的收尾速度存在较大差异，偏差率超过 10%。例如，直径值为 1.5～2mm 的喷灌水滴等效速度就明显高于天然降雨条件下同直径水滴的收尾速度，这可能是因为该直径值的水滴水平速度占了更大比例。对于直径大于 3.5mm 的水滴，喷灌水滴的等效速度则小于天然降雨水滴的等效速度，这可能是因为水平方向分速度不足以补偿垂直方向分速度的不足。因为动能与速度的平方成比例，这些速度上的差异足以造成计算动能值和真实值之间的差异达到 20% 以上。对各直径水滴的等效速度进行拟合可知，对数函数可以更好地反映两者关系，拟合度系数 R^2 可达 0.949，拟合公式如下：

$$\mu_{eq}(d_v) = 3.1742\ln(d_v) + 4.2095 \qquad R^2 = 0.949 \tag{7-5}$$

7.1.3　动能强度计算模型

用于表示土壤侵蚀的能量指标主要有三种形式（King and Bjorneberg, 2010），分别为面积加权单位体积动能（KE_d, J/L）、体积加权单位体积动能（KE_v, J/L）和动能强度 $[SP, J/(m^2 \cdot s)]$。其中 SP 是指能量传递到单位面积土地上的速率，其大小一般和到喷枪的距离有关。SP 有时也被记作能量通量密度（DE_f）（Thompson and James, 1985；Thompson et al., 2001）或者 RKE_e（Fornis et al., 2005）。相关研究表明，SP 和地表径流及土壤侵蚀之间关系最紧密（Thompson et al., 2001；Brodowski, 2013；Wang et al., 2014）。King 和 Bjorneberg（2010）给出 SP 的计算公式如下式 7-6 所示：

$$SP_i = \left(\frac{\sum_{j=1}^{ND_i} \dfrac{\rho_w \pi d_j^3 v_j^2}{12}}{1000 \sum_{j=1}^{ND_i} \dfrac{\pi d_j^3}{6}} \right) \frac{AR_i}{3600} \tag{7-6}$$

式中，R_i 为喷头径向方向的测点数目；ND_i 为在第 i 个测点处的水滴数目；ρ_w 为水的密度（kg/m³）；d_j 为实测第 j 个水滴的直径（mm）；v_j 为第 j 个水滴的实测速度（m/s）；A 为第 i 个测点处的喷洒面积（m²）。

若根据式（7-6）来计算各测点处的 SP，则需要已知该测点处每一个水滴的直径和速度，这在很多测试场景下是较难实现的。因此本研究根据大流量喷枪的喷洒特性对式（7-6）进行了一定的改善工作。由 7.1.2 节大流量喷枪的定喷水量分布可以将喷枪的径向水量分布曲线写成 $p(d)$ 形式，即任意单位时间落在单位面积土地上的水量可以记为

$$V(d) = \frac{p(d)tA}{1000} = \frac{p(d)}{1000} \tag{7-7}$$

该体积水量的质量可以表述为

$$M(d) = \rho_w V(d) = 1000p(d) \tag{7-8}$$

将上述体积的水量视作一个整体，并赋予它们一个等效速度，则这部分水所包含的能量为

$$E_k(d) = \frac{1}{2}M(d)\mu_{eq}(d_v)^2 = 500p(d)\mu_{eq}(d_v)^2 \tag{7-9}$$

式中，μ_{eq} 为该测点处水滴的等效速度（m/s）。

对式（7-9）中 $E_k(d)$ 进行单位换算，表述成 J 的形式，则上式可以改写为

$$E_k(d) = 0.5p(d)\mu_{eq}(d_v)^2 \tag{7-10}$$

因为 SP 的定义为单位时间降落在单位面积土地上的能量，则 SP 可以记作如下形式：

$$SP(d) = \frac{E_k(d)}{tA} = \frac{0.5p(d)\mu_{eq}(d_v)^2}{3600} = \frac{p(d)\mu_{eq}(d_v)^2}{7200} \tag{7-11}$$

对比式（7-6）和式（7-11）中 SP 的不同表述形式，可以发现大喷枪的径向水量分布曲线更易获得，而各测点处的等效速度可以通过实测手段得到，并在实测数据基础上进行拟合得到更多工况下的等效速度。

将式（7-10）代入式（7-11），可以将 SP 改写成式（7-12）的形式，通过式（7-12）可以更方便地获取大流量喷枪的能量分布。只要已知了喷枪的喷灌强度分布和工作压力，就可以推算出到喷枪任意距离处的动能强度（SP）。

$$SP(d) = \frac{p(d)\left[3.1742\ln(0.578 + 0.00774P^{-1.182}d^{1.302}) + 4.2095\right]^2}{7200} \tag{7-12}$$

为了验证式（7-12）的计算精度，实测 50PYC 喷枪在 0.3MPa 工作压力下的动能强度，并与计算值进行对比，结果如图 7-6 所示。其中，红色实线和蓝色虚线分别代表径向动能强度计算值和实测值，两条线表现出较强的一致性，均方根误差（RMSE）仅为 0.0057。

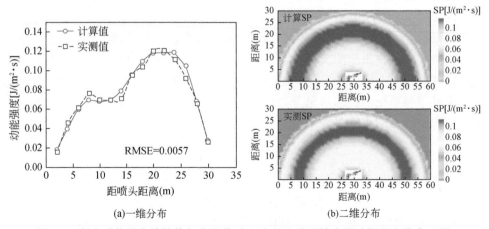

(a) 一维分布　　　　　　　　　　　　　　(b) 二维分布

图 7-6　径向动能强度计算值与实测值对比及 180° 喷洒域内的动能强度分布云图

从图 7-6 中可以看出，能量分布基本呈面包圈状分布，其中能量的峰值位于射程的 70% 附近。为了得到更直观的能量分布图，通过 Suffer 软件将一维的径向分布转化成 180°喷射角的二维分布，如图 7-6（b）所示，其中喷枪所处位置坐标为（30，0），能量呈环状分布，主要集中在喷洒区域的外围，SP 的最大值约为 0.12J/（m² · s），尽管计算值和实测值之间仍存在一些差异，但并不明显。

7.1.4　工作压力对动能强度分布的影响

喷头的工作压力被认为对水量分布和直径分布有显著的影响（Martínez et al.，2004），但是对能量分布的影响却很少被提及，尤其是针对大流量喷枪。图 7-7 给出了 50PYC 喷枪在 0.1～0.45MPa 工作压力下的径向能量分布 SP 曲线，以及在各工作压力下的 SP 峰值。从图 7-7 中可以看出，各工作压力下的径向打击动能分布曲线基本表现为三角形分布，各测点处的 SP 值随着距喷头距离的增加先逐渐增加，在喷洒域外端达到能量峰值后迅速降低。在 0.1MPa 和 0.15MPa 工作压力下的动能强度值明显高于其他工况，达到近两倍。分析各工作压力下 SP 峰值的统计数据，结果表明当工作压力从 0.1MPa 升高至 0.2MPa 时，SP 的峰值从 0.2J/（m² · s）迅速下降到小于 0.1J/（m² · s），而当工作压力高于 0.2MPa 时，SP 的峰值在 0.05～0.1J/（m² · s）波动。需要注意的是，随着工作压力的增加，SP 峰值并不总是减小，这可能归因于各工作压力下喷枪的水量分布和直径分布规律。因此，0.1MPa 和 0.15MPa 工作压力可被认为是不可取的工作压力，因为该工作压力下的能量分布过于集中，这会对表层土壤结构和幼嫩作物的生长带来不利影响。此外还需要注意的是为了减小试验误差，本研究中所取的喷灌强度并

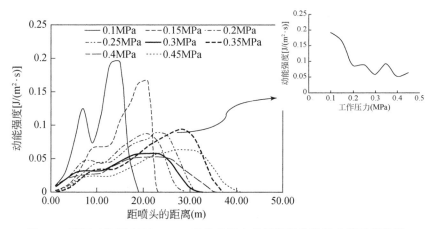

图 7-7　不同工作压力下 50PYC 喷枪的径向动能强度曲线及动能强度峰值

非瞬时喷灌强度，而是对一段时间内的喷洒水量取平均得到的平均喷灌强度，而在喷洒时段内的瞬时喷灌强度可能数倍于平均喷灌强度，同样地，动能强度的瞬时值也可能数倍于通过式 (7-12) 得到的动能强度计算值或实测值，因此当喷枪在低工作压力区间工作时，其动能强度值甚至会超过 $1J/(m^2 \cdot s)$。根据 Thompson 等 (2001) 的研究，当能量通量大于 $0.6J/(m^2 \cdot s)$ 时，土壤水入渗速率接近恒定值，这可能会带来严重的地表径流和土壤侵蚀。因此，尽管当喷枪降低工作压力可以有效降低系统能耗，但也必须考虑打击动能带来的地表积水和径流的产生等副作用，对于 50PYC 大流量喷枪，至少应以 0.2MPa 作为工作压力下限值。

7.1.5　水平和垂直方向动能强度组成

在早期对降水动能的研究中，水滴对地面土壤的冲击角度通常视作 90°（Young and Wiersma, 1973），但实际上受风力吹动等的影响，水滴对土壤的冲击角度很少为 90°（Cruse et al., 2000；Erpul et al., 2008），这就造成了水滴动能在水平方向和垂直方向上的分解，水滴在冲击表层土壤时，除了有垂直方向上的正向冲击，还伴有对土壤颗粒的斜向切割作用，这对于一些抗冲击力较弱的砂性土壤产生的影响尤为明显，土壤团聚体更易于受切向力作用而破碎，从而加速了土壤侵蚀的进程。

图 7-8 给出的是 50PYC 喷枪在 150kPa、250kPa、350kPa 和 450kPa 工作压力下喷灌水滴能量在水平和垂直方向上的能量分量及水滴的落地角度。水滴的落地角随着距喷枪距离的增加而减小，这一趋势在 150kPa 的工作压力下更明显，水滴落地角的最大值为 86.8°，最小值为 32.1°；而在其他各工作压力下，落地角度的下降趋势相对平缓，最大值分别为 74.6°、74° 和 78.8°，最小值分别为 57.2°、50.2° 和 60.6°。各工作压力下的水滴落地角度平均值为 68.3°、66°、66.7° 和 73.5°，随工作压力的增加略有减小。这可能归因于当工作压力较高时，喷灌水滴在落地前的运动轨迹更长，水平速度受空气阻力的影响降低更显著。因为能量与速度的平方成正比关系，能量分量组成与角度变化呈相同变化趋势。四组压力下的水平能量与垂直能量比值范围分别为 0.05~1.59、0.08~0.41、0.09~0.69 和 0.05~0.32，越远离喷头，水平方向能量所占比例越大。Erpul 等 (2008) 验证了动能强度是影响砂土剥离速度的限制性因素，当压缩应力和剪应力达到某一值时，砂土的剥离速度达到最大值。Cruse 等 (2000) 进行了水滴冲击角为 90°、80°、70° 和 60° 条件下的土体脱离试验，结果表明水滴的冲击角度通过影响水平方向水流的运动对土壤的破碎过程产生影响。

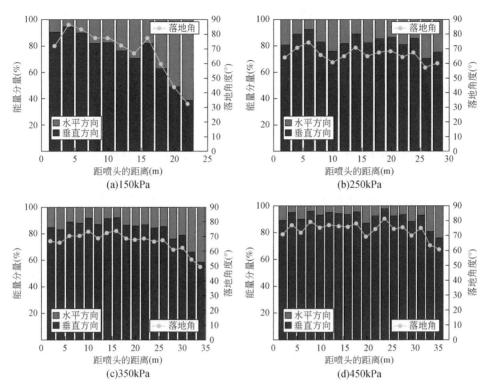

图 7-8 喷洒水滴落地角度及打击动能在水平方向和垂直方向的分量比值

7.1.6 定喷条件下动能强度分布均匀度

水量喷洒均匀度是评价灌水质量的一个关键指标，对作物产量和灌溉水有效利用率有显著影响。相比之下，打击动能会影响表层土壤孔隙度、水分入渗速率，引起地表径流和土壤侵蚀，因此对打击动能的分布均匀度也应给予密切关注。图 7-9 所示是 50PYC 喷枪在四组工作压力下（150kPa、250kPa、350kPa 和 450kPa）以常见矩形布置形式下的动能强度分布云图，喷头组合间距分别取 1 倍、1.3 倍和 1.6 倍射程。如图 7-9 所示动能强度的最大值一般位于叠加的中心位置，不同工作压力和组合间距下的动能强度最大值为 0.12 ~ 0.65J/(m² · s)，该值为 Bautista-Capetillo 等（2012）所开展试验中动能强度最大值的 1.6 ~ 9.6 倍。这主要是因为 Bautista-Capetillo 等在试验中选用的喷头类型是 VYR35 型折射式喷头，该喷头的喷嘴直径为 4.8mm，而本研究中选用的 50PYC 垂直摇臂式喷头的喷嘴直径为 20mm，从而在打击动能上数倍于 Bautista-Capetillo 等所选用的喷头动能，这也意味着喷头在更高流量和射程的同时带来了更大的土壤侵蚀潜力；喷洒高动能区的形状随喷头工作压力无明显变化，但与喷头间距紧密相关。当组合间距为 R 时，较高动能强度值所处区域呈蝶状分布，当组合间距为 1.3R 和 1.6R时，较高动能强度区域形状改变为十字形和梭形分布。其中，动能强度峰值随组合间距的增大而减小，当组合间距为 R 时，四组工作压力下动能强度的峰值分别为 $0.65J/(m^2 \cdot s)$、$0.34J/(m^2 \cdot s)$、$0.34J/(m^2 \cdot s)$ 和 $0.24J/(m^2 \cdot s)$，而当组合间距增大为 1.6R 时，各工作压力下动能强度的峰值降低为 $0.34J/(m^2 \cdot s)$、$0.18J/(m^2 \cdot s)$、$0.18J/(m^2 \cdot s)$ 和 $0.12J/(m^2 \cdot s)$；此外，动能强度峰值随工作压力的升高而降低，当工作压力从 150kPa 升至 450kPa 时，三种组合间距下的动能强度峰值分别从 $0.65J/(m^2 \cdot s)$、$0.65J/(m^2 \cdot s)$、$0.34J/(m^2 \cdot s)$ 下降到 $0.24J/(m^2 \cdot s)$、$0.12J/(m^2 \cdot s)$ 和 $0.12J/(m^2 \cdot s)$。

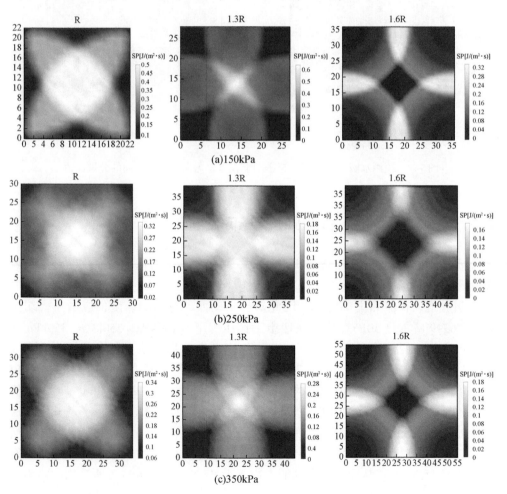

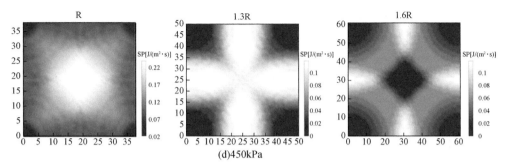

图 7-9 不同工作压力和组合间距下打击动能分布云图

注：横纵坐标表示正方形布置喷头间距（m）

计算 50PYC 喷枪在不同工作压力和组合间距下的能量分布克里斯琴森均匀系数 Cu 和分布均匀系数 Du（表 7-1）。从表 7-1 中数据可以看出，工作压力对 Cu 和 Du 没有明显影响，这一点与 Capetillo 等的研究结论并不一致。在 Bautista-Capetillo 等（2012）的研究中，动能强度的分布均匀性总是随工作压力的升高而增高，这或许可以归因于两个研究中所选用喷头的差异，本研究所选用的大流量喷枪与 Capetillo 等研究所选用的摇臂式喷头在径向水量分布及喷洒水滴的直径和速度分布存在较大差异。相比而言，喷枪之间的组合间距在动能分布均匀性中起着更加关键的作用，随着组合间距的增大，平均 Cu 显示出轻微的下降趋势，从 67.90% 下降到 55.06% 和 51.06%，似仍在可接收范围之内，但是平均 Du 随组合间距的增大，从 55.82% 迅速下降至 25.14% 和 31.65%，这说明部分灌溉区域内接收到的喷灌动能非常有限，而相应有些区域则非常集中。因此，组合间距不仅影响到水量分布的均匀性，同样会对喷灌动能的分布产生影响。考虑到采用大流量喷枪灌溉时的喷灌动能对土壤和作物的冲击破坏等影响，应当合理选取相邻喷枪之间的组合间距。

表 7-1 50PYC 在不同工作压力和组合间距下的 Cu 和 Du

工作压力（MPa）	组合间距					
	R×R		1.3R×1.3R		1.6R×1.6R	
	Cu（%）	Du（%）	Cu（%）	Du（%）	Cu（%）	Du（%）
150	67.27	50.08	58.72	22.09	40.70	26.78
250	66.95	57.35	54.23	28.69	57.24	34.70
350	69.48	56.46	54.70	23.42	49.11	31.00
450	67.91	59.38	52.58	26.37	57.17	34.11
平均	67.90	55.82	55.06	25.14	51.06	31.65

7.2　移动喷洒降水动能强度分布

本节结合卷盘式喷灌机移动喷洒特点，综合考虑其自转过程和在机行道方向上的移动过程，提出一种计算移动喷洒条件下能量分布的计算方法，分析喷洒区域内不同位置处的动能强度过程与累积能量分布特点，讨论工作压力、喷枪辐射角及机组行走速度等机组运行参数对降水动能分布的影响；将大流量喷枪的降水动能分布与中心支轴式喷灌机常用喷头的喷灌降水动能分布进行对比，初步分析大流量喷枪喷洒降水动能对入渗速率的影响。本研究可为优化卷盘式喷灌机组运行参数，提高灌水质量提供理论和数据参考。

7.2.1　喷洒降水动能指标

本研究中选取三个喷洒降水动能指标，依次为动能强度 [SP，$J/(m^2 \cdot s)$]，单位面积动能（KE，J/m^2）和单位体积动能 [KE_a，$J/(m^2 \cdot mm)$]。单位面积动能表示的一次降水过程中落在某区域单位面积内的总能量，与灌水深度相类似，可以通过对降水历时内的动能强度 SP 变化曲线进行积分计算得到：

$$KE_i = \int_0^{T_i} SP(t)\,dt \tag{7-13}$$

式中，T_i 为 i 点位置处的降水历时（h）。

单位体积动能 KE_a 表述的是单位面积内单位体积降水总动能。KE_d 也是被用作描述降水动能分布的传统指标，但其过度放大了大直径水滴对动能分布的影响（King and Bjorneberg，2010），相较于 KE_d，KE_a 能够更加直观真实地刻画降水动能分布，对单位面积动能除以灌水深度即可得到计算值：

$$KE_{ai} = KE_i/d_i \tag{7-14}$$

式中，d_i 为第 i 个测点位置处的降水深度（mm）。

7.2.2　移动能量叠加计算

喷枪在喷头车运行过程中做周期性旋转，实际喷洒区域为两种运动组合形成的有缺口的圆螺旋形重叠区域 [图 7-10（a）]，这给移动条件下喷洒能量的叠加计算带来一定困难。根据运动的相对性，假设喷枪位置固定，只绕原点 O 做周期性旋转喷洒。距机行道距离为 x 的 M 点沿机行相反方向运动，从刚开始受水的 M_{start} 点到脱离有效喷洒区域的 M_{end} 点完成接收能量的过程，此过程中 M 点的接收的能量即为该点移动叠加总能量 [图7-10 (b)]。

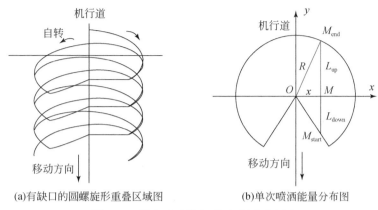

(a)有缺口的圆螺旋形重叠区域图   (b)单次喷洒能量分布图

图7-10 卷盘式喷灌机移动喷洒示意图

由于机组行进速度较慢，一个喷枪自转周期内在机行方向上的行进距离较小，据此进一步提出两点假设：①能量伴随着水在各周期内均匀作用在 M 点；②各旋转周期内机组在机行方向的移动距离引起 M 点到喷枪距离的改变值可忽略不计。以 x 轴为界，将喷洒区域分为上侧半圆面和下侧扇形面。M 点在两个区域内接收到水和能量的距离分别为 L_{up} 和 L_{down}，其中：

$$L_{up} = \sqrt{R^2 - x^2} \tag{7-15}$$

式中，R 为喷枪射程（m）；x 为 M 点到机行道的距离（m）。

设定喷枪移动速度为 v，旋转周期为 t，喷枪在一个旋转周期的移动距离为 Δl。以 Δl 为单位长度，将 L_{up} 划分为 n 个计算单元，对各计算单元进行编号，其中：

$$n = \text{INT}\left(\frac{L_{up}}{\Delta l}\right) + 1 \tag{7-16}$$

对于编号为 j 的计算单元，由假设可知该单元内各点到喷枪的距离相同，则水平坐标轴到该单元的垂直距离为

$$l_v = j \cdot \Delta l \tag{7-17}$$

则 j 计算单元到喷枪的距离为

$$l_j = \sqrt{l_v^2 + x^2} = \sqrt{(j \cdot \Delta l)^2 + x^2} \tag{7-18}$$

j 计算单元处的动能强度 SP (l_j) 为

$$\text{SP}(l_j) = \frac{p(l_j)\left[3.1742\ln(0.578 + 0.00774P^{-1.182}l_j^{1.302}) + 4.2095\right]^2}{7200} \tag{7-19}$$

依次将 $j \in (0, n)$ 代入计算，求得各计算单元的动能强度强度 SP (l_j) 及

其所对应的时间点 t_j，从而得到一系列 SP-t 关系点。对这些点再次采用最小二乘法进行多项式拟合，得到降水历时与动能强度的关系式。

$$\mathrm{SP}(t) = \sum b_i t^i \tag{7-20}$$

式中，t 为 M 点在喷洒区域内的时刻（h）；SP（t）为 t 时刻的动能强度（mm/h）；b_i 为各项拟合系数，$i=0$，1，…，6。

由式（7-13）可知，以 SP（t）为被积函数，在 $0 \sim t_{up}$ 进行积分即可得到上半圆的累积能量，即

$$\mathrm{KE}_{up}(x) = \int_0^{t_{up}(x)} \mathrm{SP}(t)\,dt \tag{7-21}$$

式中，t_{up}（x）为喷头车经过上半圆的时长（h），即

$$t_{up}(x) = \frac{\sqrt{R^2 - x^2}}{v} \tag{7-22}$$

同理，M 点通过扇形面时的降水历时与动能强度的关系表达式也可由式（7-21）表示，累积能量 KE_{down}（x）为

$$\mathrm{KE}_{down}(x) = \int_0^{t_{down}(x)} \mathrm{SP}(t)\,\mathrm{d}t \tag{7-23}$$

式中，t_{down}（x）为喷头车经过下扇形面的时长（h），即

$$t_{down}(x) = \begin{cases} \dfrac{x\tan\left(\dfrac{\alpha - 180°}{2}\right)}{v}, & 0 \leqslant x < R\cos\left(\dfrac{\alpha - 180°}{2}\right) \\ \dfrac{\sqrt{R^2 - x^2}}{v}, & R\cos\left(\dfrac{\alpha - 180°}{2}\right) \leqslant x \leqslant R \end{cases} \tag{7-24}$$

式中，α 为喷枪的辐射角度（°）。

则 M 点的单位面积动能为

$$\mathrm{KE}(x) = \mathrm{KE}_{up}(x) + \mathrm{KE}_{down}(x) \tag{7-25}$$

M 点的灌水总历时为

$$t(x) = t_{up}(x) + t_{down}(x) \tag{7-26}$$

通过式（7-26）即可求得距机行道任意距离的测点一次降水过程中的单位面积动能和灌水历时。采用实测手段或通过相似方法计算得到该测点的一次灌水深度 P（x），则该测点的单位体积动能为

$$\mathrm{KE}_a(x) = \mathrm{KE}(x)/P(x) \tag{7-27}$$

7.2.3　移动能量实测值与模拟值对比

图 7-11 给出了 50PYC 喷枪在 0.3MPa 工作压力下以 40m/h 速度移动时喷洒

水深的实测值与模拟值对比，从图 7-11 中可以看出，实测值与模拟值吻合性较高。采用模拟计算的方法可以较准确模拟垂直卷盘式喷灌机组行进方向上各测点处的灌水深度，在灌水分布的形状和数值上均没有明显偏差，除了在远离喷灌机行进轨道的外端个别测点处的模拟值和实测值偏差达到 20% 左右，其余各测点偏差不超过 5%。造成实测值和模拟值偏差的因素有很多，包括模型计算中的拟合偏差、实验误差及喷灌水滴的蒸发过程。总体来看，本书提出的计算方法是一种计算大流量喷枪移动叠加能量分布的有效方法。

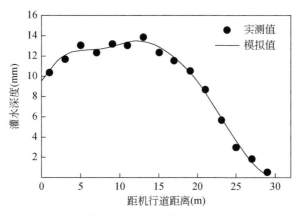

图 7-11　累积灌水深度计算值和实测值对比

7.2.4　垂直机行方向的累积灌水动能分布

计算到机行道不同距离各测点在一次喷洒过程的单位面积动能和降水历时，并由该测点的累积灌水深进一步计算该测点的单位体积动能，将上述结果计入表 7-2。图 7-12 是垂直机行道方向各测点累积灌水动能和灌水深度的对比，由图 7-12 可知，随到机行道距离的增加，各测点累积灌水动能和灌水深度均呈先增加后降低的单峰分布。其中，灌水深度最大值约为 15.9mm，位于距机行道 13m 处，约为喷枪射程的 44.5%，灌水深度的克里斯琴森均匀系数 Cu 约为 68.9%；累积灌水动能最大值约为 392.7J/m²，位于距机行道 19m 处，约为喷枪射程的 65.5%，灌水动能的克里斯琴森均匀系数 Cu 约为 69.5%。对比可知，两者的均匀度系数相差不大，而累积灌水动能的峰值所在位置较灌水深度向远离机行道方向移动，这说明单位体积灌水动能随着距机行道距离的增大而增加，见表 7-2 最后一列所示。

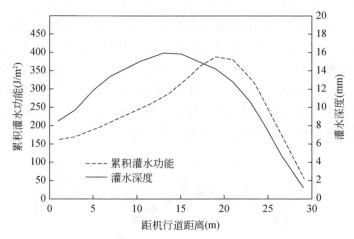

图 7-12 累积灌水动能和灌水深度对比

表 7-2 垂直机行方向各点累积动能和降水历时

距机行道距离（m）	累积灌水动能（J/m²）	灌水历时（min）	灌水深度（mm）	单位体积灌水动能〔J/（m²·mm）〕
1	165.08	48	8.52	19.38
3	171.60	51	9.76	17.58
5	191.31	53.4	8.80	16.22
7	214.97	55.8	13.44	16.00
9	236.36	58.2	14.46	16.35
11	255.89	60	15.26	16.76
13	280.75	61.8	15.90	17.66
15	314.11	63	15.80	19.89
17	366.65	64.2	15.09	24.30
19	392.65	65.4	14.18	27.68
21	384.67	66	12.77	30.11
23	332.62	62.4	10.55	31.52
25	249.47	55.2	7.49	33.29
27	148.56	45.6	4.06	36.60
29	55.08	33	1.26	43.84

注：50PYC 喷枪，20mm 喷嘴直径，0.25MPa 工作压力，40m/h 机行速度，270°喷枪旋转角

7.2.5 移动动能强度分布

SP 代表了能量的传递速率并被证实与径流量、入渗速率及土壤的侵蚀量等有密切联系。取距机行道距离为 1m、9m、17m 和 25m 的测点分别代表机行道的近端、中段和末端的测点。由表 7-2 可知这四个测点的 KE 分别为 165.08J/m²、236.36J/m²、366.65J/m² 和 249.47J/m²，灌水历时分别为 48min、58.2min、64.2min 和 55.2min，由近端到末端均呈先增加后降低的趋势。图 7-13 给出了上述各测点的 SP 动态过程线。图示四个测点的 SP 峰值近乎一致，均约为 0.12J/(m²·s)，但其能量过境的动态分布存在显著差异；其中，近端测点和末端测点的 SP 过程为单峰分布，而中段测点处的 SP 动态分布则呈不规则马鞍状。说明与天然降水时同一区域近乎均匀的能量分布不同，大流量喷枪喷洒区域内各测点降水特性差异显著，均可视为独立的降水过程。

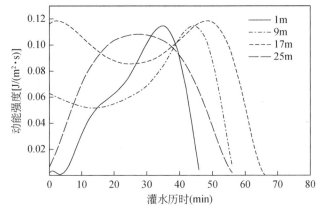

图 7-13 距机行道不同位置各测点灌水动能强度过程线

注：50PYC 喷枪，20mm 喷嘴直径，0.25MPa 工作压力，40m/h 机行速度，
270°喷枪旋转角，距机行道距离分别为 1m、9m、17m、25m

由表 7-2 可知，距机行道 9m 和 19m 位置处的一次灌水深度分别为 14.46mm 和 14.18mm，仅从灌水量来看两测点处并无明显区别，但累积灌水动能分别为 236.36J/m² 和 392.65J/m²，差异显著。绘制这两测点处的 SP 动态过程线如图 7-14 所示，由图 7-14 可知，距机行道 19m 位置处不仅灌水历时长于 9m 位置处，且其动能强度在受水过程中长期保持在 0.1J/(m²·s) 的高值；而距机行道 9m 位置处虽然在受水过程的末段达到了 0.1J/(m²·s) 以上的高值，但持续时间较短。由此可知，在大流量喷枪移动喷洒过程中，即使喷洒区域内的点灌水深度一致，但这些水所携总能及喷洒动能强度却可能存在较大差别，从而引起的水分入渗速

率的改变或侵蚀作用也会存在差异。

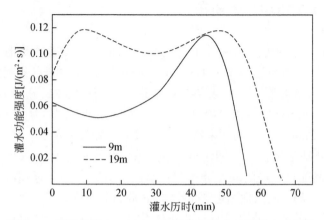

图 7-14　距机行道 9m 和 19m 位置处的灌水动能强度过程线

　　同样地，一次灌水过程累积能量相同的点在灌水深度和动能强度的动态过程也可能存在差异。如表 7-2 中，距机行道 11m 和 25m 两测点处，其累积灌水动能分别为 255.89J/m² 和 249.47J/m²，两者近似相等，但两测点处的灌水深度分别为 15.26mm 和 7.49mm，距机行道 25m 位置处的灌水深度不足 11m 位置灌水深度的一半；其动能强度的动态过程线也存在显著差异，分别表现为不规则马鞍和单峰状分布，其中距机行道 25m 位置处的测点有较长时间处在动能强度高值范围内（图 7-15）。若单纯为了水量的均匀分布而采取叠加灌溉，以增加距机行道 25m 位置处的灌水深度，则可能会因累积灌水动能及灌水历时的增加而大大增大该处产生径流和土壤侵蚀的风险。

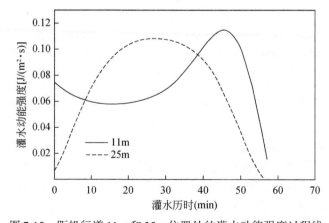

图 7-15　距机行道 11m 和 25m 位置处的灌水动能强度过程线

7.2.6　工作压力对移动能量分布的影响

受地块形状、喷洒区域面积、水源条件等的影响，喷枪往往在不同的工作压力下运行。受工作压力对射程、水滴直径等的影响，无论是固定喷洒还是移动喷洒条件下，工作压力都对喷头的水量分布产生影响（Kincaid et al.，1996；Tarjuelo et al.，1999）。结合上文所述计算过程，进一步得到了 0.15MPa、0.25MPa、0.35MPa 和 0.45MPa 工作压力下垂直机行方向各测点移动喷洒能量的累积，如图 7-16 所示。受喷枪射程影响，喷枪控制面积随喷枪工作压力的升高而增大。喷枪在 0.15MPa 下各测点累积灌水动能明显高于其他工作压力下各测点累积灌水动能，其中能量累积最大值为 488.3J/m²，位于距机行道 17m 处；喷枪在 0.25MPa 和 0.45MPa 工作压力下各测点灌水动能相对较低，其最大值分别为 371.2J/m² 和 338.3J/m²，分别位于距机行道 19m 和 25m 处；需要注意的是，喷枪在 0.35MPa 工作压力下的各测点累积灌水动能显著高于 0.25MPa 和 0.45MPa 工作压力下的各测点累积灌水动能。通过分析不同工作压力下喷枪的定喷径向动能分布对此进行解释（图 7-17）：当喷枪在 0.15MPa 工作压力下工作时，其径向动能强度显著高于其余各工作压力下动能强度，此时喷洒水舌未充分破碎，水量和能量的分布过于集中，喷枪尚不能正常工作，因此喷枪应避免在 0.15MPa 工作压力下工作。当工作压力升高到 0.25MPa 时，喷枪射程大幅度提高，动能强度显著降低；工作压力进一步提高至 0.35MPa 时，喷枪的射程较 0.25MPa 时有显著提高，但其动能强度未发生明显变化；喷枪工作压力为 0.45MPa 时，径向各测点动能强度进一步降低，射程有略微增加。各测点灌水历时随射程的增大而增大，0.35MPa 工作压力下的各测点同时经历了相对高的动能

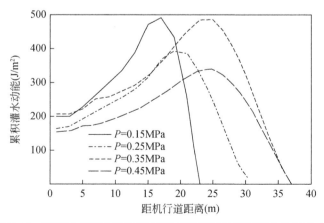

图 7-16　不同工作压力下距机行道不同距离处累积灌水动能分布

强度和较长的灌水历时，从而使移动喷洒累积能量高于0.25MPa和0.45MPa工作压力下的累积能量。综上可知，工作压力通过影响喷枪的径向动能强度分布和各测点移动灌水历时对喷洒区域内各测点的累积能量产生影响，其关系非线性。

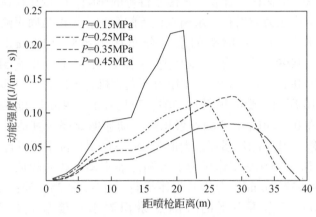

图7-17　不同工作压力下径向动能强度分布

7.2.7　喷枪辐射角对移动能量分布的影响

为保证卷盘式喷灌机在收管过程中机行道的路面干燥，喷枪做扇形面进行喷洒，但扇形角的取值并不明晰。根据本书所述计算方法得到50PYC喷枪在辐射角为180°、220°和270°时的垂直机行道方向各测点累积灌水动能和灌水历时（图7-18），由图7-18（a）可知，随喷枪辐射角的增大，靠近机行道处的累积灌水动能从266J/m²降低到165J/m²，而喷洒末端累积灌水动能峰值从321J/m²升高至393J/m²。与水量累积分布的由三角形转变为梯形相反（Ge et al.，2016），累积灌水动能分布形状由梯形转变为近似三角形分布，灌水动能喷洒均匀度由78%降低为69.5%。图7-18（b）为不同辐射角下各测点的降水历时，随辐射角的增大，各测点降水历时显著增加，可有效降低平均动能强度，有利于水分入渗，避免地表积水和径流的产生。以距机行道21m处的测点为例，辐射角为180°、220°和270°的降水历时分别为34.2min、45.7min和65.7min，其累积灌水动能分别为295.7J/m²、356.2J/m²和384.7J/m²，平均动能强度分别为0.144J/(m²·s)、0.129J/(m²·s)和0.0976J/(m²·s)，虽然累积灌水动能有所增加，但该测点处的平均动能强度降低更为显著，因此从灌水动能分布的角度进一步阐释了喷枪辐射角不宜选择过小。

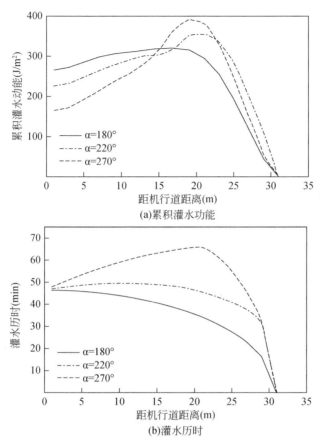

图 7-18 不同喷枪辐射角下的累积灌水动能和灌水历时

7.2.8 喷头车行走速度对移动能量分布的影响

不同作物在各生育阶段有不同的灌水定额，这就要求喷头车在进行喷洒作业时保持不同的行走速度以匹配作物对灌水量的需求，为避免过量或亏缺灌溉，一般可通过水涡轮或驱动电机进行调速，控制一次灌水深度。计算喷头车以 20m/h、40m/h 和 60m/h 的速度行驶时的能量分布，如图 7-19 所示。垂直机行道各测点累积能量与喷头车行走速度成反比，但能量分布的形状和均匀度均未发生改变，行走速度为 20m/h 下各测点累积灌水动能为 60m/h 行走速度下各测点累积灌水动能的 3 倍 ［图 7-19 （a）］，这一特点与行走速度对灌水深度的作用效果相同。同样地，各测点灌水历时与行走速度成反比，随行走速度的增加，垂直机行道各测点的灌水历时等比例降低 ［图 7-19 （b）］。这一结果与 Dogan 等 （2008） 的研究结论一致，当平移式喷灌机组的行走速度减半时，除了灌水深度加倍外，没有其他显著影响。

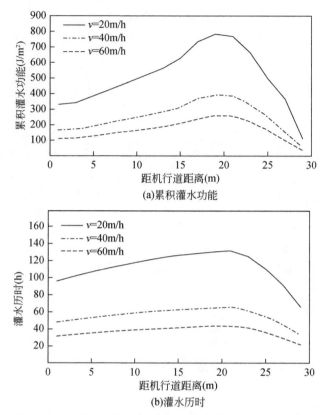

图 7-19   不同机组行走速度下的累积灌水动能和灌水历时

7.2.9   与中心支轴式喷灌机移动能量分布的对比

King 和 Bjorneberg（2010）对中心支轴式喷灌机常用固定喷盘和旋转喷盘折射式喷头进行了大量研究，探讨了此种类型喷头移动累积能量、动能强度等对径流和土壤侵蚀等的影响，为机组喷头的合理配置提供了依据。大流量喷枪具有打击强度大、对土壤和幼嫩作物伤害大等特点，但已开展的试验研究却非常有限。这里就大流量喷枪的移动能量分布和折射式喷头的移动能量分布进行对比，以分析卷盘式喷灌机大流量喷枪的能量分布特点。

图 7-20（a）为五种不同类型的折射式喷头在灌水深度为 25mm 时的动能强度动态过程与动能累积值，图 7-20（b）为采用大流量喷枪移动喷洒条件下距机行道不同距离的四个测点在灌水深度同样为 25mm 时的动能强度动态过程线与动

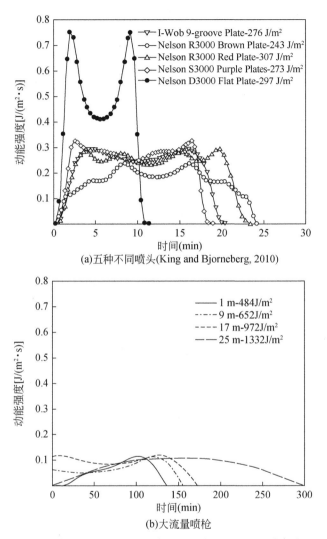

(a)五种不同喷头(King and Bjorneberg, 2010)

(b)大流量喷枪

图 7-20　中心支轴式喷灌机五种不同喷头的动能强度过程线与大流量喷枪
（50PYC 喷枪）动能强度过程线的对比

注：大流量喷枪 20mm 喷嘴直径，0.25MPa 工作压力，270°喷枪辐射角，各测点降水深度为 25mm

能累积值。对比可知，大流量喷枪的各测点的瞬时动能强度小一些，当前工况下的动能强度为 0.05 ~ 0.12J/（m² · s），而 Senninger 和 Nelson 喷头的动能强度为 0.15 ~ 0.3J/（m² · s），固定式喷头 Nelson D3000 型喷头系列的瞬时动能强度甚至可逼近 0.8J/（m² · s）。完成相同灌水深度，大流量喷枪各测点的灌水历时远大于 Senninger 和 Nelson 喷头，为其 5 ~ 10 倍，而这些水量携带的灌水动能也大于

Senninger 和 Nelson 喷头相同水量携带的能量，为其 2~4 倍。大流量喷枪各测点一次灌水深度和能量差异大，同样满足 25mm 的灌水深度，距机行道距离越远的点打击动能（E_k）越大，与距机行道的距离（l）成指数分布，如式（7-28）。总的来看，与折射式喷头相比，大流量喷枪的降水过程温和一些，但降水持续时间更长，水量携带能量更高。

$$E_k = 457.41\mathrm{e}^{0.043l}, \quad R^2 = 0.997 \tag{7-28}$$

7.3 灌水动能对入渗速率的影响

Kincaid 等（1996）提出灌水动能会对土壤入渗速率产生影响并引起土壤侵蚀，但仍未有卷盘式喷灌机灌水动能对土壤入渗速率和土壤侵蚀影响方面的研究。通过上一节可知与中心支轴式喷灌机相比，卷盘式喷灌机的灌水过程要温和一些，但灌水持续时间更长，相同水量携带的能量更高。本节中进一步探讨卷盘式喷灌机灌水动能对土壤入渗速率的影响，为卷盘式喷灌机的灌溉质量控制提供参考依据。

7.3.1 喷灌入渗速率模型

Mohammed 和 Kohl（1987）研究了灌水累积动能和单位体积动能对入渗速率的影响，得到了四种单位体积动能下随累积动能增加入渗速率的变化过程，如图 7-21（a）所示。本研究根据 Mohammed 和 Kohl 的试验数据，对入渗速率与单位体积动能和累积动能的关系进行拟合，得到喷灌条件下的入渗速率模型如式（7-29）所示。

$$\mathrm{IR} = \begin{cases} 147.1 & \mathrm{KE}_a < 12.2,\ \mathrm{KE} < 135.8 \\[2mm] 34.1 + \dfrac{113}{1 + \left(\dfrac{\mathrm{KE} - 135.8}{357}\right)^2} & \mathrm{KE}_a < 12.2,\ \mathrm{KE} \geqslant 135.8 \\[4mm] 113 + \dfrac{34.1}{1 + \left(\dfrac{\mathrm{KE}_a - 12.2}{17.7}\right)^2} & \mathrm{KE}_a \geqslant 12.2,\ \mathrm{KE} < 135.8 \\[4mm] \dfrac{34.1}{1 + \left(\dfrac{\mathrm{KE}_a - 12.2}{17.7}\right)^2} + \dfrac{113}{1 + \left(\dfrac{\mathrm{KE} - 135.8}{357}\right)^2} & \mathrm{KE}_a \geqslant 12.2,\ \mathrm{KE} \geqslant 135.8 \end{cases} \tag{7-29}$$

式中，IR 为入渗速率（mm/h）；KE_a 为单位体积动能 [J/（m^2·mm）]；KE 为单

位面积动能（J/m²）。

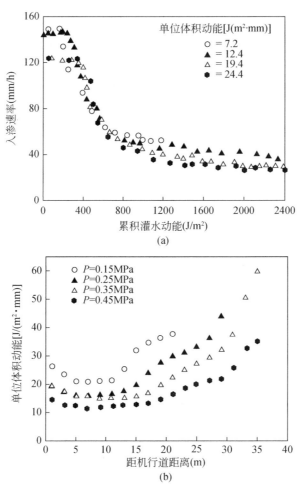

图 7-21　四种单位体积动能灌水条件下裸土入渗速率随累积灌水动能的变化
和四种不同工作压力下大流量喷枪距机行道各测点的单位体积动能

注：大流量喷枪 20mm 喷嘴直径，0.25MPa 工作压力，270°喷枪辐射角；Mohammed 和 Kohl（1987）

由该式可知，入渗速率同时受单位体积动能和累积能量影响，其中单位体积动能所占权重系数约为 0.232，累积能量所占权重系数约为 0.768，当单位体积动能小于 12.2J/（m²·mm），累积动能小于 135.8J/m² 时，其对入渗速率的影响可忽略不计。计算大流量喷枪的移动动能分布可知，各测点的单位体积动能随距机行道距离的增大而增大，随喷枪工作压力的升高而降低，各工作压力和距离下的单位体积动能范围为 8.75 ~ 60.09J/（m²·mm），较大喷洒区域内的单位体积动能大于 Mohammed 和 Kohl 试验中单位体积动能上限 24.4J/（m²·mm）。假设对于高单位体积动能［KE>24.4J/（m² · mm）］的降水过程式（7-29）仍成立，将各测点完成25mm灌水深度的累积能量和0.25MPa工作压力下各测点的单位体积动能带入计算，可得到大流量喷枪距机行道各测点入渗速率（图7-22），各测点入渗速率随距机行道距离的增大近似为线性降低，拟合公式如式（7-30），远离机行道外端1/3喷洒区域的入渗速率不足40mm/h，喷洒区域末端入渗速率降至20mm/h左右，这意味着在灌水过程中更容易有地表积水和径流产生。

$$y = -2.7461l + 90.7, \quad R^2 = 0.991 \tag{7-30}$$

式中，l为距机行道的距离（m）。

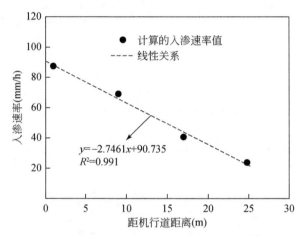

图7-22 50PYC大流量喷枪距机行道各测点计算入渗速率
注：大流量喷枪20mm喷嘴直径，0.25MPa工作压力，270°喷枪辐射角

由式（7-30）可知到喷枪不同距离处各测点的入渗速率存在明显不同，这也意味着各测点处径流产生速度与土壤侵蚀量存在较大差异。接下来尝试通过试验的手段对大流量喷枪移动喷洒条件下的产流和产沙情况做进一步验证。

7.3.2 灌水动能对入渗速率影响的试验验证

1. 简易产流装置设计

现有降雨径流与土壤侵蚀的测量一般为静态测试过程，测试时每隔固定时间对径流采集筒内的水进行称重，并采用烘干法获得筒内的水沙比，该方法费时费力，且无法得知一定时段内更为详细的产流产沙动态过程。移动式喷灌过程一般灌水历时较短，灌水过程中随喷枪的移动，灌水动能在短时间内剧烈变化，采用传统分段取样称重的方法难以对喷灌过程中的实时产流与产沙过程进行监测，难以得到土壤对灌水打击动能变化的实时反馈。本书研究设计了一款自记型产流产沙测试装置，采用"溢流+体积置换法"来获得实时产流产沙量，测试过程中无需对径流采集筒进行替换，只需采用称重传感器进行实时数据采集与储存即可，装置设计如图 7-23 所示。其中，1 为土箱，为测试提供集水面，土箱规格为 500mm×500mm×100mm；2 为在土箱底部均匀分布的落水孔，用作入渗水分的出流通道；3 为集流管，用于汇集土箱表面生成的含沙水流；4 为集流管盖板，固定于集流管上方，用于防止喷洒过程中的非径流水落入集流管内；5 为自记称重传感器，用于对重量数据进行实时采集；6 为溢流箱，用于承接集流管内的含沙水并完成水沙分离过程；7 为承水筒，用于承接从溢流装置内溢出的清水；8 为 RG3-M 型自记雨量筒，用于测试水流渗漏速率；9 为防水幕布，喷洒过程中遮挡在溢流箱和承水筒等装置上方，防止非集水面径流水分落入装置内引起数据偏差；10 为称重采集软件，用于接收自记称重传感器传输来的电流信号并转化为重量信息，同时完成相关数据的记录与采集。

(a)俯视图　　　　　　　　　　　　　　　(b)侧视图

图 7-23　自记产流产沙测试装置

注：1-土箱，2-落水孔，3-集流管，4-集流管盖板，5-自记称重传感器，6-溢流箱，
7-承水筒，8-RG3-M 型自记雨量筒，9-防水幕布，10-称重采集软件

溢流箱装置如图 7-24 所示。溢流箱内共分为三个仓体，依次为混合仓、沉淀仓及溢流仓，溢流仓外壁开有"V"形溢流槽。混合仓用于接受从集水管汇集的含沙水流，混合仓与沉淀仓之间隔有 400 目尼龙滤纸及紧密排布的直径为 5mm 的过流栅格，初始含沙水流经滤纸完成一次过滤后进入沉淀仓。含沙水在沉淀仓内经过一次沉淀后由位于沉淀仓与溢流仓隔板中部偏下位置处的过流底孔进入溢流仓，溢流仓水位被抬高，上层清水经"V"形溢流槽排出，进入承水筒。测试开始前先将溢流箱内注入清水，三个仓体内的水位与"V"形溢流槽的下边缘平移。径流产生并注入混合仓后，混合仓内的水位首先被抬高，后依次抬高沉淀仓与溢流仓内的水位，引发装置溢流。溢流完成后注入溢流箱内的含沙水流体积置

换了原溢流箱内等体积的清水。图 7-24 中 A 为溢流出的清水，B 为混合仓内的含沙水，对比可知该装置的水沙分离效果良好。

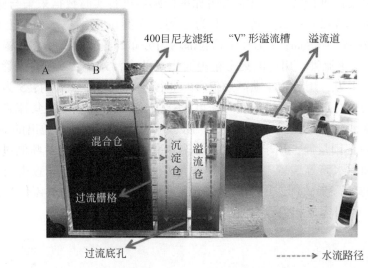

图 7-24　溢流箱结构与工作原理图

假设进入混合仓内的含沙水质量为 m_1，其中沙与水所占体积分别为 $V_沙$ 和 $V_水$，从溢流孔出流水的体积为 $V_溢$，根据等体积置换的原理，有

$$V_溢 = V_沙 + V_水 \tag{7-31}$$

假设溢出水的质量为 m_2，根据质量守恒原理，溢流箱内的质量变化量为

$$\Delta m = m_1 - m_2 \tag{7-32}$$

等体积置换产生的质量差异是由沙与水之间的密度差异所引起，假设沙与水的密度分别为 $r_沙$ 和 $r_水$，则有

$$\Delta m = V_沙 \times (r_沙 - r_水) \tag{7-33}$$

已知沙与水的密度，以及溢流箱溢流前后的质量差，即可获得进入溢流仓内含沙水中沙的体积，进而可依次求得含沙水中水的体积与质量

$$m_水 = m_1 - V_沙 \times r_沙 \tag{7-34}$$

$$V_水 = m_水 / r_水 \tag{7-35}$$

2. 装置性能测试

（1）清水与含沙水的性能测试

为了验证本装置的实际效果，对其进行溢流测试。向混合仓内注水模拟上游汇流装置来水，实时监测溢流箱和承水筒的质量变化过程。首先人为向混合仓内随机注入清水，溢流箱和承水筒的质量变化如图 7-25 所示。由图 7-25（a）可

知，溢流箱的重量变化呈周期性先升高后降低的变化趋势，分别对应的是上游水汇入溢流箱内水位超出溢流槽底面高度而产生溢流的过程。几个峰值分别对应的是当前时段内溢流箱内水位最高时对应的重量增量。图 7-25（a）可以较好地还原出上游来水事件的发生过程：全过程中共有四次强汇流事件，分别发生在 45s、370s、600s 和 840s 附近，其中 45s 处汇流强度大且历时短，而 370s 处汇流事件持续时间较长，且后半段的汇流强度明显大于前半段。其后发生的两次汇流事件在汇流强度上不及前两次。图 7-25（a）中溢流箱质量降低的曲线表示的是箱体溢流的过程，由于本测试中采用的是清水汇流，因此等体积置换完成后溢流箱质量增量为 0，这在图 7-25（a）中得到清晰的体现。需要注意的是，第二次汇流过程中，溢流箱重量尚未降至 0 即发生了第三次强汇流，箱体重量增量随即升高。这是由溢流进程过缓所导致，从而造成两次强汇流过程在图中的重合。图 7-25（b）对应的是承水筒在汇流过程中的重量增量，与溢流箱体反映出的汇流事件相一致，溢流箱内也经历了四次主要溢流过程，重量增量变化率的拐点在图 7-25（b）中用圆圈圈出，体现为重量增加率的显著提升，测试完成后溢流箱的重量增量稳定在 685g。

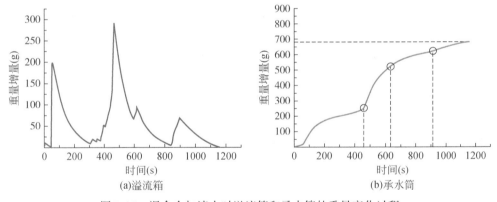

图 7-25　混合仓加清水时溢流箱和承水筒的重量变化过程

　　将溢流箱和承水筒内的重量增量相加，可以得到汇流过程中的累积重量增量过程，如图 7-26 中黑色实线所示，成台阶状分布；相邻时刻累积重量增量相减即可得到单位时间重量增量，如图 7-26 中柱状图所示。与图 7-25（a）中反馈的信息一致，图 7-26 中明确可以观测到四次强汇流事件，汇流强度越大，历时越短，台阶的跃升幅度越大。

　　从陕西杨凌大田中采集黏壤土，经自然风干并研磨后过 2mm 筛，将过筛后的土壤颗粒装入铝盒并放置于烘箱中，设定烘箱温度为 105℃，烘干时间为 8h。称取烘干土壤颗粒 400g，另取清水 1000g，两者充分混合搅拌后配置成含沙水，

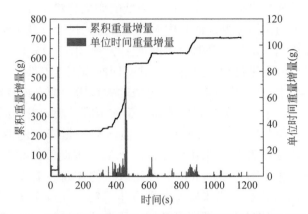

图7-26　清水汇流过程中的累积重量增量和单位时间重量增量

其中 $m_{沙}:m_{水}=0.4$。向混合仓内缓慢随机注入含沙水，实时监测并记录溢流箱和承水筒的重量变化，结果如图7-27所示。由图7-27可知，溢流箱的重量变化趋势与图7-25（a）大体一致，为先升高后降低的周期性变化，二者区别表现为每个周期末时刻的溢流箱重量增量不再为0，而是呈逐渐增加的趋势，如图7-27中实点所标识，这是因为含沙水的重量大于等体积清水的重量，等体积置换后土壤颗粒被留在溢流箱内而引起溢流箱的重量增加，181s、333s、479s、669s和865s溢流箱对应的增重分别为39.8g、53.4g、63.0g、88.7g和133.2g。将整个汇流过程分为五个时段，并根据式（7-31）～式（7-35）计算各时段内的含沙水中沙的质量与水的质量比与体积比，如表7-3所示，其中沙的干密度取 2.65g/cm^3。从表7-3中可知，在所划分各时段汇入溢流箱的含沙水中沙与水的质量之比剧烈变化，随时间推移呈先降低后升高的趋势；而就汇流全过程来看，溢流箱和承水筒的累积重量增量为758.60g，其中沙的重量为213.93g，水的重量为544.67g，两者的质

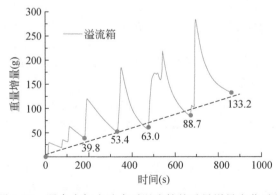

图7-27　混合仓加含沙水时溢流箱的重量增量变化过程

量比为 0.3928, 尽管该值与含沙水的已知配比 $m_沙 : m_水 = 0.4$ 非常接近, 但从表 7-3 中可知, 汇入溢流箱的并非均匀含沙水流, 上游来水中土壤侵蚀量与径流量之间为动态变化关系。

表 7-3 不同时段内含沙水中沙与水的质量比和体积比

编号	时段 (s)	Δm (g)	$V_沙$ (cm³)	$m_沙$ (g)	$m_总$ (g)	$m_水$ (g)	$m_沙/m_水$ (%)	$v_沙/v_水$ (%)
1	0~181	39.8	24.12	63.92	84.30	20.38	313.67	118.36
2	182~333	13.6	8.24	21.84	84.60	62.76	34.80	13.13
3	334~479	9.6	5.82	15.42	150.50	135.08	8.41	4.31
4	480~669	25.7	15.58	41.28	231.00	189.72	21.76	8.21
5	670~865	44.5	26.97	71.47	208.20	136.73	52.27	19.72
均值	0~865	133.2	80.73	213.93	758.60	544.67	39.28	14.82

进一步分析汇流过程中含沙水流累积重量增量与单位时间重量增量, 如图 7-28 所示。此次汇流过程中共有九次强汇流过程, 每次汇流强度与持续时间均存在明显差异, 累积重量增加趋势表现为台阶状分布, 累积重量增量最终稳定在 758.60g, 与表 7-3 数据一致。单位时间重量增量分布提供了足够的时间的总量增量数据, 足以为随机汇流事件中的次汇流事件进行推演。

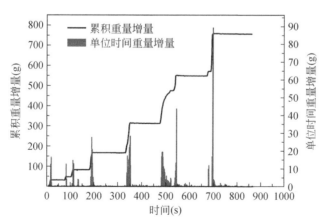

图 7-28 含沙水汇流过程中的累积重量增量和单位时间重量增量

(2) 不同采样间距下的径流量

天然降水或人工模拟天然降水过程一般历时较长, 径流量的采样间距一般取 30min 或者更久, 而对于移动式喷灌而言, 灌水历时与喷头的射程及移动速度有关, 一般不超过 2h, 这就要求喷灌条件下灌水径流的采样时间间距要明显降低。

本装置通过称重传感器实时获取混合仓和承雨筒的重量，并将重量信息以电流信号的形式传递给计算机称重采集系统，数据采集间隔可进行人为设定。针对上述的含沙水流测试过程，分别以 2s、20s、60s 和 100s 为采样间隔，对采样数据进行分析（图 7-29），其中图 7-29（a）为不同采样间距下进入装置内含沙水流的累积增量，由图 7-29（a）可知，当采样间隔为 2s 时，含沙水流累积增长表现为台阶形增长，即水流以瞬时强灌水的形式汇入，每次汇入时间非常短暂；当采样间隔增长为 20s 时，仍能够比较准确地刻画含沙水流的汇入过程，在汇入次数和汇入时刻上没有明显失真；当采样间隔增长为 60s 时，较 2s 采样间隔折线图已发生严重变形，台阶形增长趋势不明显，单次汇流事件时长被拉伸；而当采样间隔继续增长为 100s 时，含沙水流累积重量的增长趋势已经变形为线性增长，从图 7-29（a）中仅可获取汇流过程结束后的总汇流量这一信息，无法区分单次汇流事件的时刻与时长。图 7-29（b）为不同采样间距下单位时间内的含沙水流增量，当采样间隔为 2s 时，从图 7-29（b）中共可观察到 10 次汇流事件，且每次汇流过程的时刻与汇流时长清晰可辨，甚至可以对汇流过程的表现形式进行描述，如发生在 500s 附近的汇流事件是第七次汇流，最初的汇入速度约为 20g/s，后以幂指数形式缓慢降低为 0，拟合曲线为 $p=26.58e^{-0.092(t-482)}$，$R^2=0.766$，其中 p 为汇流强度（g/s），t 为该次汇流事件的发生时段，约为 483～531s；发生在 700s 附近的第 10 次汇流事件历时短，汇流强度大，汇流速度峰值强度达到 90g/s。当采集间隔增加为 20s 时可观测到的汇流事件为七次，汇流过程难以进行定量描述；而当采集间隔进一步增加到 60s 和 100s 时，可观测到的汇流事件为五次和三次，且难以从中获取其他有效信息。

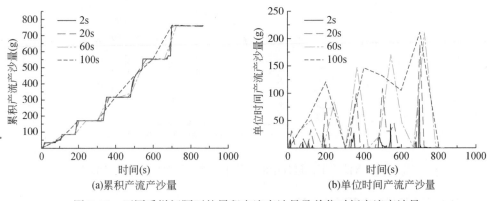

(a)累积产流产沙量 (b)单位时间产流产沙量

图 7-29　不同采样间隔下的累积产流产沙量及单位时间产流产沙量

由于移动喷灌过程本身历时短，灌水强度和打击强度大且在降水时段内变异性强，这些关于汇流过程的定性或定量的描述对于反演土壤对于灌溉降水过程的反馈机制是很有帮助的，而数据采集间隔的增加将导致此类信息的模糊化甚至缺失。离散取样称重过程耗时长且人工代价大，采用本书研究提出的自记称重采样装置可以实现汇流数据的实时采集，可较好解决这一问题。

3. 装置性能评价

1) 该简易自记产流产沙测试装置能较好实现喷洒过程中含沙水流的动态产流过程，使产流细节刻画更加丰富，便于研究移动式喷灌这种灌水历史短、灌水强度和打击动能随灌水时间波动大，以及喷灌区域内不同位置处降水强度与动能也存在较大变异的降水过程中的产流过程。

2) 水沙分离装置采用溢流与等体积置换的手段，将含沙水流内的沙与水有效分离，可以进一步用于入渗速率和降水侵蚀方面的研究，但是该装置本身也存在一些不足。由于过滤过程及溢流过程均需要消耗一定时间，该装置并不能立即将水沙分开，其存在一定的延后现象。当在分离过程中又有新的含沙水进入混合仓，则不能获得前一时间单元内含沙水的沙水比，这说明该装置在时间单元的设定上存在限制，在以后进一步完善测试装置时应尝试缩短该装置的过滤时间和溢流时间，提高反馈精度。另外，此装置对进入混合仓中的含沙水量较为敏感，水量较大时该装置的精度较好，而当水量本身较小时，装置本身存在一定局限性。

3) 由于本装置采用了等体积置换的方法进行水沙的分离，这就要求置换仓内的清水体积须大于灌水过程中进入混合仓的含沙水的体积，否则易出现置换不充分现象，因此溢流仓的容积应与土箱汇流面积、灌水强度和灌水持续过程相匹配，从而取得较理想的分离效果。

4) 受水的表面张力影响，当溢流仓内液面高度达到"V"形溢流槽底面高度时，并不能立刻产生溢流，两者需具有一定高度差使水重力势能足以打破表面张力作用方可产生溢流。这使得径流产生初期的水沙分离产生滞后，为此在测试过程中尝试在溢流仓内加注一定量的表面活性剂以削弱表面张力的影响，其有一定成效但并不明显。最终采取的措施是在测试开始前向溢流仓内注水时便将水位略高出"V"形溢流槽的底面而刚好不产生溢流。这一手段可在一定程度上降低表面张力作用的影响，但无疑使操作过程复杂化。

综合来看，本书研究提出的装置结构简单，操作简便，同时大量节省人力，较以往测产流装置有所改进和创新，在功能上也能够较好实现对灌水过程中产沙产流量的实时监测，细节刻画清晰，同时该装置尚存在水沙分离过程有延迟，溢流过程敏感性不高等缺陷，有待进一步完善。在上述装置的基础之上，进一步开展大流量喷枪移动喷洒条件下的产流产沙试验，验证上文中灌水动能分布对土壤入渗速率及地表径流产量的影响。

4. 移动喷洒产流试验

(1) 材料与方法

本书研究所采用的土壤类型为黏壤土，直接取自陕西杨凌大田，过 2mm 筛网后自然风干并填装进土箱，设计干容重为 1.2g/cm³，土壤颗粒组成为黏粒：粉粒：沙粒=0.23：0.73：0.04；土箱规格为 500mm×500mm×100mm，径流面坡度为 2°；称重传感器采用的是杭州坤宏公司 KHW-M 型电子秤，量程为 6kg，精确度为 0.1g。将搭建好的自记产流产沙测试装置安放于西北农林科技大学旱区节水农业研究院喷灌测试场用于接收喷灌降水的打击。试验中采用的喷灌机械为江苏天水灌排机械有限公司生产的 JP75-300 型卷盘式喷灌机，喷枪型号为 50PYC 垂直摇臂式喷枪，喷枪安装高度为 1.7m，喷嘴直径为 20mm，射流挑射角为 24°，喷枪辐射角为 240°。在喷枪下方 20cm 处和喷灌机卷盘车进水口处安装有阻抗式压力传感器，压力传感器与变频柜相连，通过变频调节水泵转速以获得稳定的喷枪工作压力。另外，在输水干管上安装有 EMF5000 型电磁流量计对机组流量进行实时监测。移动喷洒产流测试示意图和试验场景图如图 7-30 所示。

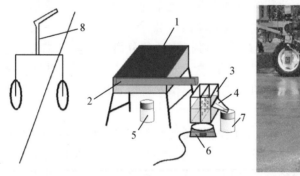

(a)示意图　　　　　　　　　　　(b)场景图

图 7-30　移动喷洒产流测试示意图和试验场景图

注：1~7 同图 7-23，8-喷枪

(2) 结果分析

图 7-31 所示分别是距机行道距离为 9m 和 25m 处水量和能量随时间变化过程线。由图 7-31（a）可知，这两点处的降水历时比较接近，但时段内的灌水强度存在明显差异，9m 处在初期灌水强度平稳维持在 13mm/h 附近，在灌水后期灌水强度显著增高，灌水强度峰值可达 23mm/h 左右；而 25mm 处灌水强度过程线呈明显的单峰分布，前期灌水强度明显高于同时刻 9m 处灌水强度，灌水强度峰值约为 21mm/h。对灌水强度过程线进行积分，求得两点处的累积降水深度分别为

17.51mm 和 17.77mm，由此可知这两点处的灌水总量比较接近。由图 7-31（b）可知，动能强度的时间分布过程线与水量分布过程线相类似，9m 处动能强度峰值位于灌水后期，约为 0.19J/（m²·s），灌水前期动能强度值偏低，稳定在 0.05J/（m²·s）附近。25m 处的动能强度分布仍为单峰分布，峰值约为 0.18J/（m²·s）。对动能强度时间分布过程线进行积分，可知两点处的累积灌水动能分别为 396.6J/m² 和 590.57J/m²，其单位体积动能分别达到 22.65J/（m²·mm）和 33.23J/（m²·mm），均大于 KE 和 KE$_a$ 的临界值，入渗速率受到灌水动能的影响而降低。综合来看，这两点在灌水过程中获得了几乎相同的水量，只是灌水过程中的灌水强度随时间的分布过程存在明显差异，且距机行道距离较远的点处水量所携带的能量明显高于近点能量。

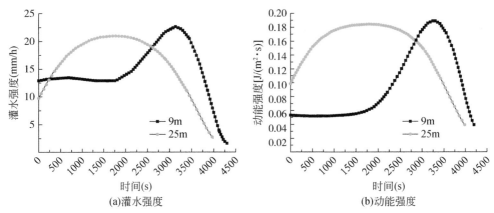

图 7-31　距机行道距离 9m 和 25m 处移动灌水强度和动能强度分布过程线
注：喷头型号为 50PYC，喷嘴直径为 20mm，射流出角为 24°，喷头工作压力为 0.25MPa，
喷头辐射角为 240°，喷头车移动速度为 30m/h

图 7-32 为距机行道距离为 9m 和 25m 处的土箱在一次喷灌降水过程中的累积产流产沙量和单位时间产流产沙量。从图 7-32（a）可以看出，随移动喷灌降水过程的持续，两个土箱内均有径流产生，与图 7-28 和图 7-29 所示的阶梯状上升趋势不同，本试验中产流产沙量的累积过程呈倾斜直线，而在局部出现斜率的变化。这说明喷灌降水土箱试验中的径流产生是一个持续性过程，喷灌水在土箱表面形成薄水膜，径流顺着表面的细沟聚集并传递至汇流管内，当喷头降水锋面位于土箱表面时汇流强度增大，当降水锋面离开土箱表面后，汇流强度降低但并未完全停止。从图 7-32（a）中可以看出，全降水过程中，距机行道 9m 处土箱的径流量约为 132.5g，而距机行道 25m 位置处土箱的径流量约为 470.8g，产流速率远高于距机行道 9m 处产流速率。该结果进一步证明了累积动能和单位体积动能对土壤入渗速率的影响。

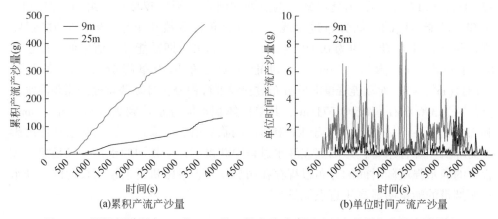

图 7-32　距机行道距离 9m 和 25m 处土箱在移动喷洒过程中的累积产流产沙量和
单位时间产流产沙量

注：喷头型号为 50PYC，喷嘴直径为 20mm，射流出角为 24°，喷头工作压力为 0.25MPa，
喷头辐射角为 240°，喷头车移动速度为 30m/h

　　径流的产生与降水量和土壤入渗速率有关，距机行道 9m 和 25m 处的累积灌水量几乎一致，分别为 17.51mm 和 17.77mm，径流量却存在较大差异，这说明两处的土壤在不同灌水动能的冲击作用下入渗速率的变化趋势存在不同。随着灌水过程的持续和灌水动能对表层土壤的冲击，原有土壤结构被破坏，大土壤颗粒分解呈细小颗粒并在水的裹挟作用下进入土壤孔隙，使原本的土壤入渗率降低。其中起到主要作用的是表面土层的形成（刘海军和康跃虎，2002）。Mcuntyre（1958）将表层土层的形成过程概括为四步：①喷灌水滴打击地面，分解土壤颗粒；②被冲刷的土壤颗粒堵塞土壤表面孔隙，减小入渗孔隙面积；③水滴打击土壤，压缩土体表面，减少土壤孔隙率；④悬浮的土壤颗粒沉积在土壤表面，形成细致的土层。而当入渗速率小于灌水强度时，表层便有积水和径流产生。图 7-32（b）分别为距机行道距离为 9m（黑色）和 25m（红色）两点处土箱的单位时间产沙产流量，数据采集间隔 10s。从图 7-32（b）中可以看出，距机行道 25m 处土箱的单位时间产流产沙量在绝大多数时段内高于距机行道 9m 处的单位时间产流产沙量。由图 7-32（b）中黑色实线可知，距机行道 9m 处的径流强度在产流事件发生的初期相对稳定，在产流末期强度出现明显峰值，甚至高于同时期距机行道 25m 处的产流强度，这是因为在灌水事件的后期距机行道 9m 位置处迎来降水强度和动能强度的峰值。距机行道 25m 处有多个径流强度峰值贯穿于整个径流产生过程，径流强度分布相对均匀。距机行道 25m 处的灌水动能强度显著高于同时期距机行道 9m 处的灌水动能强度，继而引发了这两点处土壤入渗速率的变化差异。对比灌水强度变化规律可知，虽然两点处的灌

水总量近似相等，但对于距机行道25m处灌水前期有更多的喷灌水携带更多的能量作用在土壤表层，而距机行道9m处灌水强度则是在灌水后期达到峰值，相比而言距机行道25m处的土壤入渗速率下降的更早，下降幅度也更大。这一试验结果也证实了即便对于相同的水量，携带的能量和动能强度作用过程不同时，引发的土壤入渗速率变化存在较大的差异。对于灌水强度较大的大喷枪移动喷灌过程来说，考虑这一点对于保证灌溉质量，减少地表径流的产生就显得尤为重要。

参 考 文 献

刘海军，康跃虎. 2002. 喷灌动能对土壤入渗和地表径流影响的研究进展. 灌溉排水，21（2）：71-74.

Atlas D, Ulbrich C W. 1978. Path-and area-integrated rainfall measurement by microwave attenuation in the 1−3 cm band. Journal of Applied Meteorology, 16（12）：1322-1331.

Bautista-Capetillo C, Zavala M, Playán E. 2012. Kinetic energy in sprinkler irrigation: different sources of drop diameter and velocity. Irrigation Science, 30（1）：26-41.

Blanchard D C, Spencer A T. 1970. Experiments on the generation of raindrop-size distributions by drop breakup. Journal of the Atmospheric Sciences, 27（27）：101-108.

Brodowski R. 2013. Soil detachment caused by divided rain power from raindrop parts splashed downward on a sloping surface. Catena, 105（9）：52-61.

Chai T, Draxler R R. 2014. Root mean square error（RMSE）or mean absolute error（MAE）. Geoscientific Model Development Discussions, 7（1）：1525-1534.

Chen D, Wallender W W. 1985. Droplet size distribution and water application with low-pressure sprinklers. Transactions of the ASAE, 28（2）：511-516.

Cruse R M, Berghoefer B E, Mize C W, et al. 2000. Water drop impact angle and soybean protein amendment effects on soil detachment. Soil Science Society of America Journal, 64（4）：1475-1478.

Deboer D W, Monnens M J. 2001. Estimation of drop size and kinetic energy from rotating spray plate sprinkler. Transactions of the ASAE, 44（6）：1571-1580.

Deboer D W. 2002. Drop and energy characteristics of a rotating spray-plate sprinkler. Journal of Irrigation and Drainage Engineering, 128（3）：137-146.

Dogan E, Kirnak H, Dogan Z. 2008. Effect of varying the distance of collectors below a sprinkler head and travel speed on measurements of mean water depth and uniformity for a linear move irrigation sprinkler system. Biosystems Engineering, 99（2）：190-195.

Erpul G, Gabriels D, Cornelis W M, et al. 2008. Sand detachment under rains with varying angle of incidence. Catena, 72（3）：413-422.

Fornis R L, Vermeulen H R, Nieuwenhuis J D. 2005. Kinetic energy-rainfall intensity relationship for central Cebu, Philippines for soil erosion studies. Journal of Hydrology, 300（4）：20-32.

Ge M S, Wu P T, Zhu D L, et al. 2016. Comparison between sprinkler irrigation and natural rainfall based on droplet diameter. Spanish Journal of Agricultural Research, 14 (1): 1-10.

Kincaid D C, Solomon K H, Oliphant J C. 1996. Drop size distributions for irrigation sprinklers. Transactions of the ASAE, 39: 839-845.

King B A, Bjorneberg D L. 2010. Characterizing droplet kinetic energy applied by moving spray-plate center-pivot irrigation sprinklers. Transactions of the ASABE, 53 (1): 137-145.

Kohl R A, Deboer D W. 1990. Droplet characteristics of a rotating spray plate sprinkler. American Society of Agricultural Engineers, 26 (12): 1-9.

Martínez J M, Martinez R S, Martin-Benito J M T. 2004. Analysis of water application cost with permanent set sprinkler irrigation systems. Irrigation science, 23 (3): 103-110.

Mctaggartcowan J D, List R. 1975. Collision and breakup of water drops at terminal velocity. Journal of the Atmospheric Sciences, 32 (7): 1401-1411.

Mcuntyre D S. 1958. Permeability measurements of soil crusts formed by raindrop impact. Soil Science, 85 (4): 185-189.

Mohammed D, Kohl R A. 1987. Infiltration response to kinetic energy. American Society of Agricultural Engineers, 30 (1): 105-111.

Montero J, Tarjuelo J M, Carrin P. 2003. Sprinkler droplet size distribution measured with an optical spectropluviometer. Irrigation Science, 22 (2): 47-56.

Morgan R P C. 1995. Soil Erosion and Conservation. 2nd ed. England: Addison Wesley Longman.

Ouazaa S, Burguete J, Paniagua M P, et al. 2014. Simulating water distribution patterns for fixed spray plate sprinkler using the ballistic theory. Spanish Journal of Agricultural Research, 12 (3): 850-863.

Sanchez I, Faci J M, Zapata N. 2011. The effects of pressure, nozzle diameter and meteorological conditions on the performance of agricultural impact sprinklers. Fuel & Energy Abstracts, 102 (1): 13-24.

Shin S S, Sang D P, Choi B K. 2015. Universal power law for relationship between rainfall kinetic energy and rainfall intensity. Advances Meteorology, 2016 (6): 1-11.

Sheikhesmaeili O, Montero J, Laserna S. 2016. Analysis of water application with semi-portable big size sprinkler irrigation systems in semi-arid areas. Agricultural Water Manage, 163: 275-284.

Stambouli T, Zapata N, Faci J M. 2014. Performance of new agricultural impact sprinkler fitted with plastic nozzles. Biosystems Engineering, 118 (3): 36-51.

Stillmunkes R T, James L G. 1982. Impact energy of water droplets from irrigation sprinklers. American Society of Agricultural Engineers, 25 (1): 130-133.

Tarjuelo J M, Montero J, Carrion P A, et al. 1999. Irrigation uniformity with medium size sprinklers. Part II: Influence of wind and other factors on water distribution. Transactions of the ASAE, 42 (3): 677-689.

Thompson A L, James L G. 1985. Water droplet impact and its effect on infiltration. Transactions of the ASAE-American Society of Agricultural Engineers (USA), 28 (5): 1506-1510.

Thompson A L, Regmi T P, Ghidey F, et al. 2001. Influence of Kinetic Energy on Infiltration and

Erosion. Honolulu, Hawaii: International Symposium on Soil Erosion Research for the 21th Century.

Wang L, Shi Z H, Wang J, et al. 2014. Rainfall kinetic energy controlling erosion processes and sediment sorting on steephillslopes: a case study of clay loam soil from the loess plateau, China. Journal of Hydrology, 512: 168-176.

Yan H J, Bai G, He J Q, et al. 2011. Influence of droplet kinetic energy flux density from fixed spray-plate sprinklers on soil infiltration, runoff and sediment yield. Biosystems Engineering, 110 (2): 213-221.

Young R A, Wiersma J L. 1973. The role of rainfall impact in soil detachment and transport. Water Resources Research, 9 (6): 1629-1636.